国家自然科学基金
北京市自然科学基金　　资助出版
北京市城市规划设计研究院

Urban Spatial Restructuring and Transition of Jobs-housing Relationship: Beijing's Observation and International Comparison

城市空间重构与职住变迁

——北京观察与国际比较

杨明　伍毅敏　邱红　王吉力　孟斌　著

中国建筑工业出版社

序　一

“住在通州，在 CBD 上班，每天上班距离超过 20km，”“住在回龙观，在上地上班，7km 的路车程 1h”……长距离通勤、长时间拥堵，这是北京的上班族早晚高峰所熟悉的现象。从数据上看，伴随着城市人口和规模的不断增加，2019 年北京早晚高峰的平均单程通勤时间已达 56min，平均通勤距离 12.4h，意味着全市近一半的上班族上班时间需耗费 1h 以上，跨越超过 10h。“在上班路上就用光了所有力气”的并非少数，随之而来的是城市拥堵的加剧、城市整体运行效率的降低。

人口和产业的集聚，不仅能带来规模效应，促进生产效率的提升，也能导致“规模不经济”，即超过一定程度的集聚反而引起整体效率的损失。改革开放后，在城市内部的多中心化、城市的扩展和边缘崛起、城区内外功能的疏解和承接等机制影响下，我国城市的空间重构带来了职住关系的深度调整，引起一定程度的职住规模失衡、空间分离、时间延长。党的十八大以来，以人民为中心的发展思想、“人民城市为人民”的理念成为新时代推进城市建设的重要遵循。怎么处理好就业空间与居住空间的关系，协调好市民生产、生活的平衡，营造好的宜业、宜居、宜乐、宜游的环境，提升城市综合运行效率，为人民创造更加幸福的美好生活，是人口经济密集地区的特大和超大城市在新发展阶段进一步推动高质量发展、不断探索优化开发新模式的重要命题，也是北京进一步落实首都城市战略定位、建设国际一流的和谐宜居之都、切实提高首都城市治理水平的重要抓手。

此书以北京为主要观察对象，系统分析了空间演变脉络中的“变”与“不变”和职住分离的深层驱动原因；也结合多中心与职住关系、边缘城镇与职住关系、功能疏解与职住关系等视角，对“多中心利于职住平衡”“睡城的存在不合理”“疏解将让交通更拥堵”等传统认识进行了更加辩证的思考；提出的五个战略判断，有助于从城市运行的整体视角反思职住策略；归纳的十个原则，给出了优化职住关系的政策措施库，针对具体问题可抽取组合，通过组合拳进行精准施策。本书有理论、有案例、有辩证思考、有归纳提炼，是作者对北京职住问题长期跟踪和深刻理解的总结，欢迎广大同仁批评指正，共同推动北京城市职住关系优化研究。

北京市城市规划设计研究院院长

2020年10月

序　二

1933年，城市规划的纲领性文件《雅典宪章》提出居住、工作、游憩、交通是城市的四大功能，城市规划的目的就是使这些活动能够合理运行。其中，“职”与“住”是城市最重要的要素，科学配置职住要素是城市规划和建设的核心任务之一。从国际上来看，调节职住关系一直是城市公共政策的重要关注点，二战后，伦敦、纽约、巴黎、东京等城市的历版发展规划中都有关于应对职住分离的政策考虑，如促进用地功能混合、提升城市外围地区经济活力和增加就业、提升通往主要就业目的地的公共交通等。美国南加州联合政府（SCAG）曾将职住平衡列入《空气质量管理法》和《区域发展法》，规定1990年到2010年在居住密集地区增加9%的就业岗位，在就业密集地区增加5%的居住单元，以推动职住关系改善。

近年来，随着我国城市规模的扩大，职住分离问题也变得日益突出，许多城市的居民平均通勤时间和通勤距离日益增长，加剧了交通拥堵、空气污染等一系列问题，对城市运行效率造成了较大的损耗。因此，当前我国城市规划学界也十分关注职住分离问题。

北京作为我国典型的超大城市，其城市空间结构变迁和职住关系演变的动态历程具有很强的代表性，当前职住分离的问题也尤为突出。在阅读本书的过程中，我愈发深刻地体会到，北京当前职住失衡的问题症结并不是单纯的居住人口密度或就业岗位密度过高，真正的原因在于空间失序和交通低效：一方面，职住空间的错位促使人们“就业四环内、居住五环外”，进行长距离向心通勤；另一方面，就业中心的相对分散致使难以组织起高效的廊道通勤交通。因此，职住关系的优化也必然需要包括就业空间和居住空间两方面的联动式调节以及城市交通体系的配合，如果仅仅调节其一，例如仅疏解常住人口，极易造成居住疏解到外围而就业继续集中在中心城区的负面效应。本书对“居住—就业—交通”的关系论述十分详尽，具有较强的思维启发意义和实践指导价值。

此外，本书对北京当前新形势的研究也十分宝贵。我多年来针对北京问题的研究，一直呼吁北京的发展、北京的未来建立在区域协同上。《京津冀协同发展规划纲要》和《北京城市总体规划（2016年—2035年）》从这一思路出发，要求大力实施以疏解北京非首都功能为重点的京津冀协同发展战略，优化城市空间结构，探索人口经济密集地区优化开发的新模式。在这一政策背景下，北京进行了一系列疏解非首都功能的实践探索。本书对这些实践活动的数据分析、实地考察、问卷调查、人物访谈等，都具有探寻城市发展脉络、记录关键历史进程的重要意义。北京对城市发展模式转型的探索具有一定的超前性，对我国其他大城市有很强的参考借鉴价值。

希望本书的研究成果能够在我国的空间规划工作中发挥应有的价值，其对我国大城市发展中空间结构、职住关系等关键性问题的探讨能够给更多人以启示，其结论和建议能够在中国的城市实践中得到更多的应用。

清华大学建筑学院教授

2020 年 10 月

前　言

就业—居住空间是城市空间结构中最为重要的组成部分，它直观地反映了城市生产空间和生活空间的协调关系，是表征城市运转效率和居民生活舒适性的重要方面。空间重构必然会带来职住关系的调整，改革开放以来我国城市空间重构主要有三种情景：城市内部的多中心化、城市的扩展和边缘崛起、城区内外功能的疏解和承接。系统研究空间重构引发的特定人群的职住变迁模式、空间效应、基本规律及规划响应，成为新时代中国城市规划研究理论和实践的新命题。

北京作为国家首都和特大城市，经历了上述三类空间重构，将其作为观察研究对象，具有较强的典型示范意义。本书以时间和过程视角，动态考察空间重构与职住变迁的互动关系、模式和驱动力，结合国际比较和规律研究，提出了空间重构背景下促进就业—居住—交通协调发展的五个战略判断和十个规划原则，形成可操作、可扩充的政策框架与措施库。在实践中，各城市可针对具体问题抽取组合，通过“组合拳”进行精准施策。

本书在研究方法上进行了如下探索：其一，定量分析与定性判断相校验，综合利用多种空间分析技术，全方位、多时态聚焦多中心化与职住关系、边缘崛起与职住关系、功能疏解与职住关系；其二，全局数据与典型调查相结合，基于多源数据融合分析技术，多视角、多层次地勾勒主要就业中心、边缘城镇、四类非首都功能疏解对象的职住特征画像；其三，案例比较与政策归纳相结合，同尺度、分圈层比较伦敦、纽约、东京、巴黎大都市区的人口就业圈层演变特征和职住关系组织模式，并分析东京、世宗、巴黎、莫斯科、郑州功能疏解下职住组织的得与失；其四，价值思辨与规划导则相统一，通过战略、战术的“组合拳”，提出优化就业—居住—交通关系的五个战略判断和促进“近业择居”“近居择业”及加强“职住联通”的十个规划原则。

本书由7章组成。第1章“时代背景与研究框架”引出从时间和过程视角动态考察空间重构背景下职住变迁的模式、空间效应、基本规律及规划响应这一理论和实践命题，总结目前国内外的相关观点，提出本研究要解决的关键问题。第2章“城市空间与职住演变”回顾北京城市空间结构演变中的“不变”和“变”以及职住空间模式的重大转型，作为本研究的宏观背景。第3章“多中心化与职住关系”描述北京城市多中心化的趋势及主要就业中心的职住特征画像，观察多中心化过程中各就业中心职住关系的变化，总结空间结构与空间效率的关系。第 4 章“边缘崛起与职住关系”基于大都市区整体发展的视角，研究城区和市域边缘城镇崛起过程中，各类边缘城镇的功能定位以及职住关系的内外组织，总结空间圈层中职住梯度平衡模式。第 5 章“功能疏解与职住关系”追踪调查专业市场、市属行政事业单位、医院、高等院校四类非首都功能疏解过程中职住关系变化，总结四类典型人群的职住模式和发展规律。第 6 章“国际比较与发展规律”选择东京、伦敦、纽约、巴黎四个世界城市对应的大都市区，与北京进行同尺度比较，来认识大都市区职住发展趋势；并研究若干典型城市在空间重构过程中职住组织的得与失。第 7 章“战略判断和响应策略”通过前述北京实践观察和国际横向比较，对空间重构下的城市职住关系形成若干战略判断，并建立优化就业—居住—交通协调发展的战术措施库。

本书第 1 章由杨明、邱红撰写，第 2 章由杨明、邱红、张艳撰写，第 3 章由邱红、孟斌、刘坚撰写，第 4 章由杨明、王吉力撰写，第 5 章由伍毅敏、王吉力、孟斌、刘坚撰写，第 6 章由伍毅敏、杨明、王吉力撰写，第 7 章由杨明、伍毅敏、邱红、王吉力撰写，全书由杨明统稿。

本书受国家自然科学基金项目（51878052）、北京市自然科学基金项目（9182007）资助，在此表示衷心的感谢！

在这里，要特别感谢几位合著者以及作者工作单位——北京市城市规划设计研究院、北京联合大学应用文理学院的领导和同事，尤其是北京市城市规划设计研究院两任院长——施卫良、石晓冬给予的关爱和鼓励。感谢项目团队的张宇、王良、黄斌、张晓东、吴运超、曹士强、朱洁、加雨灵等同事和张景秋、张艳、谌丽、黄建毅等老师以及参与调查的北京联合大学应用文理学院的学生们，本书的出版离不开他们的工作和智慧。茅明睿、史新宇、喻文承、杨春、黄晓春、周千钧、龙瀛、付景新、冯永恒等同志和百度地图慧眼数据平台等机构亦对本书研究给予了帮助和支持，在此一并表示衷心感谢。

空间重构与职住关系始终处于长期的动态演变过程中，我们将持续跟踪记录城市转型期的关键历史进程，不断丰富完善我们的认识。

目 录

1

时代背景与研究框架

Time Background and Research Framework

1.1 背景和缘起

1.1.1 重构空间

自改革开放以来，伴随着经济的快速发展，中国城市空间快速扩展，空间结构剧烈变化（周一星 等，1998；张庭伟，2001；杨明 等，2014）。1978~2018 年，首都北京城市建设面积增加了 8.6 倍[1]，常住人口增加了 1.5 倍，从业人员增加了 1.8 倍，GDP 可比价增加了 43 倍，三产结构中二产占比下降 52 个百分点，而三产占比上升 57 个百分点[2]。与此同时，北京城市空间结构发生了三种显著变化：城市内部的多中心化、城市的扩展和边缘崛起、城区内外功能的疏解和承接。

在此期间，北京市先后编制完成了 4 版城市总体规划[3]，即 1982 年、1992 年、2004 年、2016 年。各版总体规划在城市空间布局上体现了继承、发展、提升这一基本的逻辑，形成了一以贯之的目标，即历次总体规划始终围绕中央最高指示来谋划空间发展战略，围绕集聚与疏解的主题来调整空间结构，围绕“分散集团式”布局来塑造空间形态，并在不同时期分别提出“发展卫星城镇”“两个战略转移”“新城建设”“一核两翼”等空间战略和实施路径，希望通过不断改变北京城市单中心集聚蔓延的发展模式，构建新的空间发展格局（杨明 等，2017）。

1.1.2 优化职住

城市发展的客观规律和规划建设的主观引导导致“物”的空间重构，其结果必然带来“人”的职住空间变迁。重构城市空间的一个重要目的是通过优化职住关系，促进就业—居住—交通协调发展，从源头上缓解交通拥堵，治理“大城市病”，提高空间效率，增强城市竞争力。空间重构对

[1] 根据遥感解译，1978 年和 2018 年，北京市由人工铺装和建设构成的地面分别为 345km^2、2983km^2。

[2] 根据《北京统计年鉴 2019》，1978 年和 2018 年，北京市常住人口分别为 871.5. 万人、2154.2 万人，从业人员分别为 444.1 万人、1237.8 万人，GDP 可比价分别为 100、4394.2，三产比重分别为 5.1 ： 71 ： 23.9、0.4 ： 18.6 ： 81。

[3] 中华人民共和国成立至今，北京市先后编制完成了 7 版城市总体规划，即 1953 年、1958 年、1973 年、1982 年、1992 年、2004 年、2016 年，其中有 4 版为改革开放后完成。

职住变迁、空间效率的影响如何？我国很多城市已经历或正经历新城或科技园区建设、行政中心搬迁、高等院校外移、非核心功能疏解、跨区域协作等一系列重构空间的发展过程，但尚未从时间和过程的视角，动态考察空间重构与职住变迁的互动关系、模式和驱动力，并提出合理的响应机制。

当前，北京市以前所未有的条件和意志实施新版城市总体规划，包括疏解非首都功能、优化提升首都功能、建设城市副中心等一些空间重构措施。在这一关键的历史进程中，如果对职住分布规律研究和认识不足或措施保障不到位，将可能形成新的就业和居住分离现象，出现“空间重构让城市更拥堵”的局面，反而加重“大城市病”。因此，回溯改革开放以来北京城市空间结构发生的三种显著变化，并跟踪记录近些年的政策实施效果，系统研究空间重构引发特定人群的职住变迁模式、空间效应、基本规律及规划响应，具有较强的典型示范意义，成为新时代中国城市规划研究理论和实践的新命题。

1.2 概念和观点

1.2.1 相关概念

1.2.1.1 空间重构

城市空间结构是城市空间要素在一定空间范围内的分布特征，以及各要素之间的相互作用（黄亚平，2002）。伴随城市制度、经济、社会的演进，当原有的空间结构不再适应甚至束缚城市发展时，就会产生城市结构的突变性要求以适应快速发展的需要（何建颐 等，2006）。

1990 年以来，中国城市化、工业化水平得到了快速发展，先后进入新的增长阶段。城市化水平于 1998 年达到 30%，进入快速城市化阶段；工业化水平于 2001 年超过人均 GDP1000 美元，进入工业化中期阶段（叶昌东等，2014）。以土地有偿使用、住宅商品化、户籍管理松动化为主导的市场化改革从根本上改变了中国城市空间发展的动力基础和空间配置方式，使中央集权配置资源和分配产品方式向市场配置资源转型（刘淑虎 等，2015）。而一个城市在国际上竞争力的起落，也必然从根本上影响该城市的内部结构，即从经济结构到用地结构的变化（张庭伟，2000）。正是因此内部的市场化改革与外部的全球化竞争共同带来了城市空间结构的不断转型与重构。

这种重构体现在，一方面，城市土地有偿使用制度的建立、住房制度改革、多元投资机制的引入、大规模市政和交通设施建设，使大城市人口和产业不断向郊区转移，新城、卫星城成为城市空间扩展的重要途径和城市功能疏解的重要载体。另一方面，现代企业制度的建立、金融制度改革、土地批租获得开发重建的资金，使城市建成区内部空间出现重新组合。传统 CBD 的商业和办公功能大为增强，居住区从城市核心转移到城市内圈，一些原来的“单位大院”正在消失，代之以不同用途的功能区（张庭伟，2001）。与此同时，自 20 世纪 90 年代以来，全国已有成都、南京、杭州、长沙、合肥、北京等 19 个省会城市、直辖市以及深圳、青岛等城市的市级行政中心搬迁或计划搬迁，更多的城市进行了工业园区、高等院校等功能的向外转移。可见，在国家新型城镇化发展的关键时期，空间重构已成为解决日益显现的人口资源环境矛盾、缓解“大城市病”、提高空间效率、增强城市竞争力的重要方式。

总体来看，本研究所指的“空间重构”指为了促使城市更有效地配置资源、更快速地适应发展需要、更高效地融入全球经济，在规模、功能、结构等方面对城市空间构成要素所进行的重新整合和组织，是中国转型时期城市经济和社会结构调整的空间载体。

1.2.1.2 职住变迁

就业—居住空间是城市经济和社会空间结构中最为重要的组成部分，它直观反映了城市生产空间和生活空间的协调关系，是表征城市运转效率和居民生活舒适性的重要方面。城市空间的重构过程必然伴随着就业—居住空间的关系变迁。简单来看，其主要包括“职住平衡”（职住接近）和“职住失衡”（职住分离或职住错配）两种状态。

“职住平衡”（Jobs-housing Balance）指在一个城市或给定的地域空间内，劳动者数量大致等于就业岗位数量，大部分居民可以实现就近工作，通勤方式以非机动车为主，即使采用机动车方式，通勤距离和时间也在合理范围以内，反之则是“职住失衡”（Cervero，1991；Giuliano，1991）。“职住平衡”最早可以追溯到 19 世纪末期霍华德的“田园城市”理论中就业与居住相互临近、平衡布局的思想。《雅典宪章》也提出要合理安排就业与居住的空间关系，经沙里宁、芒福德等学者的发展，“职住平衡”成为城市规划的重要指导思想（张学波 等，2017）。20 世纪 80 年代以后，“职住平衡”作为美国减少交通拥堵和空气污染的重要途径，被引入到城市发展政策中。其包括数量和质量两方面的平衡：前者指在给定的地域范围内就业岗位数量和居住单元数量是否相等，当就业—居住比率处于 0.8~1.2 时，就认为该地域是平衡的（Cervero，1989，1991）；后者指在给定的地域范围内居住并工作的劳动者数量所占的比重，即在给定地域内居住并工作人数与到外部去工作人数的比值越高，说明一个社区的自足性越好（Thomas，1969；Cervero，1996）。一般来说，地理范围越大，平衡度和自足性越高；范围越小，平衡度和自足性越低，大部分相关研究集中在中观层面。由于不同规模和等级城市市民的通勤方式有较大差异（小城市以步行和自行车为主，大城市以私家车、公交车甚至地铁为主），因此用通勤时间代替通勤距离来判定合理的职住平衡区域更为合理。

“职住失衡”指在一个城市或给定的地域空间内，劳动者数量与就业岗位数量不匹配，大部分居民的通勤距离和时间都较长，也可以称之为职住分离。其最重要的理论基础是 20 世纪 60 年代提出的空间错位假设（Spatial Mismatch Hypothesis）。该假设指出城市空间重构、住房和劳动力市场结构等宏观因素对不同居民影响的差异性，强调了弱势群体、少数族裔、女性或低收入人群在居住、就业和通勤选择上的空间障碍（刘志林 等，2010）。与“职住平衡”相比，“职住空间错位”研究更强调就业—居住关系匹配的社会价值。

总体来看，本研究所指的“职住变迁”是城市居民居住地与工作地之间空间联系和位置关系的变迁，是“职住平衡”与“职住失衡”两种状态的相互转化，二者并非严格对立，地理范围和通勤方式不同，就业—居住空间的关系状态就有差异。因此，本研究的“职住变迁”既强调是在一定地域范围内发生的，又同时具有时间和空间的双维度内涵。

1.2.2 观点综述

自 20 世纪 50 年代以来，职住关系成为西方城市规划界在城市功能重组和空间重构过程中重点关注的一个议题。2000 年以来，周江评（2004）、孟晓晨（2009）、刘志林（2010）、刘望保（2013）、宋金平（2014）、张学波（2017）等学者将国外职住关系方面的最新研究进展介绍到国内，同时，针对北京、广州、上海、深圳等特大城市的实证研究也逐渐展开。有关职住关系的研究主要涵盖了理论解读、职住分离测度、影响因素分析、职住和通勤的选择机理以及优化政策探讨等内容。本研究主要从以下几个方面对相关研究进展进行总结。

1.2.2.1 职住分离影响因素和驱动力研究

Duncan（1956）针对芝加哥的研究较早地提出工作地的空间分布聚集度与就业者的社会经济地位是职住分离程度的两大主要影响因素。Kain（1968）提出了著名的“空间错位”理论，认为大规模的就业岗位郊区化和住房市场上的种族隔离现象是城市中心区黑人居民失业率高和通勤时间长的主要原因。随着郊区化的持续发展和研究视角的拓展，研究者们逐渐认识到职住分离的影响不仅仅作用于弱势群体，而是城市功能重组和空间重构导致空间机会不平等的一种普遍现象（Houston，2005）。Cervero（1989）的研究就发现从 1977 年到 1983 年，美国郊区居民的平均通勤距离从 17.1km 增加到了 17.9km。

柴彦威等（2011）借助多元回归模型验证了居住区类型、家庭及住房状况以及其他社会经济属性等对居民职住分离程度差异性的影响。孟斌等（2013）重点关注居住地区、居住条件、住房产权性质、迁居行为 4 个方面对职住分离程度的影响。孔令斌（2013）以城市发展政策、土地开发政策、交通系统发展、居民收入与产业发展等视角探讨大城市职住平衡形成的政策与规划因素。吕斌等（2013）以平均通勤时间作为测度指标，考察居住在可支付性住房中的低收入群体到商业就业中心的就业可达性。郑思齐等（2014）从就业机会、通勤成本、住房机会和城市公共服务可达性四个方面解释城市职住关系的形成机制。魏海涛、赵晖等（2017）讨论了家庭收入、房屋类型、职业类型、通勤方式等 6 个变量的职住分离特征及其差异。还有学者从轨道交通（赵晖 等，2011）、信息技术（翟青 等，2012）、居住黏性（梁超，2012）、土地利用混合度（党云晓 等，2013）、居住—就业郊区化不同步（孙铁山，2015）、开发区转型（潘海啸，2016）

等角度出发，探讨大城市职住分离的形成机制。综合来看，对职住分离影响因素和驱动力的研究已经涵盖了宏观经济社会政策、居民属性和行为偏好、就业和住房机会与可达性、城市空间结构组织等各个方面。

1.2.2.2 功能重组与职住分离关系研究

在西方城市化进程中，城市功能结构的不断演进为研究功能重组与职住分离关系提供了良好的案例，Giuliano 和 Small（1992）分析了洛杉矶地区的 1980 条通勤数据，结果表明旨在促进职住平衡的宏观尺度城市功能结构调整对改善通勤的实际作用较小。Clark（1994）针对兰斯塔德和南加州的研究结果指出随着大都市区向多中心结构转变和就业的分散，至少在短期内整体拥堵水平会提升。Cervero（1998）对旧金山湾区 20 世纪 80 年代通勤行为变化的实证研究也发现，多中心趋势引起了就业人群平均机动车通勤里程的大幅增加。

伴随西方城市管理和规划实践的发展，一些学者也对通过功能重组改善职住分离的可行方法进行了探讨。Cervero（1989）认为政府通过规划和税收政策鼓励在就业中心附近建造住房，或在居住为主的社区中增加就业岗位，可以有效地缓解交通拥堵状况。Horner 和 Murray（2003）利用亚特兰大大都市区的通勤数据建立不同情景的比较评估，发现调节居住分布比调节产业的空间分布更能有效减少通勤。BPY Loo 和 ASY Chow（2011）通过香港的案例研究也证明了该观点。也有一些研究比较了不同措施对改善职住的作用效果，如 Ma 和 Banister（2006）发现首尔 1990~2000 年的多中心化空间引导措施不如交通进步效果显著，通过更快速交通工具的普及实现了通勤时间而非距离的缩短。

随着城市人口负荷的日益加重以及郊区化现象的产生，国内学者逐步将东京（陶松龄,1997；张京祥 等,2015）、首尔（张可云 等,2015；汪芳 等，2016）、纽约（关小克 等，2015；宋金平 等，2016）等城市的功能疏解经验介绍到国内，并围绕郊区化背景下的职住关系变化、功能疏解与通勤关系展开思考。郑国（2007）和许炎等（2015）探讨了北京和苏州在产业疏解过程中新建开发区面临的职住分离问题及解决措施。姚永玲等（2011）研究了北京郊区化过程中总人口、户籍人口和暂住人口在居住与就业上的迁移关系。柴彦威等（2012）利用 GIS 三维可视化技术对 7 种理论通勤模式居民的活动—移动时空特征进行刻画，从而透视北京市郊区巨型社区居民的通勤特征及复杂模式。宋金平等（2012）借助 GIS 技术研究功能疏解背景下北京商业郊区化的进程、空间特征与驱动机制。王宏等（2013）以济南为例，思考了城市行政中心、高等院校等纷纷外迁和城郊大型住宅区开发建设所带来的双向通勤问题。曾华翔等（2014）基于 Alonso 的城市空间结构理论模型发现市场本身可以实现最佳的居住分布结果，行政权力对于职住分布的强行干预反而会扭曲市场。杨鑫等（2016）以昆明行政中心搬迁新城为例，探讨了就业分散对个人通勤行为的影响。

1.2.2.3 职住选择模式和趋势预测研究

功能重组过程中，城市居民的职住地选择是宏观职住状态变化的微观决定性因素，国外许多研究者提出了相关的选择模型。由 Alonso（1964）提出，经 Muth（1969）和 Mills（1972）进一步发展的同心圆模型是比较简单的职住选择模型。该模型假定土地价格从就业中心点向外围逐步下降，越靠近中心的居住成本相对越高，而通勤成本越低，居住区位选择就是通勤成本与居住成本相权衡的结果。Stewart（1942）最早提出，由 Lowry（1964）最终发展形成的重力模型（Gravity Model）、衍生的推拉模型（Push-pull Model）被广泛应用于居住迁移和居住与就业的空间组织研究中。如 Guest（1976）对芝加哥郊区的研究中发现就业地和居住地的推拉因子显著影响两地之间的通勤需求量。Quigley（1976）、McFadden（1978）、Paul（1997）等人则使用离散选择模型来研究职住选择，包括多项罗吉特模型（MNL）、巢式罗吉特模型（NL）等，离散选择是当前应用最普遍的职住选择模型。Horner（2008）提出结合理论最小通勤和不同职住模式的空间模型，以测算最佳的职住空间分布形态。

国内学者也开展了大量案例研究。张宇等（2012）在北京市交通土地整合模型构建中，将通勤可达性作为重要变量，应用在居住区位选择模型中。杨超等（2013）从过度通勤入手，提出基于理论最小通勤的最优增长分布模型。余建辉等（2014）通过抽样调查发现，居民的居住迁移决策和工作迁移决策是一个存在正向相互联系的协同决策过程。李少英等（2013）进行了基于多智能体的职住空间演化多情景模拟。何嘉耀（2013）基于多智能体系统构建了自下而上的城市微观模拟系统，定量研究单中心城市与单元城市在交通效率、碳排放上的区别。国内学者对大数据的应用也越来越普遍，如龙瀛等（2012）基于连续一周的公交IC卡刷卡数据，评价北京职住分离的空间差异；冷炳荣等（2015）借助百度热力图描述了重庆都市区的职住关系特征；王德等（2016）基于手机信令数据从总体特征、大区、街镇3个层面对上海居民就业的空间迁移进行研究；史新宇（2016）以出租车和社交网络的轨迹数据为对象，分析上海市居民当前的职住空间整体特征；赵鹏军等（2017）采用多种LBS数据（热力图数据、POI数据、微博签到数据）从不同角度测度北京城区职住关系的时间和空间特征。

1.2.2.4 小结

总体上，关于职住关系和城市功能重组已有学者进行了一些研究，可以提供较好的理论和方法借鉴，但在如下方面需要进一步研究探索。

①尽管国外学者从20世纪60年代就开始了城市空间结构对职住和通勤影响的研究，但在空间结构重构会加剧还是减缓职住分离，进而对治理“大城市病”效果等方面尚未达成共识，尤其是缺少系统的实证研究。伴随特大城市多中心化、边缘崛起、功能疏解等现象的出现，需要以更完善的理论框架来对城市空间重构背景下的职住关系进行研究。

②目前的研究主要是静态描述就业—居住分离特征或只关注居住郊区化带来的通勤问题，是对现状和历史的分析，缺少从时间和过程视角对空间重构背景下特大城市职住分离过程的持续跟踪和选择模式的深度剖析。

③目前的研究以描述职住分离特征、揭示职住分离驱动机制等解释性研究为主，从规划实践出发提出缓解职住分离问题的政策性建议方面还显薄弱。

通过对多源数据深入挖掘和典型案例分析，以北京为例研究城市空间重构背景下特大城市的职住分布变化趋势和规划应对策略，既可以拓展学术理论研究视野、丰富定量研究职住问题的技术方法，又可为全面掌握北京职住空间发展动态、统筹产业与居住空间资源、创新职住对接政策机制、促进就业—居住—交通协调发展、缓解交通拥堵等提供技术参考，同时对国内其他城市在该领域的实践亦起到借鉴作用。

1.3 问题和框架

1.3.1 关键问题

本研究聚焦于以下两个关键问题。

（1）空间重构引发的特定人群职住分离模式、空间效应和驱动力发现

本研究将传统调查数据的社会维度、大数据的时空维度和城市建设数据结合起来，建立多源空间数据间的关联，通过定量分析与定性判断相校验、全局数据与典型调查相结合等方法，总结多中心化、边缘崛起、功能疏解引发的职住模式、空间效应及其驱动力。

（2）空间重构背景下职住关系的战略性判断和响应策略

本研究比较与北京同尺度空间圈层划分下的国际大都市职住空间组织模式，分析典型城市空间重构过程中职住组织的得与失，进而形成职住关系的规律性总结。从战略和战术两个层面，提出了空间重构背景下促进就业—居住—交通协调发展的战略判断和政策措施库，各城市可针对具体情景选择相应的政策“组合拳”来响应。

1.3.2 内容框架

本研究包括三大部分，共 7 章（图 1–1）。

第一部分，提出问题——城市空间“面临三类重构”，即多中心化、边缘崛起、功能疏解。引出从时间和过程视角，动态考察空间重构背景下职住变迁的模式、空间效应、基本规律及规划响应这一理论和实践命题，总结目前国内外的相关观点，提出本研究要解决的关键问题。这部分对应本书的第 1 章。

第二部分，分析问题——包括“回顾两个演变”“解析三种关系”“比较七大都市”。回顾北京城市空间结构演变中的“不变”和“变”，以及职住空间模式的重大转型，作为本研究的宏观背景；解析多中心化与职住关系、边缘崛起与职住关系、功能疏解与职住关系，总结不同模式、空间效应及其驱动力；选择东京、伦敦、纽约、巴黎 4 个世界城市对应的大都市区，与北京进行同尺度比较，来认识大都市区职住发展趋势，

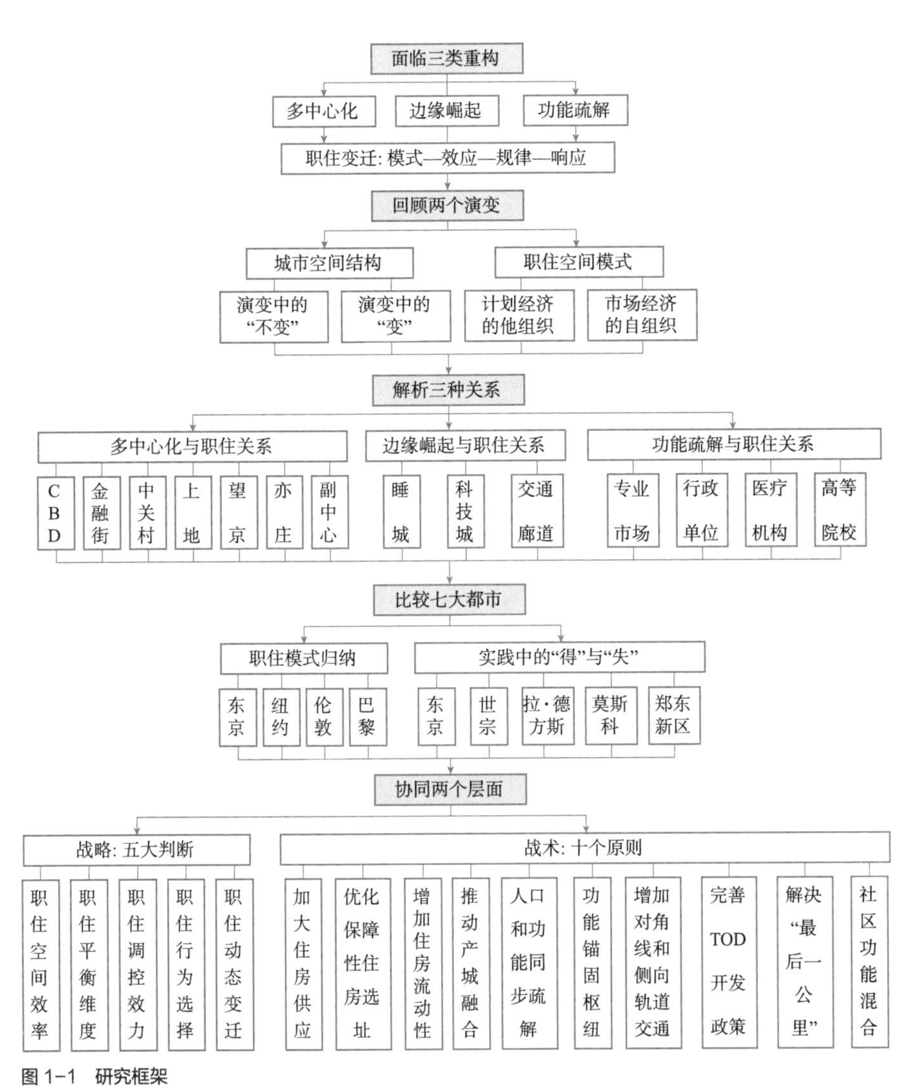

图 1-1 研究框架

并研究若干典型城市在空间重构过程中职住组织的得与失。这部分包含本书的第 2~6 章。

第三部分，解决问题——“协同两个层面”。从战略和战术两个层面，提出空间重构背景下促进就业—居住—交通协调发展的五个战略判断和十个规划原则，形成可操作、可扩充的政策框架与措施库。实际工作中可针对具体问题抽取组合，通过“组合拳”进行精准施策。这部分对应本书的第 7 章。

本章参考文献

[1] 周一星，孟延春．中国大城市的郊区化趋势[J]. 城市规划汇刊，1998（5）：22-27.

[2] 张庭伟．1990年代中国城市空间结构的变化及其动力机制[J]. 城市规划，2001（7）：7-14.

[3] 杨明，杨春，王亮，等．北京城市空间结构与形态的变化和发展趋势研究[Z]. 2014.

[4] 杨明，周乐，张朝晖，廖正昕．新阶段北京城市空间布局的战略思考[J]. 城市规划，2017（11）：23-32.

[5] 北京市统计局．北京统计年鉴2019[M]. 北京：中国统计出版社．

[6] 黄亚平．城市空间理论与空间分析[M]. 南京：东南大学出版社，2002：101-109.

[7] 何建颐，张京祥，陈眉舞．转型期城市竞争力提升与城市空间重构[J]. 城市问题，2006（1）：16-20.

[8] 叶昌东，周春山．近20年中国特大城市空间结构演变[J]. 城市发展研究，2014，21（3）：28-34.

[9] 刘淑虎，任云英，马冬梅，等．中国市场经济体制确立以来城市内部空间结构研究进展与展望[J]. 现代城市研究，2015（5）：41-48.

[10] 张庭伟．城市的竞争力以及城市规划的作用[J]. 城市规划，2000，24（11）：39-41.

[11] Cervero，R. Jobs-housing Balance and Regional Mobility[J]. Journal of the American Planning Association，1989，55（2）：136-150.

[12] Giuliano G. Is Jobs Housing Balance a Transportation Issue[J]? Transportation Research Record，1991，1305：305-312.

[13] 张学波，窦群，赵金丽，等．职住空间关系研究的比较述评与展望[J]. 世界地理研究，2017，26（1）：32-44.

[14] Cervero R，Wu K L. Sub-Centring and Commuting：Evidence from the San Francisco Bay Area[J]. Urban Studies，1998，35（7）：1059-1076.

[15] 刘志林，王茂军，柴彦威．空间错位理论研究进展与方法论评述[J]. 人文地理，2010（1）：7-12.

[16] 周江评．"空间不匹配"假设与城市弱势群体就业问题：美国相关研究及其对中国的启示[J]. 现代城市研究，2004（9）：8-14.

[17] 孟晓晨，吴静，沈凡卜．职住平衡的研究回顾及观点综述[J]. 城市发展研究，2009，16（6）：23-28.

[18] 刘望保，侯长营．国内外城市居民职住空间关系研究进展和展望[J]. 人文地理，2013（4）：7-12.

[19] 韩会然，杨成凤，宋金平．城市居住与就业空间关系研究进展及展望[J]. 人文地理，2014（6）：24-31.

[20] 程鹏，唐子来．上海中心城区的职住空间匹配及其演化特征研究[J]. 城市规划学刊，2017（3）：62-69.

[21] 刘志林，张艳，柴彦威．中国大城市职住分离现象及其特征——以北京市为例[J]. 城市发展研究，2009，16（9）：110-117.

[22] 张纯，易成栋，宋彦．北京市职住空间关系特征及变化研究——基于第五和六次人口普查和2001和2008年经济普查数据的实证分析[C]. 2013中国城市规划年会，2013.

[23] 赵晖，杨军，刘常平，等. 职住分离的度量方法与空间组织特征——以北京市轨道交通对职住分离的影响为例 [J]. 地理科学进展，2011，30（2）：198-204.

[24] 周素红，闫小培. 城市居住—就业空间特征及组织模式——以广州市为例 [J]. 地理科学，2005，25（6）：664-670.

[25] Duncan B. Factors in Work-Residence Separation：Wage and Salary Workers，Chicago，1951[J]. American Sociological Review，1956，21（1）：48-56.

[26] Kain J F. Housing Segregation，Negro Employment，and Metropolitan Decentralization[J]. Quarterly Journal of Economics，1968，82：175-197.

[27] Houston D S. Methods to test the spatial mismatch hypothesis[J]. Economic Geography，2005，81（4）：407-434.

[28] 柴彦威，张艳，刘志林. 职住分离的空间差异性及其影响因素研究 [J]. 地理学报，2011，66（2）：157-166.

[29] 孟斌，湛东升，郝丽荣. 北京市居民居住行为对职住分离的影响 [J]. 城市问题，2013（10）：33-39.

[30] 孔令斌. 城市职住平衡的影响因素及改善对策 [J]. 城市交通，2013（6）：1-4.

[31] 吕斌，张纯，陈天鸣. 城市低收入群体的就业可达性变化研究——以北京为例 [C]//. 中国城市规划年会，2012.

[32] 郑思齐，徐杨菲，张晓楠，等. "职住平衡指数"的构建与空间差异性研究：以北京市为例 [J]. 清华大学学报（自然科学版），2015（4）：475-483.

[33] 魏海涛，赵晖，肖天聪. 北京市职住分离及其影响因素分析 [J]. 城市发展研究，2017，24（4）：43-51.

[34] 翟青，甄峰，康国定. 信息技术对南京市职住分离的影响 [J]. 地理科学进展，2012，31（10）：1282-1288.

[35] 梁超. 居住黏性释义下城市失配的影响因素研究——基于杭州的实证分析 [D]. 杭州：浙江工业大学，2012.

[36] 党云晓，张文忠. 北京城区土地利用混合度及其对居民职住分离的影响 [C]. 2013 年中国地理学会，2013.

[37] 孙铁山. 北京市居住与就业空间错位的行业差异和影响因素 [J]. 地理研究，2015，34（2）：351-363.

[38] 潘海啸，卞硕尉. 开发区转型对通勤距离和职住分离的影响和对策——以上海市金桥出口加工区为例 [J]. 上海城市规划，2016（3）：123-127.

[39] Giuliano G，Small K A. Is the Journey to Work Explained by Urban Structure?[J]. Urban Studies，1992，30（9）：1485-1500.

[40] Clark W A V，Kuijpers-Linde M. Commuting in Restructuring Urban Regions[J]. Urban Studies，1994，31（31）：465-483.

[41] Horner M W. Extensions to the Concept of Excess Commuting[J]. Environment and Planning A，2002，34（3）：543-566.

[42] Horner M W. 'Optimal' Accessibility Landscapes? Development of a New Methodology for Simulating and Assessing Jobs-Housing Relationships in Urban Regions[J]. Urban Studies，2008，45：

1583-1602.

[43] Loo B P Y，Chow A S Y. Jobs-housing Balance in an Era of Population Decentralization：An Analytical Framework and a Case Study[J]. Journal of Transport Geography，2011，19（4）：552-562.

[44] Ma K R，Banister D. Extended Excess Commuting：A Measure of the Jobs-Housing Imbalance in Seoul[J]. Urban Studies，2006，43（43）：2099-2113.

[45] 陶松龄 . 东京迁都之举：兼论大都市功能疏解的发展战略 [J]. 城市规划，1997（2）：20-22.

[46] 高慧智，张京祥，胡嘉佩 . 网络化空间组织：日本首都圈的功能疏散经验及其对北京的启示 [J]. 国际城市规划，2015（5）：75-82.

[47] 张可云，董静媚 . 首尔疏解策略及其对北京疏解非首都功能的启示 [J]. 中国流通经济，2015，29（11）：70-77.

[48] 汪芳，王晓洁，崔友琼 . 韩国首都功能疏解研究——从三个空间层次分析韩国世宗特别自治市规划 [J]. 现代城市研究，2016（2）：62-69.

[49] 关小克，汤怀志，薛剑，等 . 北京市中心城区功能疏解与国土空间利用战略——国际大都市的经验启示 [J]. 中国国土资源经济，2015（2）：27-30.

[50] 杨成凤，韩会然，张学波，等 . 国内外城市功能疏解研究进展 [J]. 人文地理，2016（1）：14-21.

[51] 郑国 . 开发区职住分离问题及解决措施——以北京经济技术开发区为例 [J]. 城市问题，2007（3）：12-15.

[52] 姚永玲 . 郊区化过程中职住迁移关系研究——以北京市为例 [J]. 城市发展研究，2011（4）：24-29.

[53] 申悦，柴彦威 . 基于 GPS 数据的城市居民通勤弹性研究——以北京市郊区巨型社区为例 [J]. 地理学报，2012，67（6）：733-744.

[54] 于伟，杨帅，郭敏，等 . 功能疏解背景下北京商业郊区化研究 [J]. 地理研究，2012，31（1）：123-134.

[55] 王宏，崔东旭，张志伟 . 大城市功能外迁中双向通勤现象探析 [J]. 城市发展研究，2013（4）：155-158.

[56] 曾华翔，朱宪辰 . 行政规划促进居民职住平衡作用研究——基于 Alonso 城市空间结构模型 [J]. 技术经济与管理研究，2014（7）：99-102.

[57] Alonso，W A.Location and Land Use[M]. Harvard University Press，1964.

[58] Stewart，J Q. An Inverse Distance Variation for Certain Social In fluences[J]. Science，1941，93（2404）：89-90.

[59] Lowry，Ira. A Model of Metropolis[R]. Santa Monica：Rand Corporation，1964.

[60] Guest，A M，Christopher Cluett. Workplace and Residential Location：a Push-pull Model[J]. Journal of Regional Science，1976（3）：399-410.

[61] Quigley，J M Housing Demands in the Short Run：Analysis of Polytomous Choice[J]. Exploration in Economic Research，1976（3）：76-102.

[62] Mark Horner，Alan Murray. A Multi-objective

Approach to Improving Regional Jobs–Housing Balance[J]. Regional Studies，2003，37（2）：135–146.

[63] 张宇，郑猛，张晓东，等．北京市交通与土地使用整合模型开发与应用[J]. 城市发展研究，2012，19（2）：108–115.

[64] 杨超，汪超．城市过剩通勤与职住平衡模型[J]. 同济大学学报（自然科学版），2013（11）：108–112.

[65] 余建辉，董冠鹏，张文忠，等．北京市居民居住—就业选择的协同性研究[J]. 地理学报，2014，69（2）：147–155.

[66] 李少英，黎夏，刘小平，等．基于多智能体的就业与居住空间演化多情景模拟——快速工业化区域研究[J]. 地理学报，2013，68（10）：1389–1400.

[67] 何嘉耀．基于自组织与多智能体系统的城市形态与交通需求研究[D]. 北京：清华大学，2013.

[68] 龙瀛，张宇，崔承印．利用公交刷卡数据分析北京职住关系和通勤出行[J]. 地理学报，2012，67（10）：1339–1352.

[69] 冷炳荣，余颖，黄大全，等．大数据视野下的重庆主城区职住关系剖析[J]. 规划师，2015，31（5）：92–96.

[70] 王德，朱查松，谢栋灿．上海市居民就业地迁移研究——基于手机信令数据的分析[J]. 中国人口科学，2016（1）：80–89.

[71] 史新宇．基于多源轨迹数据挖掘的城市居民职住平衡和分离研究[J]. 城市发展研究，2016，23（6）：10–17.

[72] 赵鹏军，曹毓书，万海荣．基于 LBS 数据的职住平衡对比研究：以北京城区为例[C]. 2017 中国城市规划年会，2017.

2

城市空间与职住演变

Urban Space and the Evolution of Jobs-housing Relationship

本章回顾、总结了中华人民共和国成立以来北京城市空间结构演变中的“不变”和“变”以及职住空间模式的重大转型，作为研究北京城市多中心化与职住关系、边缘崛起与职住关系、功能疏解与职住关系的重要背景。

2.1 城市空间结构演变

2.1.1 空间结构演变中的“不变”

中华人民共和国成立至今，在规划和市场双重引导的过程中，北京城市空间结构一直体现了三个“不变”。

2.1.1.1 始终围绕中央最高指示来谋划空间发展战略

作为国家首都，历版北京城市总体规划的编制都是在中央和国务院的关怀和指导下开展工作，都是在回答“建设一个什么样的首都，怎样建设首都”这一不变的主题。城市空间发展的战略选择都是在不同时期的全球和全国形势背景下，贯彻落实中央对首都城市规划建设的指导方针。

（1）中华人民共和国成立之初，“三为”方针与行政中心选址、工业区布局

中华人民共和国成立之初，百废待兴，中央对北京提出“变消费城市为生产城市”和“为中央服务、为生产服务、归根到底是为劳动人民服务”的城市发展指导方针。北京以旧城为中心进行了城市的改建与扩建，中央及市级的主要领导机关主要集中在旧城，放弃了在西郊另建新城的方案。这一发展方针也体现在1953年编制的《改建与扩建北京市规划草案》中。该草案确定北京的城市性质为：我国政治、经济和文化的中心，特别要把它建设成为我国强大的工业基地和技术科学的中心。作为城市性质的空间落实，规划方案扩大了工业区用地，在东北郊、东郊、东南郊、南郊、西南郊、石景山等地分别设置了大片工业区。

（2）改革开放之初，“四项指示”方针与“旧城逐步改建，近郊调整配套，远郊积极发展”的空间发展思路

改革开放后，中央“关于首都建设方针的四项指示”[1]明确了首都建设的方向，生产已不是第一要务，弥补设施建设的长期欠账、为中央和首都人民的工作和生活创造方便的条件成为工作的重点。1982年编制的《北京城市建设总体规划方案》明确指出北京是“全国的政治中心和文化中心”，不再提“经济中心”和“工业基地”，成为北京经济结构调整、城市转型的开端。旧城要逐步改建，功能要进一步调整，要体现政治中心和文化中心的需要，把一些非必须留在旧城的单位迁出去；近郊完善配套，各个片区要建设住宅以及各类服务设施，形成相对独立的多中心布局；远郊城镇沿主要交通干线布局发展。

（3）市场经济确立之初，“四个服务”方针与“两个战略转移”的空间发展思路

进入20世纪90年代以后，随着改革开放的深入和市场经济的发展，我国城市人口激增，“大城市病”初现。这个时期，中央对首都在国家发展大局中的核心职责提出了新的要求，其反映在后续提出的“四个服务”[2]要求中，为中央开展国际交往服务、为全国的科技教育服务成为新的工作重点。为了缓解市区过度集聚，以及腾挪空间来服务新的职能要求，1992年编制的《北京城市总体规划（1991年—2010年）》提出“改变人口和产业过于集中在市区的状况，从现在起城市建设重点要逐步从市区向远郊区作战略转移，市区建设要从外延扩展向调整改造转移”的。“两个战略转移”的思想精炼地概括出北京城市空间发展总方针，也影响了之后两版总体规划的空间布局。

2.1.1.2 始终围绕集聚与疏解的主题来调整空间结构

1953年，北京城市范围还局限在市区的600km²左右，在中央“变消费城市为生产城市”和“发展大城市”的方针指导下，1953年编制的《改

---

[1] 1980年4月，中央书记处工作会议上作出“关于首都建设方针的四项指示”：①要把北京建设成全国、全世界社会秩序、社会治安、社会风气和道德风尚最好的城市；②要把北京变成全国环境最清洁、最卫生、最优美的第一流城市，也是世界上比较好的城市；③要把北京建成全国科学、文化、技术最发达，教育程度最高的第一流城市，并且在世界上也是文化最发达的城市之一；④要使北京经济不断繁荣，人民生活方便、安定。

[2] 1995年4月，北京市委常委扩大会议提出了“四个服务”的工作要求：为中央党、政、军领导机关的工作服务，为国家的国际交往服务，为科技和教育发展服务，为改善人民群众生活服务。“四个服务”成为北京接下来几版城市总体规划编制和实施的最重要的指导思想。

建与扩建北京市规划草案》提出城市人口规模发展到500万人左右，在空间布局上采用将旧城作为行政中心区的方案，依托旧城向四郊发展：在东北郊、通惠河两岸等地形成规模化的工业区，在西北郊聚集了以八大院校、中科院等为主的文教科研区，在东郊开辟新使馆区，依托旧城改造成中央办公区，并拓展到西郊，这奠定了日后北京城市发展的基本格局，也带来各类功能和人口的高度集聚。

1958年，北京市域面积达到目前的16410km^2，随着各类要素在中心区的高度集聚，城市发展中的问题逐渐显现，需要跳出原来的市区在更大范围里布局城市功能和人口，控制中心、发展外围成为之后历版城市总体规划空间布局的主基调，但具体措施有所差异。1958编制的《北京市总体规划方案》在1957年提出的“子母城”概念的基础上，提出控制市区、发展远郊区的设想，将大量的工业项目布局到40个卫星镇上。1982年编制的《北京城市建设总体规划方案》针对建设分散的问题提出近期重点发展黄村、昌平、通县、燕山四个卫星镇，规模在5万~20万人左右，卫星镇职能也不仅限于工业，也包括了科研等其他职能。1992年编制的《北京城市总体规划（1991年—2010年）》实施两个战略转移，将过去的卫星城镇分为卫星城和镇，14个卫星城以各县城为主，规模一般在10万~25万人。这一阶段的卫星城虽然跳出了工业镇的窠臼，但仍达不到缓解中心城压力的要求。2004年编制的《北京城市总体规划（2004年—2020年）》提出了“两轴–两带–多中心”的城市空间结构，实施新城战略，将14个卫星城升级为11个新城，并确定位于东部发展带上的通州、亦庄、顺义为重点新城。新城与卫星城相比，其规模更大，功能更为综合，独立性更强，通过重大基础设施和产业的带动，成为中心城人口和职能疏解及新的产业集聚的主要地区，形成规模效益，共同构筑中心城的反磁力系统。其目的是通过对城市空间结构的战略调整改变单中心发展的状况，解决中心过度聚集所带来的诸多问题。2016年编制的《北京城市总体规划（2016年—2020年）》以疏解非首都功能为“牛鼻子”，统筹考虑疏解与整治、疏解与提升、疏解与发展、疏解与协同的关系，推进内部功能重组，优化城市空间布局，提出了“一核一主一副、两轴多点一区”的城市空间结构（图2–1）。相比以往，本次总体规划确定的城市空间结构更加突出了首都功能、疏解导向、生态保护和协同发展。

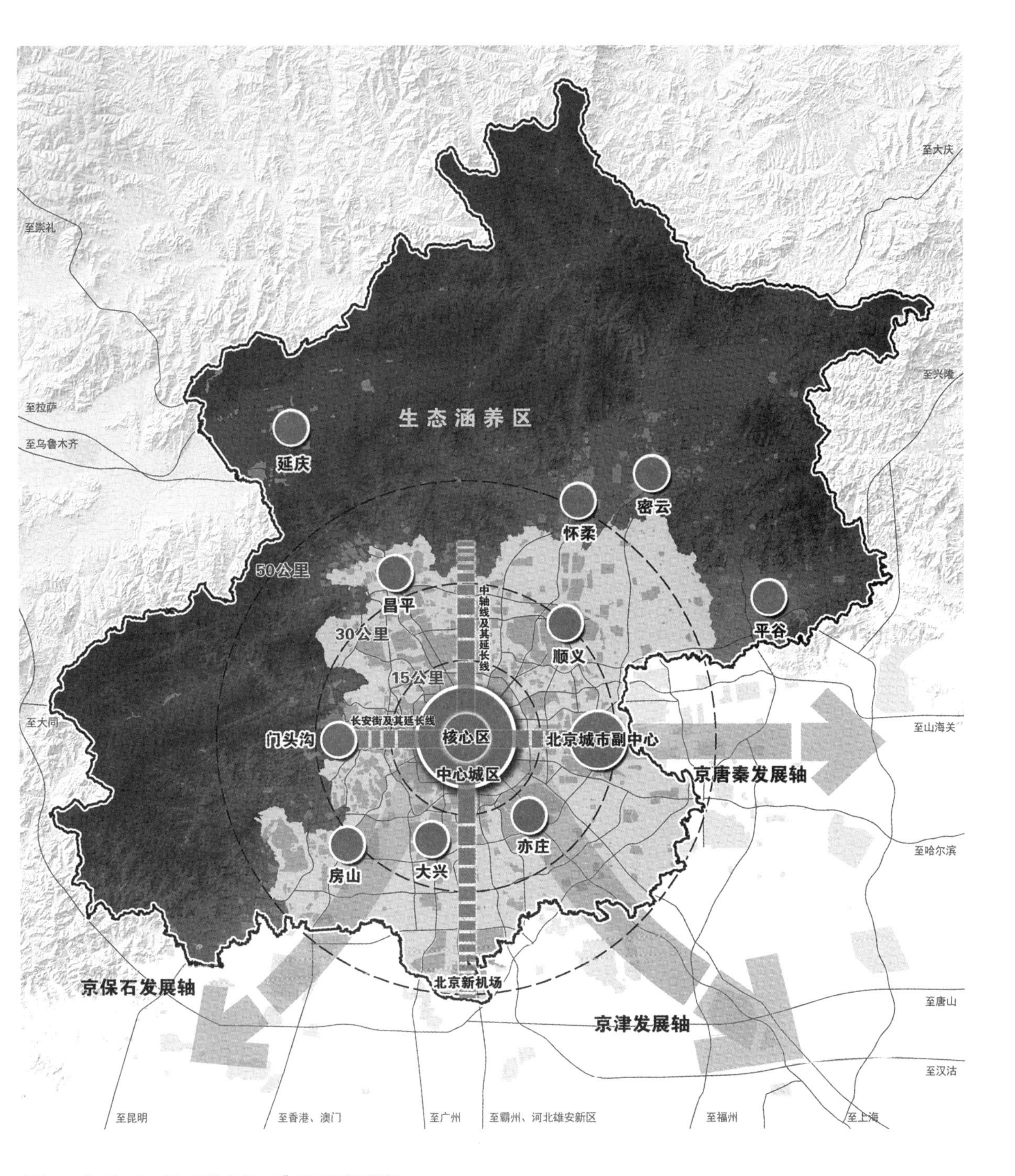

图 2-1 "一核一主一副、两轴多点一区"的城市空间结构

资料来源：北京市人民政府 . 北京城市总体规划（2016 年—2035 年）[Z]，2017.

2.1.1.3　始终围绕“分散集团式”布局来塑造空间形态

自1958年以来，历次总体规划均坚持“分散集团式”的空间布局，防止城市圈层式蔓延发展。1958年版总体规划按照中央“大地园林化”的建设要求，把市区的600km^{2}用地打碎成几十个集团，集团之间保留农田与绿地，奠定了“分散集团式”城市布局结构的基础。1973年版总体规划维持“分散集团式”的布局形式，但中心大团绿地农田面积大幅缩小。1982年版总体规划进一步明确市区“分散集团式”形式，中心城市形成中心集团和外围10个边缘集团的格局。1992年版总体规划在边缘集团与中心地区之间明确划定了绿化隔离带，确定了“中心地区+边缘集团”的结构形式。2004年版总体规划将“分散集团式”空间形态从市区扩大到市域，通过两条绿化隔离带形成“中心地区+边缘集团+新城”的结构形式。其中，第一道绿化隔离地区规划面积244km^2，位于中心地区与边缘集团之间；第二道绿化隔离地区规划面积1650km^2，是控制边缘集团向外蔓延以及近郊新城之间连片发展的生态屏障。2016年版总体规划将“分散集团式”空间形态从市域扩大到周边区域，除了中心地区和边缘集团之间的第一道绿化隔离地区城市公园环，以及边缘集团和近郊新城之间的第二道绿化隔离地区郊野公园环外，还在近郊新城与跨界城市组团之间设置了环首都森林湿地公园环（图2-2），通过三级公园环和九条放射状楔形绿色廊道隔离形成“中心地区+边缘集团+新城（副中心）+跨界城市组团”的“分散集团式”布局。

2.1.2　空间结构演变中的“变”

2.1.2.1　空间尺度从市区到市域再到区域：解决问题的视角不断扩大

北京市在1958年完成了行政区划的调整，形成了目前16410km^{2}的市域面积范围。随着北京城市规模和建设空间的不断增长，对中心城区的控制成为1958版总体规划之后历版总体规划人口布局的核心，形成了以“控制”为基调的人口调控政策；至1982年，对人口规模的控制视野已从市区逐渐过渡到全市域；至2016年，在国家京津冀协同发展战略下，又从京津冀区域的视野来考虑人口布局的优化。实施以“控制”为基调的人口

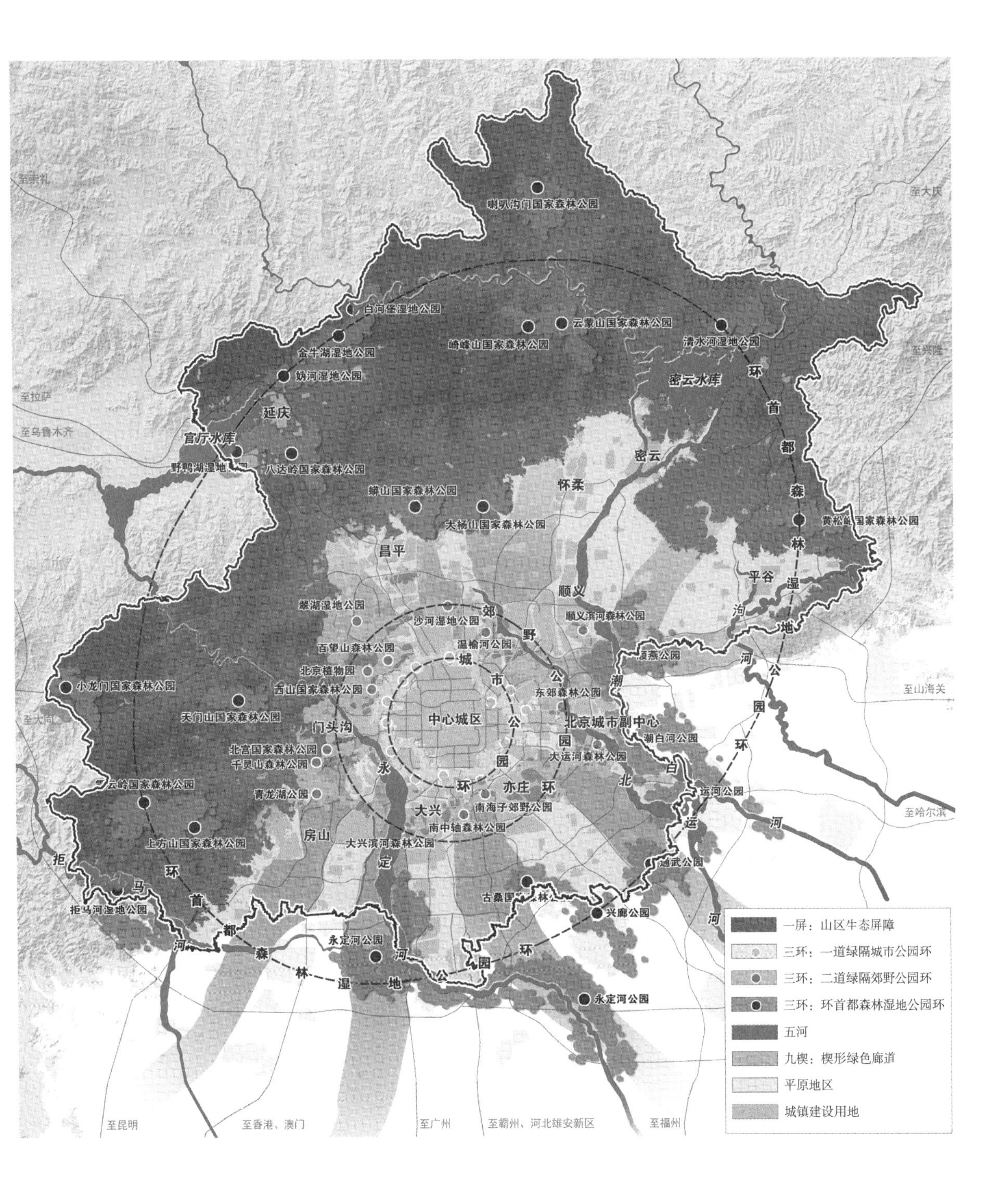

图 2-2　市域绿色空间结构

资料来源：北京市人民政府 . 北京城市总体规划（2016 年—2035 年）[Z]，2017.

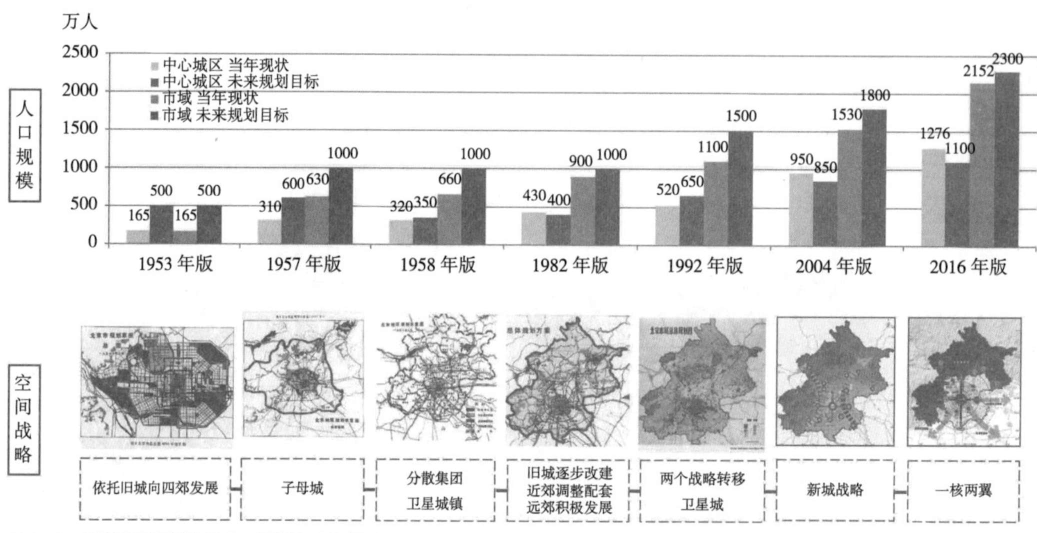

图 2-3　几版总体规划中的人口规模和空间战略

调控政策，一方面是由于认识到北京的资源环境问题比较突出，尤其是中心城区的人口集聚带来的交通拥堵、环境恶化等“大城市病”；另一方面，控制大城市发展一直是国家城镇化政策的主线，此外也有长期计划经济体制下对大城市在经济上的优势不够重视的原因。

伴随着人口调控政策是相应的空间发展战略变化，1958 版总体规划之后，北京“控制中心、发展外围”的总体思路一直延续至今，不同的是解决问题的视野逐步从市区到市域再扩大到区域，在不同时期分别提出“发展卫星城镇”“两个战略转移”“新城建设”“一核两翼”等空间战略和实施路径，在更大范围、更丰富内涵的基础上布局建设，优化功能，完善结构（图 2-3）。

2.1.2.2　城镇关系由“等级化”走向“扁平化”：要素连接的效率不断增强

城镇体系反映了一定地域范围内城镇的等级关系，也体现了不同规模、不同级别、不同职能城镇之间的经济社会要素连接方式。1958 年版之后的历版总体规划始终坚持北京“市区（中心城）—卫星城（新城）—镇”三级城镇体系的战略构想[1]。2004 年版总体规划明确了以中心城为核心，新

[1] 北京 1958 版总体规划为“市区—卫星城—小城镇”、1983 版总体规划为“市区—卫星城—建制镇”、1993 版总体规划为“市区—卫星城—镇（中心镇— 一般建制镇）”、2004 版总体规划为“中心城—新城—镇”、2016 版总体规划为“中心城区—新城（副中心）—镇”。

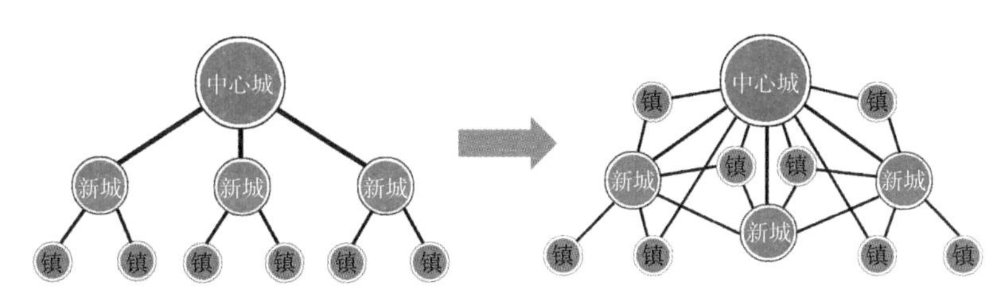

图 2-4　城镇体系结构由等级化走向扁平化

城作为次一级中心，并由其对下一层级的小城镇进行空间与功能组织的城镇等级关系。在这一体系中，重点强化了通过新城战略来建设中心城的反磁力系统，希望形成区域的中心，并截流小城镇要素过度向中心城集中，进而缓解“大城市病”。但从实际的发展情况来看，由于新城反磁力系统尚未形成，一些位于市区边缘甚至市域边缘的城镇组团的居民受中心城的直接吸引，跨过新城在中心城就业、购物或进行商务活动，形成中心城和镇之间的联动关系。规划预设的基于行政体系“规模—等级”模型的“等级化、多层次”城镇关系逐渐模糊，被基于市场规律“核心—边缘”理论的“扁平化、网络化”的城镇关系所取代（图 2-4），中心城在空间与功能组织中具有绝对的统领地位。

“扁平化、网络化”的城镇关系在空间发展和治理上带来如下变化：一是从功能组织上看，一些发展较好的边缘城镇组团受到中心城的直接带动（体现在外围地区与中心城之间以向心交通为特征的依附关系，图 2-5）而承担某一专业化职能，并直接融入区域（全球）城市网络，参与竞争；二是从空间关系上看，城镇发展突破省（市）—县（区）—镇的行政边界，形成了一个更大的都市区，在大都市区内统一组织就业和居住，并支撑快速的要素流动。

2.1.3　空间结构演变的驱动力

从城市发展的脉络来看，国家政策、工业化以及经济结构的变化是城市空间结构形态演变的根本原因（图 2-6）。北京城市空间的阶段性演变无不体现着 1949 年以后北京在政治经济等方面的发展重点与变化特征，即在功能上经历了“生产城市、工业基地”向“弱化生产、完善首都功能和高端服务功能”的过渡；空间增长上经历了由“近域空间集聚”向“远

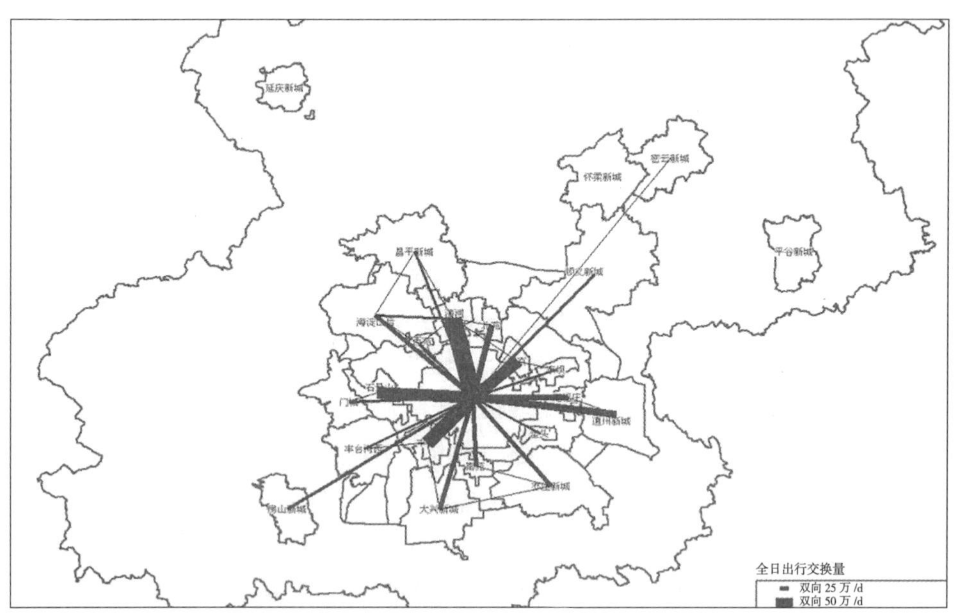

图 2-5　北京市居民出行分布分析（中心地区—边缘地区—新城）

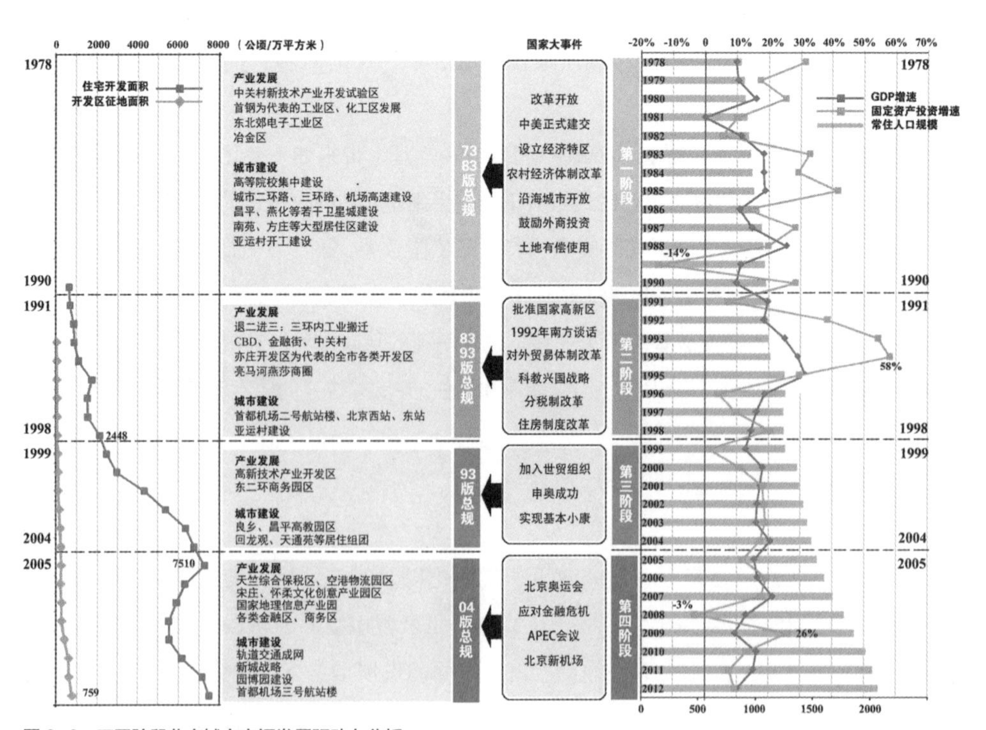

图 2-6　不同阶段北京城市空间发展驱动力分析

资料来源：杨明，杨春，王亮，等 . 北京城市空间结构与形态的变化和发展趋势研究 [Z]，2014.

郊空间增长”、由“内生推动增长”向“区域走廊拉动增长”模式的过渡；结构上经历了从“扇形结构”向“同心圆结构”，再向“同心圆结构 + 轴向结构”的演变过程；动力上经历了“土地有偿使用、房改、退二进三等政策带动空间扩展”到“新城（副中心）建设、体育盛会、国际会议会展、京津冀协同发展等大事件带动功能优化”的变化。

同时，在这一系列的发展变化过程中，交通设施作为重要的影响因素，对于城市空间的拓展起到了显著的引导作用。主要体现为高速公路建设与中心城“去工业化”的政策对于产业园区沿主要交通轴线向外布局有着明显的带动作用（图 2–7）；而外围郊区的轨道交通建设进一步加速了人口沿轴线的分布，并相应地对于住房的建设起到带动作用（图 2–8）。空间结构的演变和交通设施的建设对城市职住关系带来巨大影响。

图 2–7 北京市产业园区与高速公路分布示意图

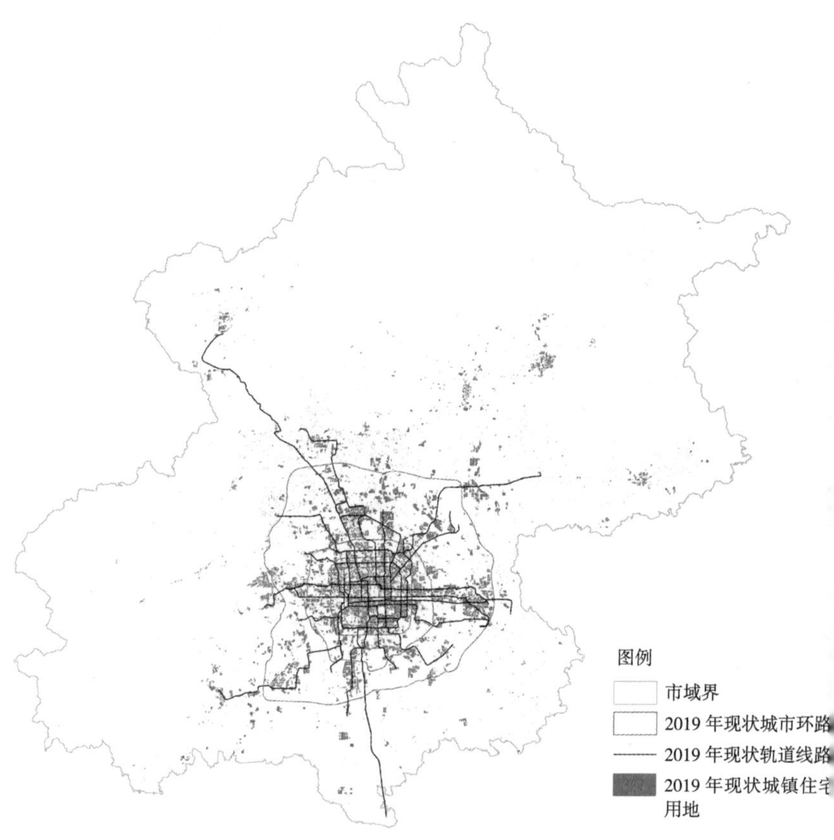

图 2-8 北京市居住用地与轨道交通分布示意图

2.2 职住空间模式演变

在城市空间结构演变的同时，北京就业—居住空间的组织模式也经历了由计划经济时期的“职住混合型”向市场经济时期的“职住分离型”的转变。

2.2.1 他组织：计划经济时期的“职住混合型”模式

计划经济时期，中国的城市地区开始推行“单位负责制”，单位吸纳社会成员进行统一管理，通过户籍制度强化其与所处城市的空间关系，从而构成配给社会的结构基础（薄大伟，2014）。单位成为当时中国城市中最基本的社会管理与组织形式（Bjorkloud，1986）。本着“有利生产、方便生活、就近居住”的原则，以单位为分配主体的城市住房在地理位置上通常紧挨本单位的生产空间且相对集中，这样一来，中国城市中就形成了基于不同性质单位的居住生活空间（王美琴，2010）。单位大院将住房、教育、医疗等各种社会责任融为一体，成为改革开放前的30年间中国城市空间扩展的最主要方式（柴彦威 等，2000）。

正如前文所述，中华人民共和国成立之初，中央对北京提出“变消费城市为生产城市”和“为中央服务、为生产服务、归根到底是为劳动人民服务”的城市发展指导方针。1953年，《改建与扩建北京市规划草案》再次明确北京城市性质为：我国政治、经济和文化的中心，我国强大的工业基地和技术科学中心。因此，1949年后的北京城市建设重点围绕着“政治”“文化科技”“工业生产”而展开，在空间上就大体形成了部队、机关、学校和科研院所、工厂4种类型的单位大院（张帆，2004；连晓刚，2015）。

针对部队的职工住宅区主要分布在北京西南部，如总政治部大院、军事医学科学院等。针对政府各机关和事业单位的职工住宅区基本沿二环路内外分布，如建设部大院、商务部海关大院、航天部部直大院等。针对大专院校、科研单位的职工住宅区基本位于二环路以外，向西北方向延伸至现今的四环路外，如中国科学院、清华大学、北京大学等一系列高等院校和研究机构的附属职工住宅区。针对工厂的职工住宅区主要分布在城市的西、东和东北方向，如石景山区的首钢职工住宅区、东郊棉纺厂职工住宅区、酒仙桥电子工业基地职工住宅区等（钱笑，2010；连晓刚，2015）。这些单位大院一般都有完整的生活配套设施，包括食堂、小卖部、浴室、理发店、礼堂、门诊部、幼儿园、休养所、俱乐部等，俨然成为一个个小型的社会缩影。

由于单位大院的形成受当时规划设计思潮中“邻里单位”的影响，使人们的居住、工作地点尽量靠近，因此计划经济时期的北京就业—居住空间绝大部分都是一种“职住合一”的模式。当时居民通勤主要以单位内的步行通勤为主，少量居民会居住在老城中心而向建成区外围的单位通勤，如果夫妻双方任职于不同单位，也会出现一方在单位之间通勤的情况（图2-9）。这种模式既减少了城市交通的出行总量和拥堵机会，降低了对

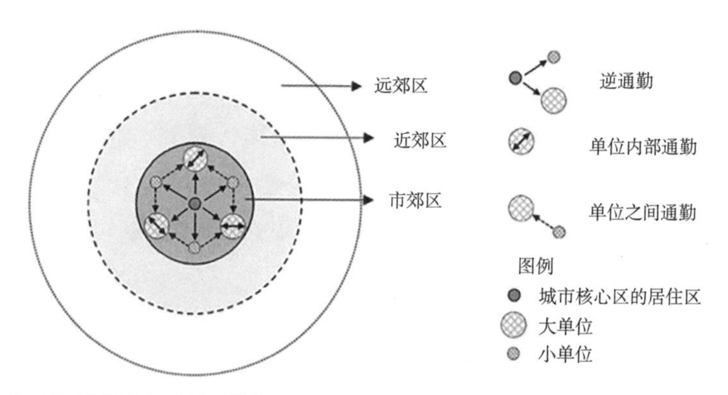

图 2-9 1978 年以前中国城市通勤格局

资料来源：Ta N，Chai Y，Zhang Y，et al. Understanding Job-housing Relationship and Commuting Pattern in Chinese Cities：Past，Present and Future[J]. Transportation Research Part D，2017，52（PT.B）：562-573.

城市道路和停车场的建设压力，又能缩短职工的通勤距离和通勤时间。在计划经济时期，仅从城市交通运行效率的角度看这是合理的，但计划经济时期的单位大院已逐渐被市场经济主导的新型产业空间所代替，导致工作地与居住地在空间上的逐步分离化，也带来居民日常活动和出行模式的显著变化。

2.2.2 自组织：市场经济时期的“职住分离型”模式

如果说计划经济时期影响北京职住空间发展的因素相对简单，那么市场经济的到来和单位制的解体，则打破了这种“前场后院”的“职住混合型”模式，伴随 20 世纪 80 年代出现的居住和产业郊区化趋势（周一星，1996），北京就业—居住空间在诸多复杂因素的影响下也开始朝“职住分离型”的方向发展。

2.2.2.1 触发：土地制度改革和产业结构“退二进三”

北京自 1992 年实行土地有偿使用制度以来，城市原有的土地利用结构按“级差地租”的市场原则进行了大幅调整。一方面，政府在郊区规划大片的开发区，利用低廉的土地价格和优惠条件吸引工业企业在郊区选址布局；另一方面，政府指令国有大型企业、重工业、污染严重的企业和仓库搬离市中心，引导寸土寸金的中心城区发展高回报率的金融、商业、贸易等第三产业（宋金平 等，2007）。截至 1996 年，北京经批准建立的工业园区共有 30 个，仅 7 个位于近郊区，其余均位于远郊区（周一星，2000）。当工业企业搬离中心城区时，一直在国有企业中工作的工人如果没有能力在郊区重新置业，就必须在居住地和新的工作地点之间往返。填补原来工业企业空间的现代服务业从业人员，也往往会因为中心城区居高不下的房价而选择在郊区置业，同样面临在工作地和居住地之间奔波的问题。从全市范围来看，土地制度改革和产业结构调整触发了就业—居住空间的分离。

2.2.2.2 促进：住房制度改革和危旧房改造政策

计划经济体制下，城市居民住房由国家负担，由于资金有限，不仅住宅建设速度慢，城市中还有很多危险、破烂、拥挤、杂乱的危旧房屋亟待改造。住房制度改革后，危旧房的改造由国家、集体、个人三方共同集资，使危旧房改造速度大大加快（周一星，1996）。2001 年，北京启动 52 个危旧房改造项目，其中有 35 个位于东城、西城、崇文和宣武区，动迁居民 9.3 万户（宋金平 等，2007）。在危旧房改造的过程中，一方面，旧城道路的改扩建将占用一部分土地，使可用于开发建设的土地面积受到制约，再加上城区住宅严格限高、地价昂贵，提高了住宅、公建及配套设施的建设成本；另一方面，政府采取优惠政策，鼓励危旧房改造地区的居民向郊外新开发区疏散，而对回迁的要求则相对严格（陆孝襄，1992）。在这种“一推一拉”力量的驱动下，大部分居民选择了到生活成本相对较低的郊区居住。在这种情况下，如果居民的工作单位没有外迁，就会引发工作地和居住地之间的通勤流。可见，住房制度改革和危旧房改造政策在一定程度上加剧了就业—居住空间的错配。

2.2.2.3 加剧：基础设施支撑和郊区房地产开发

以地价为基础的城市用地功能置换的结果，一方面让城区中的工业企业搬至郊区，腾出更多空间发展回报效益更高的服务型经济，另一方面也使地价相对较低、空间相对富裕的郊区成为住宅产业发展的集中分布地带。同时，20 世纪 80 年代以来，为了改善投资环境，北京市道路建设快速发展。尤其 2003 年轨道交通工程建设全面展开，城市轻轨（13 号线）全线贯通，地铁八通线正式通车试运营，高速公路、城市快速路、主干路和城区路网加密工程加快实施，也带动了城市边缘集团的发展（宋金平 等，2007）。一时间，经济适用房、普通商品房、别墅、公寓等各种类型的住宅在城市近郊拔地而起。2002 年北京秋季房展的住宅项目有 2/3 位于三环路以外（陈海燕 等，2005）。这既吸引了大量低收入人群来房价相对低廉的郊区置业，也给想改善住房条件、对大房子有居住需求的中等收入阶层提供了换房的机会。同时，城区与郊区之间巨大的房价差异和利润空间还吸引越来越多的富裕阶层前来置业投资。然而，由于郊区新开发的住宅区普遍功能单一，主要的医院、学校、娱乐设施仍集中在市区，导致人们必须回到城区就业或者寻求各种服务，这就进一步加剧了城市职住空间的分离，导致居民通勤时间和距离明显增加。

总的来说，1978 年改革开放以后，我国城市中各单位内的通勤、单位之间的通勤仍然存在，但是随着城市土地功能置换，从市中心向外围的逆通勤以及从郊区居住区向市中心的通勤同时出现。1998 年的住房商品化改革加速了城市外向扩张的进程，除了居住郊区化以外，就业岗位也开始向郊区扩散，通勤格局除了从郊区到城市中心大量增加外，同样出现了从内城居住区向郊区就业中心的逆通勤，以及郊区居住区向郊区就业中心的侧向通勤。另外，单位制度的瓦解使得过去单位内以步行和自行车出行为主的短距离通勤消失。因此，经过半个世纪的发展，中国城市职住空间和通勤格局正在从 1978 年以前的单位内部通勤，演变为 1978~1998 年的城市中心向近郊的通勤（图 2–10），最后发展成为 1998 年以后以郊区和城市中心之间为主的长距离通勤（图 2–11）（Tana et al.，2017）。

2.2.3 职住空间演变对城市运行效益的影响

2.2.3.1 对居民通勤行为的影响

在城市就业和居住空间不断重构的背景下，城市居民通勤行为发生显著变化，通勤距离与时间明显增加，小汽车通勤比例提高，自行车和步行通勤比例下降（Ta et al.，2017），并且通勤方向也发生了明显变化（冯健 等，2004；宋金平 等，2007；Yang，2006；李强 等，2007；柴彦威 等，2002；Wang et al.，2009）。冯健等通过问卷调查实证了郊区化背景下，北

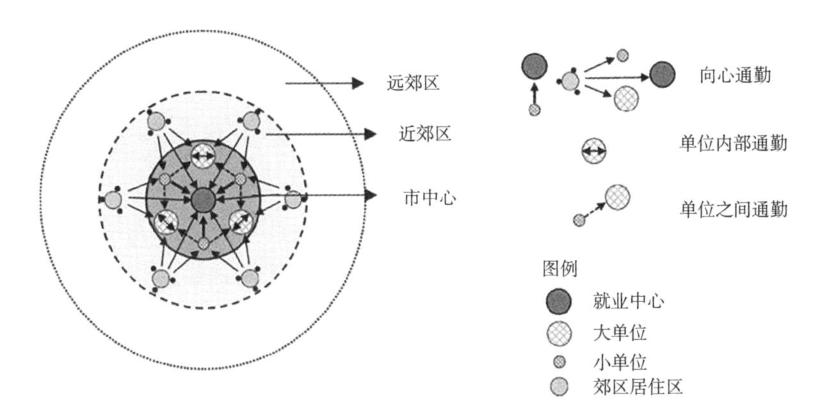

图 2-10　1978~1998 年中国城市通勤格局

资料来源：Ta N，Chai Y，Zhang Y，et al. Understanding Job-housing Relationship and Commuting Pattern in Chinese Cities：Past，Present and Future[J]. Transportation Research Part D，2017，52（PT.B）：562-573.

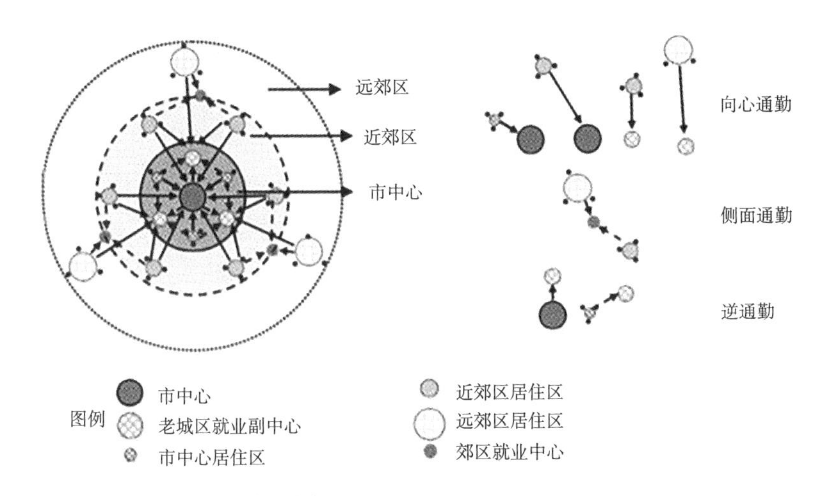

图 2-11　1998 年以后中国城市通勤格局

资料来源：Ta N，Chai Y，Zhang Y，et al. Understanding Job-housing Relationship and Commuting Pattern in Chinese Cities：Past，Present and Future[J]. Transportation Research Part D，2017，52（PT.B）：562-573.

京城市居民职住分离现象十分普遍，居民在城市内部的迁居过程中伴随着短时间（30min 以内）通勤的减少与中长时间（30~120min）通勤的增加；并且城区居民的职住分离状况较近郊区居民更为明显（冯健 等，2004）。孟斌等发现北京市存在比较严重的职住分离问题，平均单程通勤时间为 38min，通过比较北京市中心区与郊区的通勤距离，发现城市中心区域职住分离情况好于郊区，在郊区中重点开发的卫星城镇职住分离不明显，大型居住区则职住分离严重（孟斌，2009）。

20 世纪 90 年代随着我国土地有偿使用制度和住房市场的启动，居民开始在郊区购置新建商品房，从市中心搬迁到郊区的居民其通勤时间会增加 30%（Yang，2006）；21 世纪初，在住房保障制度的指导下，郊区大型经济适用房社区的建设也带来了迁居者平均通勤距离 59%（约 4.5km）的增长。其中，平均通勤距离 10km 以内的居民人数比例从 70% 下降到 37%，还出现较多的远距离（20km 以上）通勤（李强 等，2007）。综合多个年份的问卷调查数据，2000 年左右北京市城市居民通勤时间约为 30min，2010 年则达到了 50min 左右，增加了 20min，同时较短时间的通勤（30min 以内）比例变少，中等时间通勤（30~60min）比例大幅增加，说明职住分离情况愈发严重（孟斌 等，2011；Ta et al.，2017）。

不同的住房类型与社区属性也会对通勤特征产生影响。一方面，虽然基于单位的住房福利分配制度已经消失，但是由于制度影响的惯性，居住在单位社区的居民，或者住房是单位房或单位房改房的居民，与在市场化条件下发展起来的商品房居民相比，其职住地仍较为接近，通勤时间较短（柴彦威 等，2011；张艳 等，2009；Zhao et al.，2009）。另一方面，保障性住房居民则往往具有更长的职住距离和通勤时间，说明政策性住房在改善居民职住关系上没有帮助（李强 等，2007；张艳 等，2018）。

2.2.3.2 对城市社会公平和生活质量的影响

转型期的中国城市制度转型与空间重构对城市居民的通勤行为空间产生了不同的影响。尽管整体上城市空间的扩张、机动化出行导致通勤行为空间的普遍扩展，但相对于自由选择机制下的高收入、年轻化、机动化的群体，那些在旧城改造、拆迁安置与住房保障政策等被动安排下的低收入、老龄化、非机动化的群体的就业可达性与生活质量将面临更大挑战。因此，亟须关注城市低收入住房项目的空间布局问题。

从西方城市的经验看，20 世纪 50~60 年代大规模建设的公共住房项目，由于空间过于集中且布局不合理，也可能在改善低收入者住房条件的同时加剧居住隔离、贫困与失业集中等社会问题（Gabriel，1996）。低收入者即便能够参与政府的低收入住房政策而改善住房条件，但这种迁居机会往往伴随着通勤成本的增加和公共设施可达性的降低（Kain,1968）。事实上，20 世纪 80 年代以来，西方发达国家的低收入住房政策越来越多地采用税收优惠、租房券、规划配建等手段，以达到消除贫困集中化、鼓励不同收入水平群体混居等目标（Gabriel，1996；Brown，2001）。

在我国，低收入居民的住房保障问题在 2003 年以来逐渐得到政府的重视，基本确定了以“两限房、经济适用住房、廉租房”为主的保障性住房供应体系。尤其是 2007 年以来，国家和地方财政均大幅度增加了在廉租房项目上的投入，2009 年中央政府在廉租房项目上的财政投入达到创历史的 330 亿元。这在极大程度地增加低收入住房的供应量、扩大城市低收入住房政策覆盖面的同时，也要求我们尽早关注享受保障性住房的居民的就业与设施可达性、低收入住房的空间分布等问题。

2.2.3.3 对城市环境的影响

中国城市空间在重构过程中的高碳化与欠公正倾向，是在中国城市转型的大背景下发生的。从内部构造和组织机制的角度来说，单位制度解体，分区制成为土地利用规划的主流思想，单一功能体块成为城市内部构造的基本单元。从城市布局来说，紧凑性的城市发展方式被弃置，从“小而全”转为“大而不全”的郊区化。从职住关系和居民的活动—移动行为特性来说，从单位空间的合一接近转向显著分离。这一发展阶段又恰逢快速城市化时期，使得城市空间重构和郊区化同时发生，进入纵深更广、范围更大的第二波居住郊区化，但商业和办公业的集中性并未得到提升。因此，整体城市空间显现出“单一中心、单一用途、严格分区、空间失衡、利用低效、低密度蔓延、小汽车导向”的高碳特质。这种转型期的城市空间组织已经明显造成了城市的单向通勤，同时也带来居民基本活动的时空间需求得不到有效满足、居民生活质量难以提升和社会分配有失公允等问题（柴彦威等，2010）。

在对自然环境的影响方面，应反思这种片面开发郊区居住社区、就业居住设施郊区化、时空异位不匹配的问题，并应在对社区低碳减排的治理上，针对高碳化的作用路径，形成针对性的治理设计（柴彦威 等，2011）。单位制度瓦解与职住分离带来了通勤方式的改变。传统单位内通勤通常采用的步行与自行车的绿色通勤方式被迫转变为机动化通勤，其中小汽车通勤的占比大幅提高，居民通勤的碳排放成为焦点问题。即使在单位制度全面瓦解、以市场经济为主导的现代化城市中，通过对不同社区居民出行方式进行对比仍然可以看到单位制度在空间和社会关系上的遗存对居民出行碳排放具有重要意义（马静 等，2011）。

2.2.3.4 对居民健康的影响

居民的职住分离与长距离通勤，不仅影响城市空间结构，还会对居民自身的健康造成一定的影响。改善大城市郊区居民的职住关系不仅意味着城市运行效率的提升，更重要的是意味着城市生活质量的提升。对于像天通苑这类最初为疏解城市中心区人口而形成的单一功能的郊区巨型居住组团而言，以往职住分离与通勤行为研究往往提倡通过一定程度的职住平衡来改善单一功能和空间错位造成的长距离通勤和职住分离。在居民自身的健康方面，有研究借助二项 Logistic 回归模型，在控制其他社会经济属性的前提下验证不同通勤模式对居民生理健康和心理健康 2 个维度、6 个指标的影响。研究发现，整体上通勤模式对睡眠质量差、经常请病假、疲惫不堪、压力大等健康风险的影响均呈现出倒“U”形的趋势，表明适度通勤可能有利于健康，而过长通勤却不利于健康（符婷婷 等，2018）。上述研究进一步从过长通勤模式对人的生理和心理健康造成的负面影响来揭示出区域职住平衡对公共健康的意义。营造宜居的郊区社区，不能仅局限于满足居民基本的住房和居住需求，更应该考虑居民就业可达性以及交通出行的便利程度，提倡规划建设既宜居也宜业的郊区社区。

2.2.3.5 对城市空间组织模式的反思

城市空间组织模式在一定程度上影响城市经济与社会系统的运行效率，以及城市居民的日常行为模式。应对全球气候变化的低碳城市空间组织模式，应能有利于实现城市经济效益与社会效益两个方面的最大化。这要求我们不仅要考虑城市空间组织模式对城市能源消耗、城市土地集约利用等经济效益的影响，同时更需要考虑较长时间尺度上城市空间的可持续性、城市社会的稳定与和谐、城市居民生活质量的提高等社会效益方面的影响。

市场经济下基于地租原理的分区制与计划经济下基于职住接近原则的单位制，是城市空间组织模式的两种主要表现形式。面对全球气候变化、城市交通拥挤、城市能源消耗快速增长、老龄化与郊区社区的衰败等问题，学术界已开始反思低密度土地开发、功能分区、单一功能土地利用的种种弊端，而新城市主义、精明增长、紧凑城市等思想应运而生，并对分区制不断进行修正。职住接近的单位社区在城市能源消耗、居民生活质量、家庭稳定与社会和谐，以及社区的可持续发展等方面也存在着显著的优势。在应对全球气候变化、构建低碳城市的新背景下，我们应重新审视中国城市的单位制度、单位空间以及生活模式，思考既具有中国特色又适应新的发展形势的、高效可持续的城市空间组织模式（柴彦威 等，2010）。

本章参考文献

[1] 杨明，杨春，王亮，等．北京城市空间结构与形态的变化和发展趋势研究 [Z]，2014.

[2] 北京市人民政府．北京城市总体规划（2016 年—2035 年）[Z]，2017.

[3] 杨明，周乐，张朝晖，廖正昕．新阶段北京城市空间布局的战略思考 [J]. 城市规划，2017（11）：23-32.

[4] 董光器．北京规划战略思考 [M]. 北京：中国建筑工业出版社，1998.

[5] 薄大伟．单位的前世今生：中国城市的社会空间与治理 [M]. 南京：东南大学出版社，2014.

[6] Bjorklund E M. The Danwei：Socio-spatial Characteristics of Work Units in China's Urban Society[J]. Economic Geography，1986（62）：19-29.

[7] 王美琴．城市居住空间分异格局下单位制社区的走向 [J]. 苏州大学学报（哲学社会科学版），2010（6）：6-9.

[8] 柴彦威．城市空间 [M]. 北京：科学出版社，2000.

[9] 张帆．社会转型期的单位大院形态演变、问题及对策研究——以北京市为例 [D]. 南京：东南大学，2004.

[10] 连晓刚．单位大院：近当代北京居住空间演变 [D]. 北京：清华大学，2015.

[11] 钱笑．北京居住空间的发展与变迁（1912—2008）[D]. 北京：清华大学，2010.

[12] Ta N，Chai Y，Zhang Y，et al. Understanding Job-housing Relationship and Commuting Pattern in Chinese Cities：Past，Present and Future[J]. Transportation Research Part D，2017，52（PT.B）：562-573.

[13] SONG Jinping，WANG Enru，ZHANG Wenxin，等．Housing Suburbanization and Employment Spatial Mismatch in Beijing 北京住宅郊区化与就业空间错位 [J]. 地理学报，2007，62（4）：387-396.

[14] 周一星．北京的郊区化及引发的思考 [J]. 地理科学，1996，16（3）：198-206.

[15] 周一星．北京的郊区化及其对策 [M]. 北京：科学出版社，2000.

[16] 陆孝襄．北京的危旧房改造 [J]. 城市规划，1992（4）：8-12.

[17] 陈海燕，贾倍思，韩涛，等．住宅建设与北京城市环境——关于北京住宅小区发展的几点思考 [J]. 城市建筑，2005（3）：7-10.

[18] 冯健，周一星，王晓光，陈扬．1990 年代北京郊区化的最新发展趋势及其对策 [J]. 城市规划，2004，28（3）：13-29.

[19] 宋金平，王恩儒，张文新，彭萍．北京住宅郊区化与就业空间错位 [J]. 地理学报，2007，62（4）：387-396.

[20] Yang J W. Transportation Implications of Land Development in a Transitional Economy：Evidence from Housing Relocation in Beijing[J]. Transportation Research Record，2006，1954：7-14.

[21] 李强，李晓林．北京市近郊区大型居住区居民上班出行特征分析 [J]. 城市问题，2007（7）：55-59.

[22] 柴彦威，刘志林，李峥嵘，龚华，史中华，仵宗卿．中国城市的时空间结构 [M]. 北京：北京大学出版社，2002.

[23] Wang D，Chai Y. The Jobs-housing

Relationship and Commuting in Beijing, China: the Legacy of Danwei[J]. Journal of Transportation Geography, 2009, 17 (1): 30-38.

[24] 孟斌. 北京城市居民职住分离的空间组织特征 [J]. 地理学报, 2009, 64 (12): 1457-1466.

[25] 孟斌, 郑丽敏, 于慧丽. 北京城市居民通勤时间变化及影响因素 [J]. 地理科学进展, 2011, 30 (10): 1218-1224.

[26] 柴彦威, 张艳, 刘志林. 职住分离的空间差异性及其影响因素研究. 地理学报, 2011, 66 (2): 157-166.

[27] 张艳, 柴彦威. 基于居住区比较的北京城市通勤研究 [J]. 地理研究, 2009, 28 (5): 1327-1340.

[28] Zhao, P J, B Lu, et al. Impact of the Jobs-housing Balance on Urban Commuting in Beijing in the Transformation Era[J]. Journal of Transport Geography, 2011, 19 (1): 59-69.

[29] 张艳, 刘志林. 市场转型背景下北京市中低收入居民的住房机会与职住分离研究 [J]. 地理科学, 2018, 38 (1): 11-19.

[30] Gabriel S A. Urban Housing Policy in the 1990s[J]. Housing Policy Debate, 1996, 7 (4): 673-693.

[31] Kain J F. Housing segregation, Negro employment, and metropolitan decentralization[J]. The Quarterly Journal of Economics, 1968, 82: 175-197.

[32] Brown K D. Expanding Affordable Housing through Inclusive Zoning: Lessons from the Washington Metropolitan Area[C]. Washington D C: The Brookings Institution Center on Urban and Metropolitan Policy, 2001.

[33] 柴彦威, 肖作鹏, 张艳. 中国城市空间组织与规划转型的单位视角 [J]. 城市规划学刊, 2011 (6): 28-35.

[34] 柴彦威, 肖作鹏, 刘志林. 基于空间行为约束的北京市居民家庭日常出行碳排放的比较分析 [J]. 地理科学, 2011, 31 (7): 843-849.

[35] 马静, 柴彦威, 刘志林. 基于居民出行行为的北京市交通碳排放影响机理 [J]. 地理学报, 2011, 66 (8): 1023-1032.

[36] 符婷婷, 张艳, 柴彦威. 大城市郊区居民通勤模式对健康的影响研究——以北京天通苑为例 [J]. 地理科学进展, 2018, 37 (4): 547-555.

[37] 柴彦威, 张艳. 应对全球气候变化, 重新审视中国城市单位社区 [J]. 国际城市规划, 2010, 25 (1): 20-23, 46.

3

多中心化与职住关系

Polycentric Structure and the Jobs-housing Relationship

3.1 单中心还是多中心——北京城市就业中心的识别

城市就业空间结构是指就业人口在城市区域内的空间分布状态及空间组合形式，是城市经济的一种重要空间载体。本研究确定的城市就业中心是指就业人口、企业或资本密度显著高于周边区域，且对周边就业产生一定影响的就业集聚区域。

3.1.1 关于北京就业中心的讨论

Wang（1999）、冯健（2003）等分别对 20 世纪 80~90 年代北京的人口密度分布进行研究，结果显示其人口分布呈现郊区化现象，1980 年和 1990 年分别只有 1 个次中心，到 2000 年发展成 6 个次中心，北京的多中心特征比较明显但不成熟。谷一桢等（2009）利用 2001 年和 2004 年的就业人口数据，识别出北京仍然是单中心主导的城市空间结构，并正在向多中心城市转变。王玮（2009）基于第一次经济普查数据识别并提取了北京市 24 个就业中心，将其分为 6 个类别，同时通过对 1996 年和 2004 年两个时段数据对比发现，北京市就业空间分布的多中心态势逐渐明显，就业空间集聚效应非常显著，就业结构空间分异现象突出。

孙铁山（2011）使用第一、二次经济普查数据，关注北京都市区近年就业空间发展动态，并探讨就业分散化、城市空间重构和产业转移的关系。吕永强（2015）认为北京市就业空间结构的多中心特征明显，但就业主中心对城市就业空间结构的影响仍非常大，就业次中心的发育程度不高，北京市多中心就业空间结构仍需进一步提升。于涛方等（2016）认为北京并非严格意义上的单中心城市，而是一个“扇形模式 + 多核心模式”的多中心城市，在“首都经济—城市化经济—地方化经济”逻辑下，初步呈现 6 个首都功能主导的就业中心区和 40 个左右首都经济主导的就业次中心的格局。胡瑞山等（2016）认为北京就业中心整体仍呈现单中心格局特征，多中心格局虽有显现但不明显，同时识别出 3 个就业中心和 12 个就业次中心，并将其分为 7 种类型。李冬浩等（2016）基于 2015 年一周的公交 IC 卡交易数据，运用空间聚类方法识别出中关村等 30 个就业中心，基于第三次经济普查中企业微观数据探索北京市主要就业中心的产业集聚类型和发展特点。杨烁等（2018）通过泰森多边形分割街道镇，获得更精细的就业分布。对北京 2008~2013 年的就业格局变动进行研究发现：北京都市区的多中心性有所加强，生产性服务业比例大幅上升；产业专门化体现出不同的集聚扩散趋势，生产性服务业的空间不均衡性加强，生活性服务业空间扩散，公共服务业的地区间服务水平差异在增大。

本研究试图在两方面有所突破，一是数据时点更新，在以往北京市三次经济普查的基础上，引入最新的第四次经济普查数据，对北京就业中心体系进行重新识别和验证，形成三个时段（2004~2008 年、2008~2013 年、2013~2018 年），保证研究结论具有较强的时效性和完整性。二是研究内容更完整，从就业空间体系（结构、形态、分布）和就业中心单体（生长力、影响力、多样性）两个层面对全市就业空间进行系统分析，使研究结论更为全面和综合。

3.1.2 北京就业中心的识别

3.1.2.1 识别基础

本研究以北京市域作为研究对象，包含北京市下辖的 16 个区[1]，采集数据的基本单元为 336 个街道及乡镇。数据来源于北京市第一次（2004 年）、第二次（2008 年）、第三次（2013 年）、第四次（2018 年）经济普查中的二、三产业法人单位从业人员规模和密度、资产和收入数据。

3.1.2.2 识别方法

本研究采用的就业中心识别方法可以分三个阶段进行：①描述密度梯度地图，寻找极值地区；②根据资源量占全市资源量的百分比筛选就业中心；③根据多中心模型空间影响力分析，对就业中心进行分级。

3.1.2.3 候选就业中心的识别

利用 2018 年第四次经济普查数据，计算全市 336 个街道和乡镇的就业

---

[1] 2010 年原西城区和宣武区行政合并为西城区，原东城区和崇文区行政合并为东城区。2015 年密云县和延庆县升级为区。

密度，借助 ArcGIS 中局部极值分析（LISA）方法，寻找全市范围内就业密度高于周边所有街道的局部极值区域,得到 43 个候选的就业中心（图 3–1）。

在中心城区[1]范围内，除主要就业中心（CBD、金融街）以外，还存在 13 个就业密度高于附近所有相邻单元的特殊街道；在 30km 近郊圈层，有 19 个就业密度高于附近所有相邻单元的特殊街道；在 50km 远郊圈层，有 9 个就业密度高于附近所有相邻单元的特殊街道。

3.1.3　北京就业中心的筛选

运用观察比对方法,以单位就业总量（大于 3 万人）或密度（大于 0.25

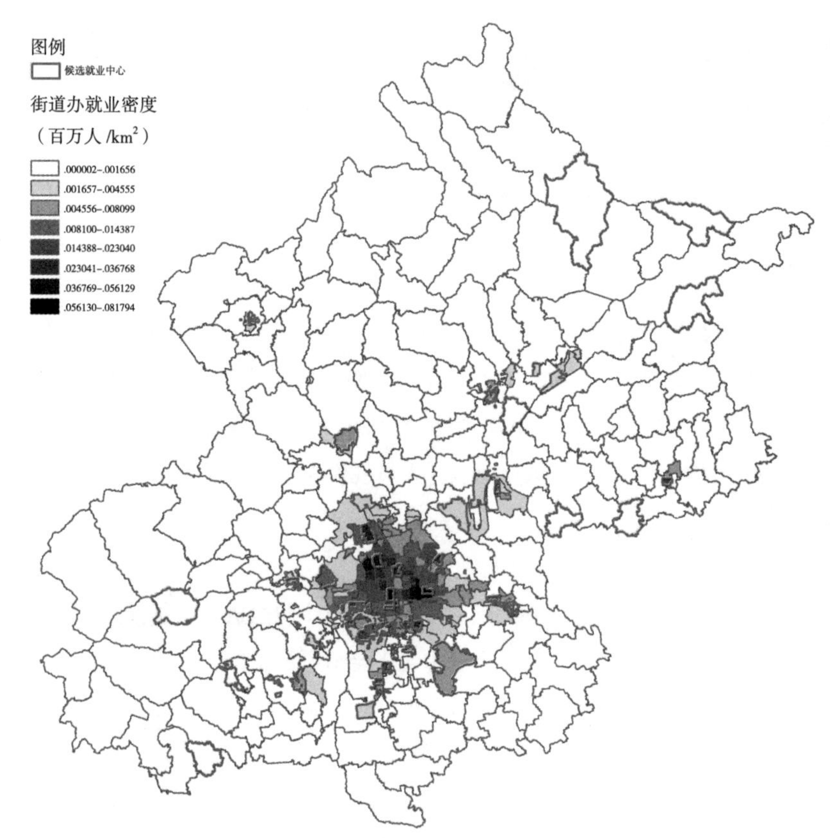

图 3–1　43 个候选就业中心的空间分布图

---

[1] 包括东城区、西城区、朝阳区、海淀区、丰台区和石景山区。

万人 /km²）进行初筛，可去掉 11 个候选中心。

运用 Clark 模型[1]对剩下的 32 个候选中心与全市其他所有街道进行单中心曲线回归分析，验证其对全市就业函数的影响力，得到人口密度分布的拟合结果（图 3–2）。研究发现东直门、呼家楼、酒仙桥、崇文门外、金融街等 17 个街道均对全市就业函数产生了显著影响（R^2 大于 0.5）；大兴新媒体基地、大兴兴丰、石景山苹果园等 9 个街道对全市就业的影响（R^2 介于 0.1~0.5）次之；由于受区位和地形限制，位于远郊的怀柔龙山、平谷滨河、密云经开区、延庆香水园、雁栖开发区、密云鼓楼 6 个街道对全市的影响并不显著，更多地是在区内发挥作用。

3.1.4　北京就业中心的分级

研究根据相邻街道就业规模和密度特征，对就业中心的边界进行校正。综合就业规模、就业密度以及对全市就业的影响力，明确北京市的各等级就业中心，形成完整的“就业中心体系”。

结果得出全市共有 32 个就业中心（图 3–3、表 3–1），其中，城区包括 3 个Ⅰ级就业中心、7 个Ⅱ级就业中心、5 个Ⅲ级就业中心；郊区包括 11 个Ⅰ级就业中心、6 个Ⅱ级就业中心。就业中心总人口占全市总就业人口（1361 万人）的 38.2%。

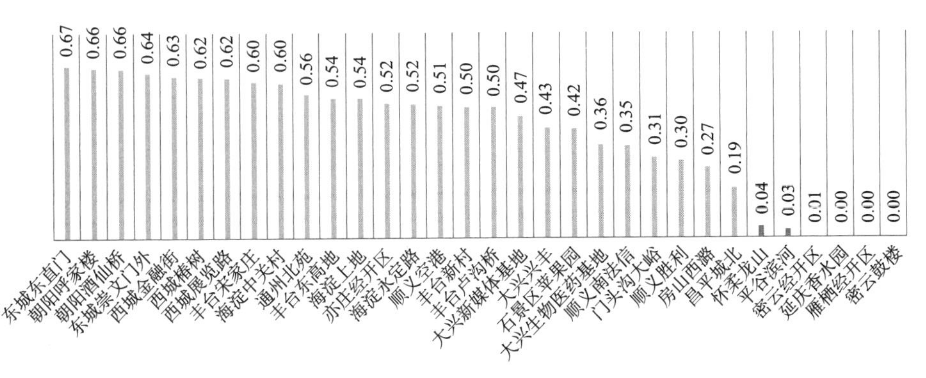

图 3–2　2018 年全市 32 个候选就业中心影响力汇总表

---

[1] Clark 模型是描述城市人口密度分布的常用模型，该模型是由理论地理学常用的两个基本假设出发，借助最大熵方法推导出来的，转化为线性方程后即：Ln（D）$=a+b\times r$。其中，r 表示街区到就业中心的距离，D 为人口密度，a 和 b 为针对中心的参数。

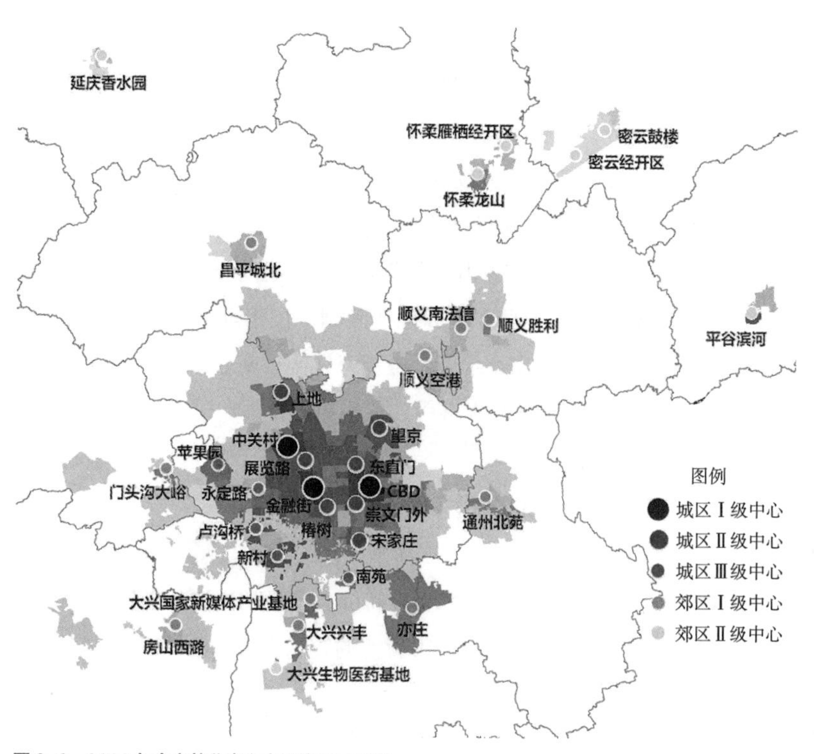

图 3-3 2018 年全市就业中心空间格局示意图

表 3-1 2018 年全市各等级就业中心情况汇总表

等级（个）		就业中心		就业规模（万人）	就业密度（万人/km²）
城区	1级（3）	朝阳	CBD地区（朝阳门—建国门—朝外—呼家楼—建外街道）	88.59	6.78
		西城	金融街（金融街街道）	29.51	7.73
		海淀	中关村地区（海淀—中关村街道）	51.37	4.26
	2级（7）	海淀	上地（上地街道）	31.95	3.34
		东城	东直门地区（北新桥—东四—东直门街道）	23.04	3.75
		丰台	宋家庄（东铁匠营街道）	14.42	2.71
		西城	椿树（椿树街道）	4.17	4.16
		西城	展览路（展览路街道）	20.64	3.68
		朝阳	望京地区（酒仙桥—望京—东湖街道）	36.95	1.98
		东城	崇文门外（崇文门外街道）	3.67	3.05

续表

等级（个）		就业中心		就业规模（万人）	就业密度（万人/km^2）
城区	3级（5）	海淀	永定路（永定路街道）	2.57	1.74
		石景山	苹果园（苹果园街道）	14.96	1.04
		丰台	卢沟桥（卢沟桥街道）	18.44	1.81
		丰台	丰台科技园（新村街道）	23.26	1.66
		丰台	南苑地区（东高地街道）	2.66	0.76
郊区	1级（10）	大兴	亦庄（亦庄镇）	42.51	0.71
		大兴	国家新媒体产业基地	6.11	1.49
		通州	北苑地区（北苑—中仓—新华—玉桥街道）	11.10	0.70
		顺义	胜利（胜利街道）	2.23	0.86
		大兴	兴丰地区（兴丰—清源—林校路街道）	8.91	0.70
		门头沟	大峪（大峪街道）	3.40	0.81
		昌平	城北地区（城北—城南街道）	15.58	0.47
		顺义	空港（空港街道）	12.20	0.46
		顺义	南法信（南法信镇）	8.56	0.41
		房山	西潞（西潞街道）	5.39	0.50
	2级（7）	怀柔	龙山地区（龙山—泉河街道）	7.75	0.60
		怀柔	雁栖经开区	3.95	0.41
		平谷	滨河地区（滨河—兴谷街道）	10.91	0.83
		密云	鼓楼地区（鼓楼—果园街道）	6.50	0.36
		密云	密云经开区	5.42	0.38
		延庆	香水园地区（香水园—儒林—百泉街道）	3.49	0.41
		大兴	生物医药基地	3.31	0.28

①城区Ⅰ级就业中心：以CBD、金融街和中关村为代表，门槛值为就业规模达到29万人和就业密度达到4.2万人/km^2。

②城区Ⅱ级就业中心：包括东直门地区、上地街道、宋家庄地区、望

京地区等。就业规模为 3.6 万 ~37 万人，就业密度为 1.9 万 ~4.2 万人 / km^2。

③城区Ⅲ级就业中心：包括永定路街道、新村街道、苹果园街道、南苑地区等。就业规模为 2.5 万 ~24 万人，就业密度为 0.7 万 ~1.9 万人 / km^2。

④郊区Ⅰ级就业中心：包括大兴国家新媒体产业基地、北京经济技术开发区、通州北苑地区、顺义空港地区等，就业规模为 2.2 万 ~43 万人，就业密度为 0.45 万 ~1.5 万人 / km^2。其平均密度要高于 1991 年洛杉矶都市区的就业次中心平均密度 0.45 万人 / km^2 的水平。

⑤郊区Ⅱ级就业中心：包括怀柔雁栖经开区、密云经开区、大兴生物医药基地等。就业规模为 3.3 万 ~8.6 万人，就业密度为 0.25 万 ~0.45 万人 /km^2。

3.2　集聚还是扩散——北京就业中心演变的特征

3.2.1　结构：全市呈现“主中心—次中心”的多中心化趋势

2004~2018 年，全市规模以上就业聚集区（密度大于等于 3 万人 / km^2）由 5 个增长到 15 个。32 个就业中心占全市总就业人口的比重由 25.39% 提高到 38.2%。单体就业集聚区在密度增长的同时，辐射范围也向外扩展并连接成片（图 3–4）。

城区内部，中关村—海淀、展览路—金融街与东直门—CBD 地区一起发挥城市主要就业中心的重要作用；上地和望京地区成长迅速，成为仅次于金融街、CBD 和中关村的就业中心；椿树、崇文门外、宋家庄的就业中心地位逐渐凸显；南苑、丰台科技园、卢沟桥、永定路、苹果园等城市西南部就业中心正在崛起。

城郊地区，大兴亦庄镇、顺义首都机场周边、门头沟大峪、怀柔龙山、平谷滨河、通州北苑、房山西潞、昌平城北—城南、密云鼓楼、延庆香水园地区在带动区域经济发展方面的作用越来越明显；密云经开区、怀柔雁栖开发区、大兴国家新媒体产业基地和生物医药基地的就业增速明显。

总体来看，城区就业中心连片增强，近郊就业中心向外扩展，远郊就业中心分散增强，全市形成“强单中心内部分化扁平 + 外围分散弱中心逐渐增强”的就业空间格局。

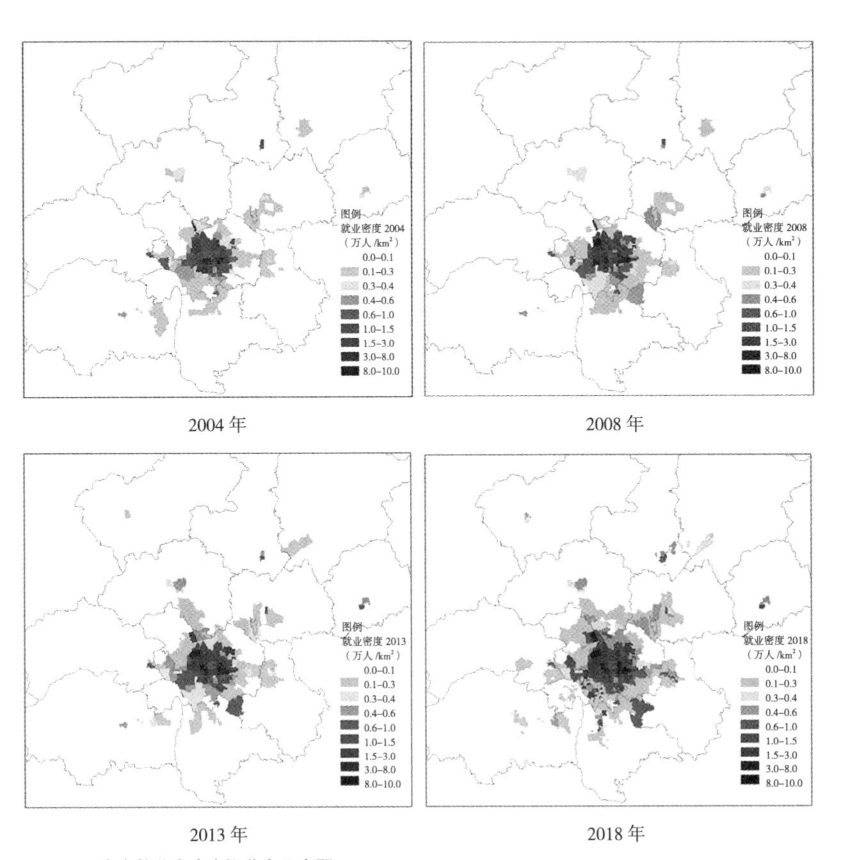

图 3-4　全市就业密度空间分布示意图

3.2.2　形态：城区就业中心扩展连片，呈现就业匀质化现象

2004~2018 年，金融街、CBD、中关村等主要就业中心在就业密度提高的同时，辐射范围也在不断的向外扩展。其中，金融街与展览路和椿树街道连为一体，建外街道与朝外、建国门、朝阳门、呼家楼街道扩展连片，中关村与海淀镇合体，呈现就业摊大饼的现象。中心城区就业密度大于等于 0.25 万人 / km^2 的街道已经向东与通州北苑街道连通。

利用 GIS 对全市就业密度等值线峰值区的分布进行分析（图 3-5），发现以下结论。

五环路以内就业密度等值线峰值区分布集中且逐渐增多连片，就业密度最高点始终在朝阳 CBD 和西城金融街之间转移。2004 年建国门街道就业密度最高，达到 4.9 万人 / km^2；2008 年金融街街道就业密度最高，达到

5.4 万人 / km^2；2013 年建外街道就业密度最高，达到 7.6 万人 / km^2；2018 年呼家楼街道就业密度最高，达到 8.2 万人 / km^2。

在 30km 近郊地区，就业密度等值线峰值区分布较为分散且量值逐渐增高。2004~2013 年最高点始终在门头沟的大峪街道，2018 年最高点转移到大兴的国家新媒体产业基地（1.49 万人 / km^2）。

在 50km 远郊地区，就业密度等值线峰值区主要在各新城中心。2004~2013 年最高点始终在怀柔龙山—泉河街道，2018 年转移到平谷滨河街道（1.63 万人 / km^2），增速尤其明显。

3.2.3 分布：整体表现出从集聚为主到扩散为主的演化

利用 ArcGIS 的 Mean Center 空间分析工具，基于四次经济普查的就业

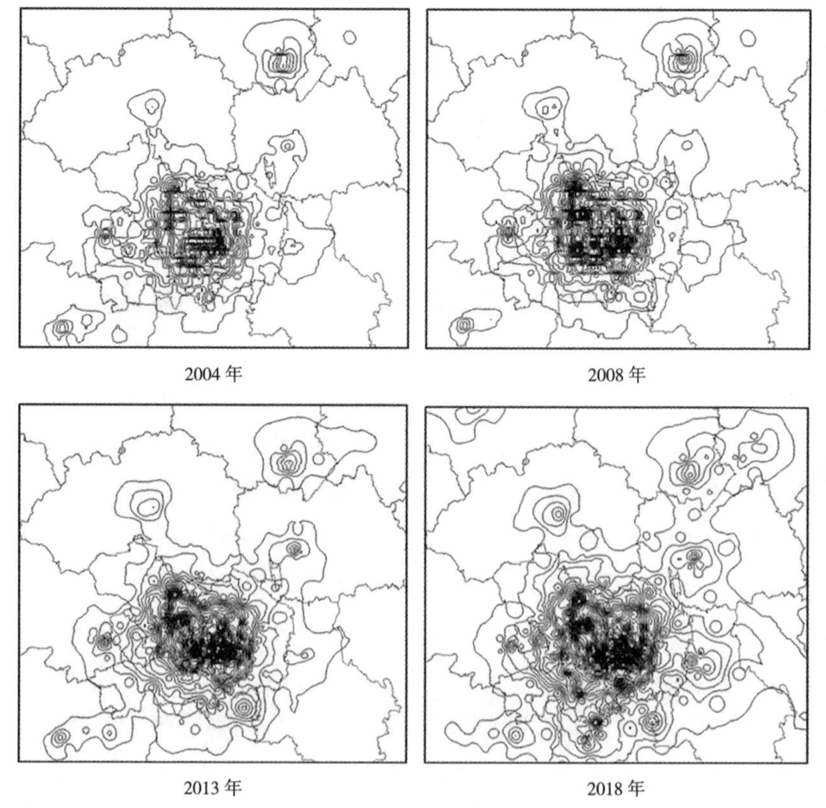

图 3-5 全市就业密度等值线分析图（间隔 1000 人 /km^2）

密度数据，分别求出 2004 年、2008 年、2013 年及 2018 年的就业密度重心（图 3-6）。北京市就业人口主要沿标准差椭圆长轴的“东北—西南”方向分布。2004~2018 年，全市就业重心先向西北，而后向东北方向迁移。三次就业人口标准差椭圆的展布范围主要集中在中心城区，说明中心城区高比重的就业人口在就业空间结构中起到非常重要的作用。三次就业人口标准差椭圆的长轴、短轴与面积均是先减小、后增大的变化特征，说明就业人口的空间分布经历了先向中心收缩，后向城市外围扩散的发展历程，就业中心化和就业郊区化长期并存。其中 2004~2008 年以集聚为主，2008~2013 年以扩散为主，2013~2018 年扩散更为明显，尤其是四环路至六环路之间的扩散尤为迅猛（图 3-7）。这与城市首先经历空间集中，然后随着经济发展而分散化的规律是一致的（Alonso，1980）。

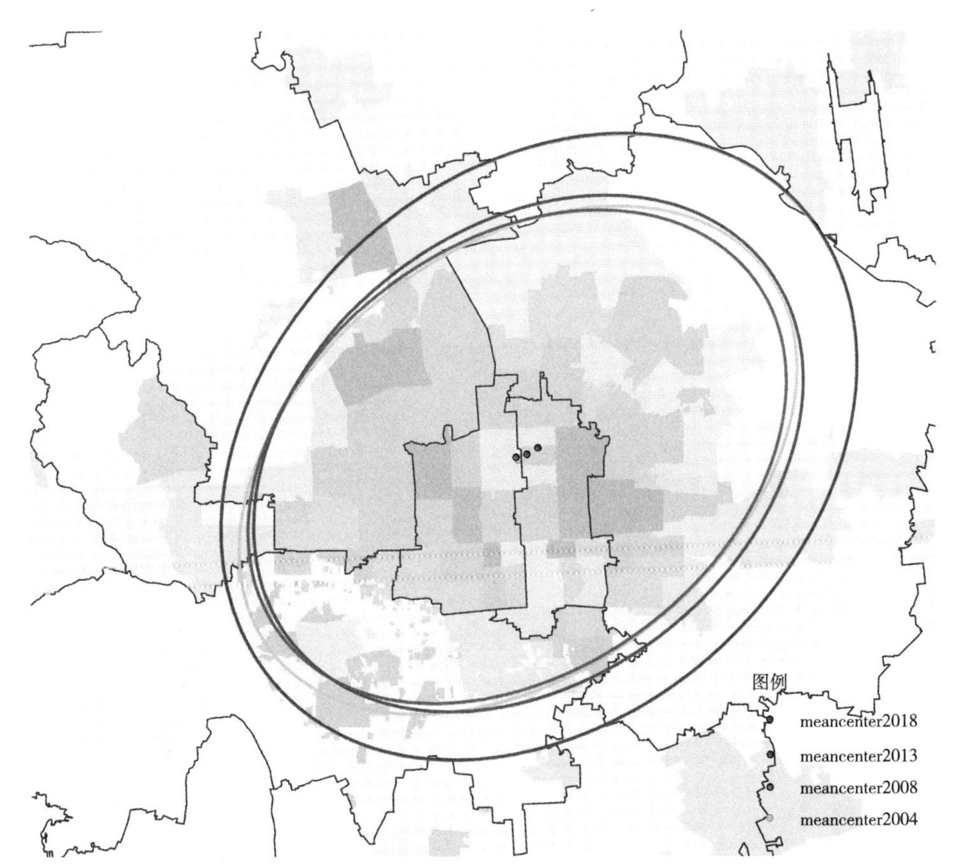

图 3-6　2004~2018 年全市就业重心变化示意图

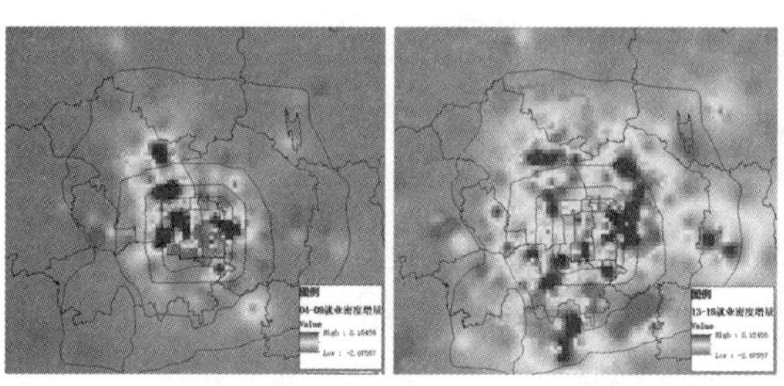
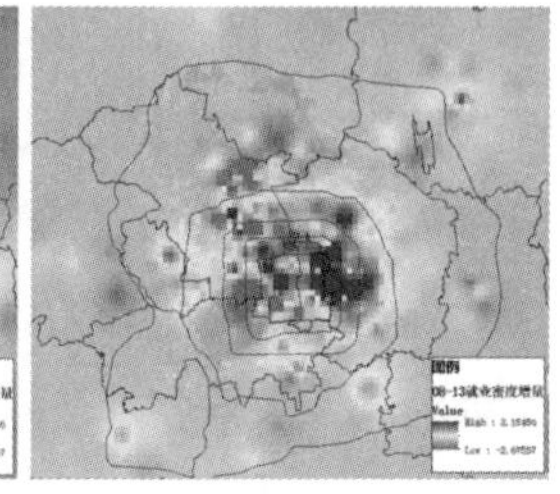

2004~2008 年　　2008~2013 年　　2013~2018 年

图 3-7 全市就业密度增量的空间分布示意图

3.2.4 变异：单体就业中心发育差异显著

3.2.4.1 影响力变化分异

用前文所述及的就业中心识别方法对全市 2004、2008、2013 年的就业中心进行识别，再与 2018 年的识别结果进行对比发现（表 3-2）：2004~2018 年，全市共有持续型就业中心 17 个，衰退型就业中心 9 个，新兴型就业中心 15 个。

表 3-2 2004~2018 年区内就业中心迁移变化汇总表

各区	2004年	2008年	2013年	2018年
西城	金融街—西长安街	金融街	金融街	金融街
	牛街	牛街		
			展览路	展览路
			椿树	椿树
东城	东直门	东四—东直门	东四—东直门	北新桥—东四—东直门
				崇文门外
朝阳	朝阳门—建国门—朝外—建外	朝阳门—建国门—朝外—呼家楼—建外	朝阳门—建国门—朝外—呼家楼—建外	朝阳门—建国门—朝外—呼家楼—建外
	酒仙桥	酒仙桥—望京	酒仙桥—望京	酒仙桥—望京—东湖
	三间房			
海淀	海淀—中关村—双榆树—北下关—紫竹院	海淀—中关村	海淀—中关村	海淀—中关村
	上地	上地	上地	上地

续表

各区	2004年	2008年	2013年	2018年
海淀		永定路	永定路	永定路
		羊坊店		
		马连洼		
		西三旗		
石景山	古城			
		八角		
				苹果园
丰台	东高地	东高地	东高地	东高地
		东铁匠营	东铁匠营	东铁匠营
				卢沟桥
				新村
通州	新华	中仓—新华	北苑—中仓	北苑—中仓—新华—玉桥
顺义	胜利	胜利	胜利	胜利
		天竺	空港—天竺	空港
			南法信	南法信
昌平	城北	城北—城南	城北—城南	城北—城南
房山	新镇			
	迎风	迎风	迎风	
			西潞	西潞
大兴		亦庄	亦庄	亦庄
				国家新媒体产业基地
				兴丰—清源—林校路
				生物医药基地
门头沟	大峪	大峪	大峪	大峪
怀柔	龙山—泉河	龙山—泉河	龙山—泉河	龙山—泉河
				雁栖经开区
平谷	滨河—兴谷	滨河—兴谷	滨河—兴谷	滨河—兴谷
密云				鼓楼—果园
				密云经开区
延庆				香水园—儒林—百泉

注：灰色为持续型就业中心，浅蓝色为衰退型就业中心，深蓝色为新兴型就业中心。

首都功能核心区中，金融街和东直门始终呈现就业高集聚态势，展览路、椿树和崇文门外在2013年以后对周边区域的带动作用凸显，而牛街的影响力则被周围地区稀释。

中心城四区中，CBD、中关村、上地、酒仙桥始终呈现就业高集聚态势，丰台的东高地和宋家庄也在区域内发挥持续影响；石景山的就业中心经历了古城—八角—苹果园的转移过程；朝阳三间房，海淀的羊坊店、马连洼和西三旗的影响力被周围地区稀释，而丰台的卢沟桥和科技园在2013年以后对周边区域的带动作用凸显。

近郊各区中，通州、顺义、昌平、大兴的就业中心很早就表现出来，主要围绕通州的新华—中仓、顺义首都机场周边、昌平的城北—城南以及亦庄经开区在发展；房山的就业中心经历了新镇—迎风—西潞的转移过程；顺义的南法信，大兴的国家新媒体产业基地、兴丰地区、生物医药基地在2013年以后崛起比较迅猛。

远郊各区中，门头沟、怀柔、平谷也很早就出现了区域性就业中心，主要围绕门头沟大峪、怀柔龙山—泉河、平谷滨河—兴谷在发展；密云和延庆由于地理位置的原因，区域性就业中心在2013年以后才逐渐显露，密云的鼓楼—果园及密云经开区、延庆香水园—儒林—百泉、怀柔的雁栖开发区在2013年以后对周边区域带动作用开始凸显。

3.2.4.2　增长趋势分异

进一步对全市就业中心在2004~2008年、2008~2013年、2013~2018年三个时间段内的就业密度增速进行分析发现（表3-3）：除有10个就业中心的街道边界发生变化，不能直接比较外，其余22个就业中心中，望京地区、丰台科技园、通州北苑地区、怀柔龙山地区、雁栖开发区、平谷滨河地区、延庆香水园地区的就业密度显著提升，属于急剧增长型就业中心；西城金融街、椿树、展览路、东城东直门地区、CBD、海淀永定路、丰台东高地、石景山苹果园、顺义胜利、南法信、昌平城北地区的就业密度稳定增长，属于稳定增长型就业中心；丰台卢沟桥的就业密度先降低、后提升，属于先扩散、后集聚型就业中心；中关村、亦庄、房山大峪的就业密度先提升、后降低，属于先集聚、后扩散型就业中心。

表 3-3　2004~2018 年区内就业中心发育情况汇总表
（就业密度增量单位：人 /km^2）

就业中心		2004~2008年		2008~2013年		2013~2018年	
		增量	增速	增量	增速	增量	增速
西城	金融街	22808	74%	21625	40%	2016	3%
	椿树	7420	49%	4812	21%	14317	52%
	展览路	12891	92%	7010	26%	2859	8%
东城	北新桥—东四—东直门	7971	52%	11392	49%	2903	8%
	崇文门外（边界变化）	12940	69%	–5132	–16%	4089	15%
朝阳	朝阳门—建国门—朝外—呼家楼—建外	9198	31%	19176	50%	10216	18%
	酒仙桥—望京—东湖	1006	28%	2764	60%	12408	169%
海淀	海淀—中关村	22532	117%	14606	35%	–13799	–24%
	上地（边界变化）	20433	124%	–10086	–27%	6547	24%
	永定路	2101	17%	780	6%	2502	17%
丰台	宋家庄（边界变化）	10606	252%	211	1%	12034	80%
	东高地	–47	–1%	–228	–4%	1447	23%
	卢沟桥	2867	69%	–340	–5%	11367	170%
	新村	1932	156%	340	11%	13135	374%
石景山	苹果园	–361	–17%	4137	233%	4435	75%
通州	北苑—中仓—新华—玉桥	747	41%	752	29%	3651	111%
大兴	亦庄镇	4401	1197%	2688	56%	–404	–5%
	国家新媒体产业基地（边界变化）	853	96%	–1159	–66%	14337	2452%
	兴丰（边界变化）	11	1%	–1320	–98%	6942	32925%
	生物医药基地（边界变化）	–51	–22%	–18	–10%	2602	1626%
顺义	胜利	–924	–25%	4107	149%	1768	26%
	空港（边界变化）	2137	109%	–1460	–36%	1909	72%
	南法信镇	780	96%	1289	81%	1231	43%
昌平	城北—城南	1560	84%	320	9%	936	25%
房山	西潞（边界变化）	–430	–33%	2424	284%	1768	54%
门头沟	大峪	32	0%	765	9%	–1579	–16%
怀柔	龙山—泉河	–684	–21%	379	15%	3082	104%

续表

就业中心		2004~2008年		2008~2013年		2013~2018年	
		增量	增速	增量	增速	增量	增速
怀柔	雁栖经开区	93	274%	−80	−63%	4099	8616%
平谷	滨河—兴谷	394	37%	341	24%	6496	363%
密云	鼓楼—果园（边界变化）	155	11%	428	28%	1652	85%
	密云经开区（边界变化）	219	62%	643	112%	2544	209%
延庆	香水园—儒林—百泉	12	3%	591	122%	3061	284%

3.2.4.3　多样性分异

借鉴生物多样性指数（香农指数）方法，基于第四次经济普查中的二、三产业法人单位从业人员规模数据，对2018年全市单体就业中心行业优势度和行业均衡性情况进行分析[1]。结果发现（图3–8）：2018年全市32个就业中心中，海淀永定路、丰台宋家庄和南苑地区、顺义空港、丰台卢沟桥、西城金融街、海淀上地等就业中心的产业多样性指数较小，优势行业明显；西城展览路、亦庄、东城崇文门外、望京地区等就业中心的产业多样性指

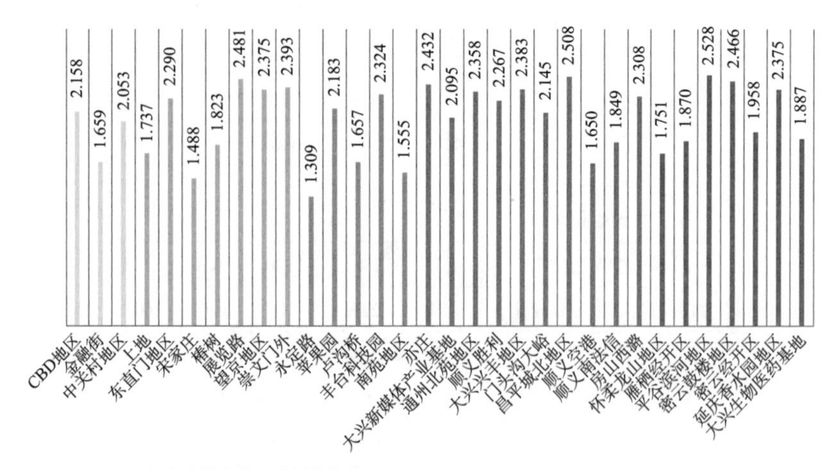

图3–8　2018年全市就业中心多样性指数

[1] 借鉴生物多样性指数（香农指数）方法计算就业中心行业的优势度和均衡性，公式为$H'=-\sum_{i=1}^{S}(P_i)(\ln P_i)$，其中$H'$=就业中心行业多样性指数，$S$=行业类别数，$P_i$=第$i$类行业的就业人口占比。就业中心行业多样性$H'$在$P=1/S$时有极大值，即在行业类型数量大致相同的情况下，行业类型发展越均衡，多样性指数越大；当就业中心优势产业越突出，即行业类型越集聚，多样性指数越小。

数较大，行业比较均衡。

综上所述，2004~2018 年，北京就业中心单体在影响力、增长趋势和多样性方面表现出了比较明显的差异（表 3–4）。

表 3–4　按影响力、增长趋势、多样性对 2018 年全市就业中心进行分类汇总表

区县和街道		影响力		生长力				多样性	
		持续	新兴	急剧增长	稳定增长	先扩散后集聚	先集聚后扩散	均衡	专业
西城	金融街	√			√				√
	展览路		√		√			√	
	椿树		√		√				√
东城	东直门—东四—北新桥	√			√			√	
	崇文门外		√	边界变化、无法测度				√	
朝阳	建国门—朝阳门—建外—朝外—呼家楼	√			√			√	
	望京—酒仙桥—东湖	√		√				√	
海淀	中关村—海淀	√					√		√
	上地	√		边界变化、无法测度					√
	永定路	√			√				√
丰台	东铁匠营	√		边界变化、无法测度					√
	东高地	√			√				√
	卢沟桥		√			√			√
	新村		√	√				√	
石景山	苹果园		√		√			√	
通州	北苑—中仓—新华—玉桥	√		√				√	
顺义	胜利	√			√			√	
	天竺镇	√		边界变化、无法测度					√
	南法信镇		√		√				√
大兴	亦庄镇	√					√	√	
	国家新媒体产业基地		√	边界变化、无法测度				√	
	兴丰—清源—林校路		√	边界变化、无法测度				√	
	生物医药基地		√	边界变化、无法测度					√

续表

区县和街道		影响力		生长力				多样性	
		持续	新兴	急剧增长	稳定增长	先扩散后集聚	先集聚后扩散	均衡	专业
昌平	城北—城南	√		√				√	
门头沟	大峪	√					√	√	
房山	西潞		√	边界变化、无法测度				√	
平谷	滨河—兴谷	√		√				√	
怀柔	龙山—泉河	√		√					√
	雁栖经开区		√	√					√
密云	鼓楼—果园		√	边界变化、无法测度				√	
	密云经开区		√	边界变化、无法测度					√
延庆	香水园—儒林—百泉		√	√				√	

3.3 平衡还是失衡——主要就业中心的职住特征画像

针对前文确定的全市主要就业中心，基于三次（2005 年、2013 年、2016 年）大样本居民出行问卷调查，本研究从功能定位、空间结构、就业特征、通勤特征等方面进行分析，并形成关于就业—居住总体格局的总结以及区域特征的概括性“画像”。这些就业中心既包括全市就业中心，如 CBD、金融街、中关村等，又包括次一级的区域就业中心，如上地、望京等，也包括北京城市副中心（通州）和北京市经济技术开发区（亦庄）。

3.3.1 中央商务区（CBD）：就业辐射范围最广的主中心

（1）商务功能定位明确

CBD 作为北京商务中心区，属于第一等级就业中心。《北京城市总体规划（2016 年—2035 年）》对其功能定位为“国际金融功能和现代服务业集聚地，首都现代化和国际化大都市风貌的集中展现区域”。截至 2018 年年底，CBD 功能区全年 GDP 实现 3163 亿元，地均产出率达 869

亿元 /km^2，劳均产出率达 166.7 万元 / 人。全年企业数量达到 20 万家，其中新设外资项目 366 个，新设项目引进合同外资 14.62 亿美元，外资企业实现税收占 CBD 功能区总税收的 43.93%，逐步构建起多层次、多维度的国际交往空间格局。2019 年，CBD 制定了《北京 CBD 国际化提升三年行动计划》，争取用三年时间，积极推进国际一流 CBD 的建设。2019 年，CBD 功能区内外资企业突破 1 万家，占全市的近 1/3；汇集世界 500 强企业 238 家、跨国公司地区总部 89 家，占全市的 50%；国际金融机构过百家，占全市的 70%；拥有 40 个领域前十强的代表性企业 238 家[1]。

（2）就业人群平均通勤时间大于居住人群平均通勤时间，是典型的就业中心

从通勤时间来看（图 3-9），2005~2013 年，CBD 不管是居住人口还是工作人口的通勤时间都增加显著；与 2013 年相比，2016 年居住人群和工作人群的通勤时间都有所减少，居住人群平均通勤时间由 2013 年的 36.7min 变为 34min，就业人群平均通勤时间由 2013 年的 50min 变为 47.4min。

从通勤时间结构来看（图 3-10），从 2005 年到 2016 年，CBD 地区居住人群和工作人群短时间通勤大体呈下降趋势，长时间通勤呈增长趋势，30~50min 的通勤比例变化不是很明显。居住人群和工作人群相比，居住地的短时间通勤所占比重高于工作地的短时间通勤，而就业人群长时间通勤比例远高于居住人群。

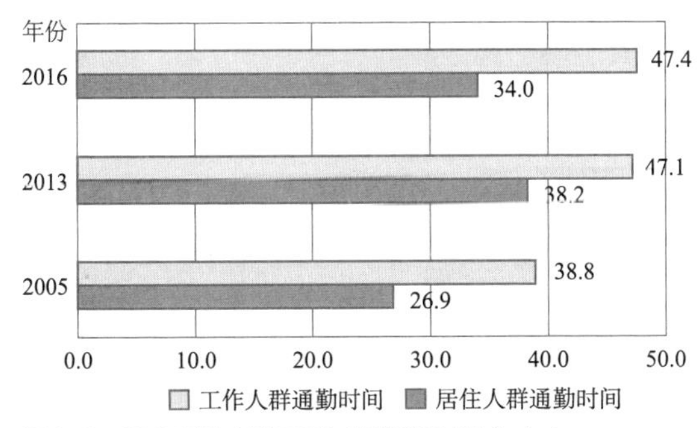

图 3-9 CBD 居住人群和工作人群通勤时间（min）

[1] 数据来源：北京市朝阳区人民政府网站 . http：//www.bjchy.gov.cn/dynamic/news/8a24fe83734a-315701734b64fb730151.html.

从交通工具结构来看（图 3-11），自行车和公交车的使用比例明显减少，轨道交通的使用比例明显增加，小汽车使用比率不断增加，所占比重较高。

（3）就业人群集聚区分布广泛，对东、西、北部区域影响更大

从 CBD 地区就业人群的通勤流向来看（图 3-12），CBD 地区的就业辐射范围和居住辐射范围均得到不同程度的扩展，通勤压力增大。同时还可以发现，典型就业集聚区之间的通勤联系相对较弱，反映出典型就业集聚区居住和工作联系相对独立的特点。

从就业人群居住地位置来看（图 3-13），CBD 地区就业人群集聚区分布广泛，来自城市多个方位，主要对北京市的东、西、北部地区居民吸引力较大，尤其与通州之间的就业—居住联系日渐增强。

（4）居住人群本区域就业比例较高，但仍有部分人群倾向于外出就业

居住人群通勤流向表明（图 3-14），居住的辐射范围在进一步扩展，很明显的一个变化是通州新城对 CBD 地区居住人群的就业吸引力在加强。这与市政府将通州作为北京城市副中心建设的决策有关，由于一些企业搬迁，导致居住在 CBD 地区的部分人群前往通州工作。

从图 3-15 可以看出，CBD 居住人群在本地就业的比重比在 CBD 地区之外就业的比重低很多，而且从 2013 年到 2016 年，本地就业的比重呈递减趋势，而在 CBD 之外地区就业的比重则呈现增加的趋势。

从居住人群所在工作地来看（图 3-16），在 CBD 居住的人群倾向于在城区就业，尤其金融街地区对其有一定吸引力，虽然城区西部也有一

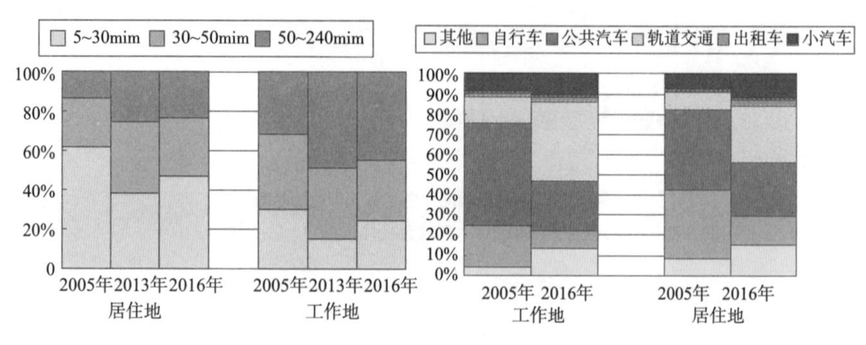

图 3-10　CBD 通勤时间结构对比

图 3-11　CBD 通勤工具结构对比

2005 年

2016 年

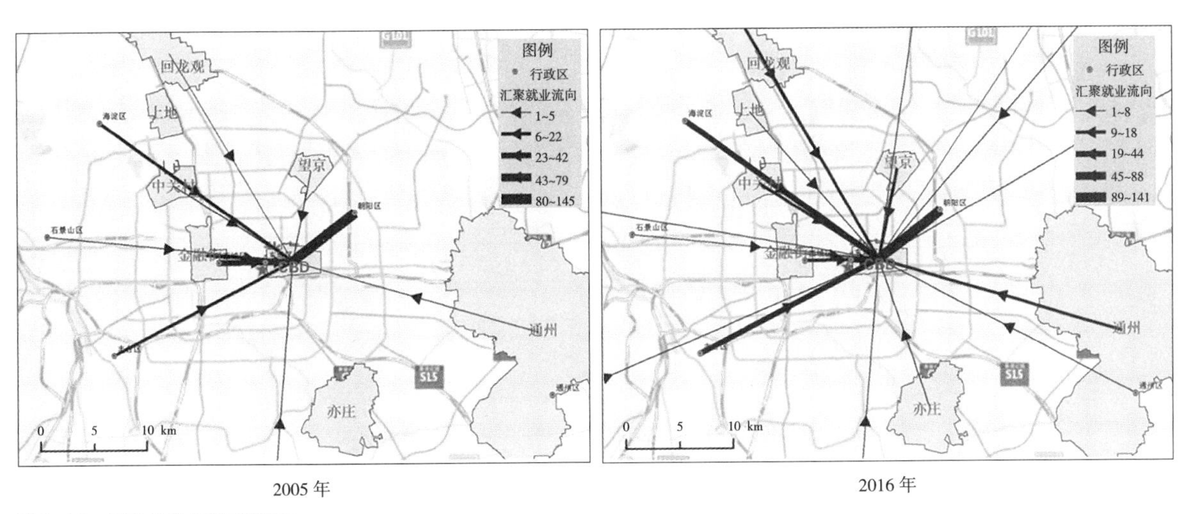

图 3-12 CBD 就业人群通勤流向

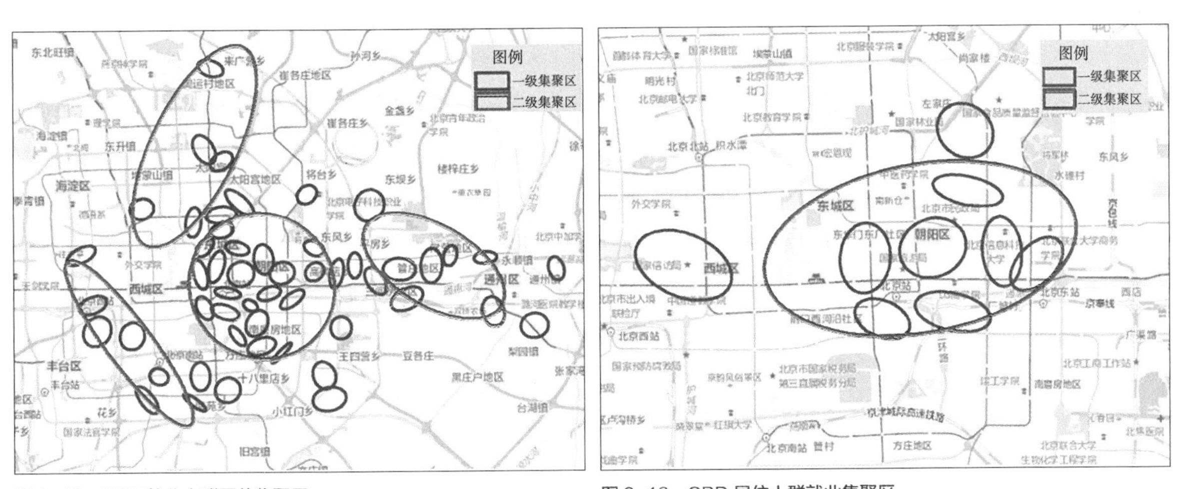

图 3-13 CBD 就业人群居住集聚区

数据来源：移动用户数据，2015 年

图 3-16 CBD 居住人群就业集聚区

数据来源：移动用户数据，2015 年

2005 年

2016 年

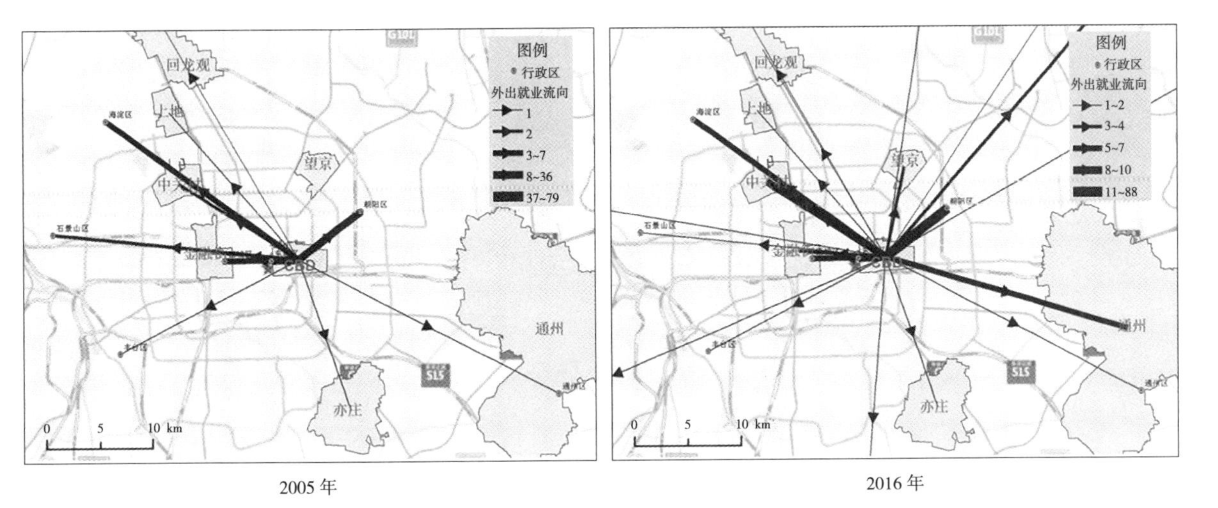

图 3-14 CBD 居住人群通勤流向

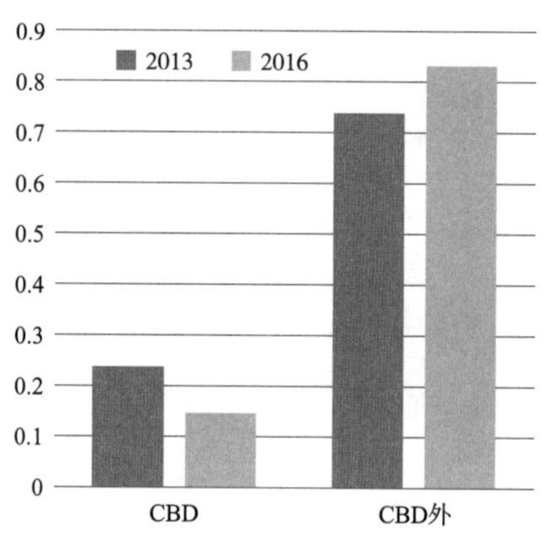

图 3-15 CBD 居住人群本地就业和外地就业的比重

定吸引力，但吸引力明显不足，这可能与城区西部金融街影响力的发挥有关。

（5）居住人群与就业人群社会属性差异分析

CBD 居住人群和工作人群的学历大多集中在大学大专及以上，且工作人群的学历要高于居住人群的学历，反映出本地高端产业集聚（图 3-17）。从年龄结构来看，CBD 居住人群和工作人群呈现中青年化特点，年龄集中于 20~49 岁，符合商务性工作从业人员的结构（图 3-18）。分析 CBD 职业类型发现，居住人群和工作人群大多属于中专以上学校教师及科研人员、公司职员以及服务人员（图 3-19）。从户籍来看，不管是居住人群还是就业人群，拥有北京户口的人群占比较大，而拥有外地户口的人群占比也不低，说明 CBD 的就业吸引力很大，是一个典型的就业主中心（图 3-20）。

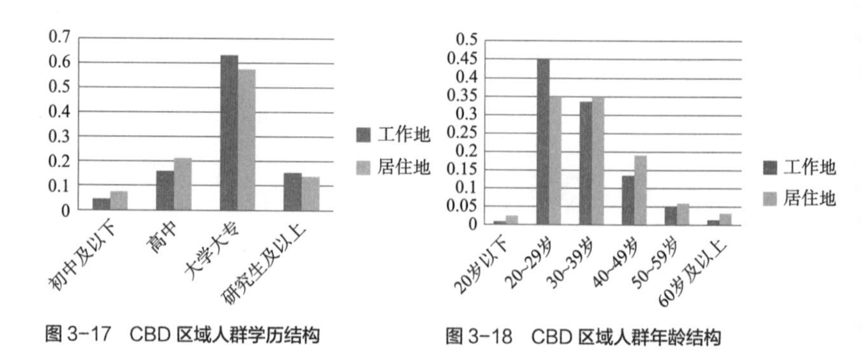

图 3-17 CBD 区域人群学历结构

图 3-18 CBD 区域人群年龄结构

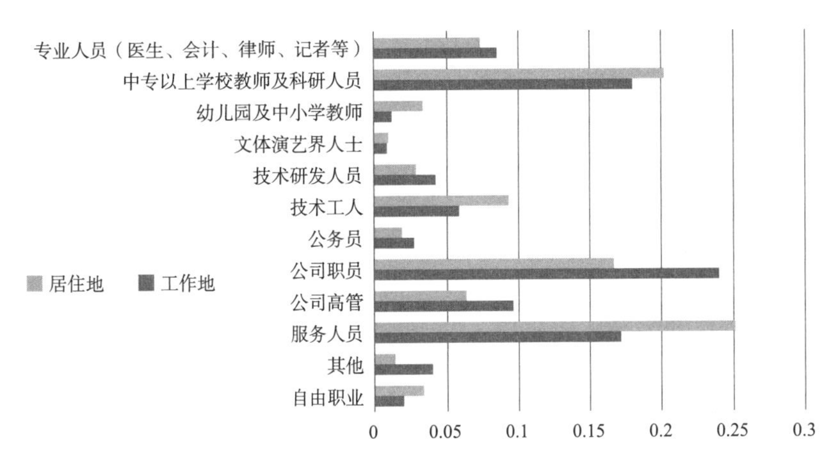

图 3-19 CBD 区域人群职业类型结构

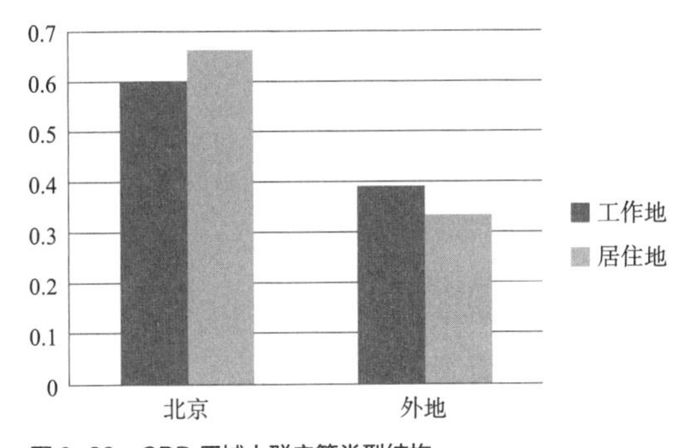

图 3-20 CBD 区域人群户籍类型结构

3.3.2 金融街：专业性突出的就业主中心

（1）专业性功能突出

北京金融街位于首都功能核心区，建筑面积超过 400 万 m^2。《北京城市总体规划（2016 年—2035 年）》对其定位为：“集中国家金融政策、货币政策的管理部门和监管机构，集聚了大量金融机构总部，是国家金融管理中心”。金融街区域内不但聚集了“一行两会”等中国最高金融决策和监管机构，还入驻知名企业 1800 多家，其中包括四大国有商业银行、三大政策性商业银行、四大资产管理公司总部、60% 的保险集团总部和中国现代化支付系统、中债登、中国结算、网联清算等金融基础设施。其中法人机构 747 家，是国内世界 500 强企业聚集度最高的区域。其中新三板市场（全国中小企业股份转让系统）作为上交所、深交所之外的第三家全国性证券交易场所，标志着北京金融街初步形成了以全国性证券交易市场、信贷资本市场、金融资产交易市场、企业产权交易市场为主体的多层次金融市场体系，各类具有行业影响力的金融机构在金融街快速发展。

截至 2019 年年底，金融街金融资产规模达到 111.6 万亿元，占全国金融资产的近 35%，其中全国四大资产管理公司均在金融街发展，驻区商业银行资产规模占全国商业银行的 41%。2019 年，北京金融街实现三级税收 3628 亿元，占北京市三级税收的 30%，占西城区总税收的 80%[1]，成为集决策监管、资产管理、支付结算、信息交流、标准制定为一体的“国家金融管理中心”。

（2）就业人群平均通勤时间大于居住人群平均通勤时间，是典型的就业中心

从通勤时间变化来看，居住人群的通勤时间变化不大，从 2005 年的 37.8min 增长到 2016 年的 40min，仅增长了 2.2min；但是，就业人群的通勤时间变化较居住人群的通勤时间变化大，增长了 5.8min。就业人群和居住人群的平均通勤时间相当，说明本地居住人群通勤状况并不理想（图 3-21）。

从通勤时间结构来看（图 3-22），从 2005 年到 2016 年，金融街地区居住人群和工作人群长时间通勤大体呈上升趋势，30~50min 通勤则呈下降

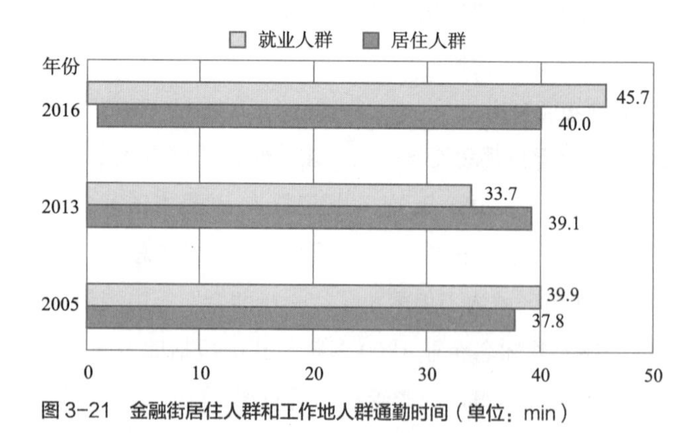

图 3-21 金融街居住人群和工作地人群通勤时间（单位：min）

[1] 数据来源：金融街控股股份有限公司官网 . http：//www.jrjkg.com.cn/type.do?tid=2603022414234416.

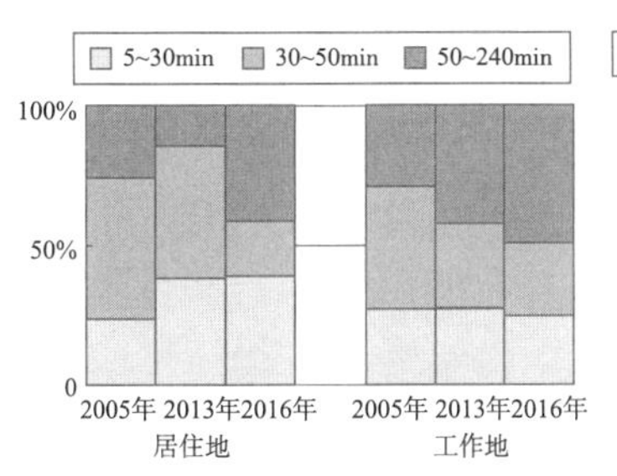

图 3-22　金融街通勤时间结构

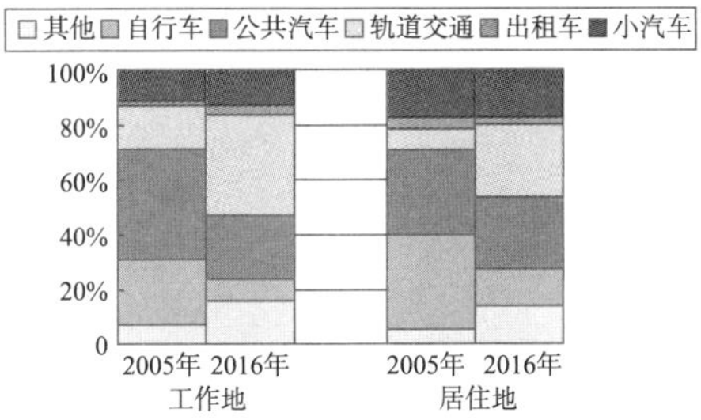

图 3-23　金融街通勤工具结构

趋势，而居住人群的短通勤时间不断增加，工作人群通勤时间的变化不是很明显。说明居住在本地区的居民更加倾向于就近就业，金融街就业吸引力不断增强。

从交通工具结构来看（图 3-23），自行车、公交车和小汽车的使用比例明显减少，轨道交通的使用比例明显增加，反映出本地居住和工作人群为减少交通拥堵带来的不便更加倾向于选择轨道交通出行。

（3）就业人群主要来自城市西部，但对东部和北部部分区域也具有显著吸引力

金融街就业人群主要来自城市西部，但对东部和北部部分区域也具有显著吸引力，而且就业辐射带动均衡且范围广，尤其 2016 年调查数据显示这种特点更明显。从金融街居住人群和工作人群的通勤流向可以发现错位通勤现象较为突出，这也与本地居住人群通勤时间较长相吻合（图 3-24）。

金融街就业人群居住集聚区分析显示（图 3-25），工作人群的居住地主要位于城区西部，并环绕金融街，说明金融街对附近区域居民的就业吸引力较大，而对城区东北部、东部和东南部也有少量的影响力，但是强度不够大。

（4）在金融街居住人群倾向在城区就业，中关村、CBD 地区对其也有较强吸引力

对比金融街居住人群通勤流向，发现居住在金融街的人群外出就业的范围从 2005 年到 2016 年有扩展的趋势，其中向北京西北部通勤流增加显著（图 3-26），但就业范围主要在城区内，包括中关村、上地、回龙观等地区（图 3-27）。

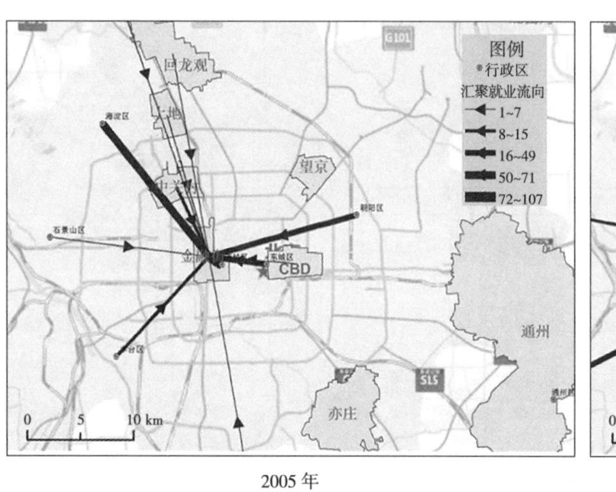

2005 年

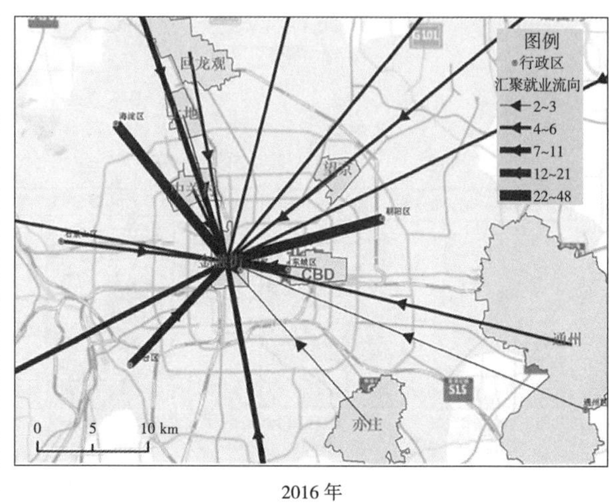

2016 年

图 3-24　金融街就业人群通勤流向

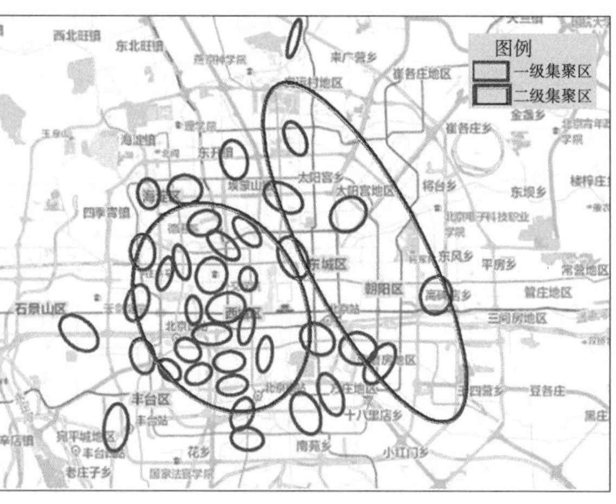

图 3-25　金融街就业人群居住集聚区

数据来源：移动用户数据，2015 年

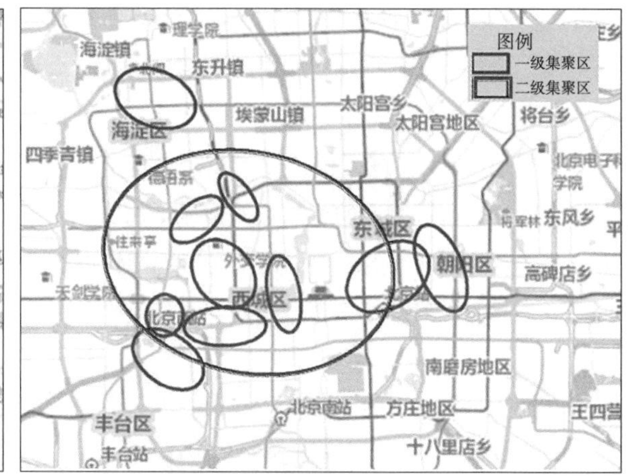

图 3-27　金融街居住人群就业集聚区

数据来源：移动用户数据，2015 年

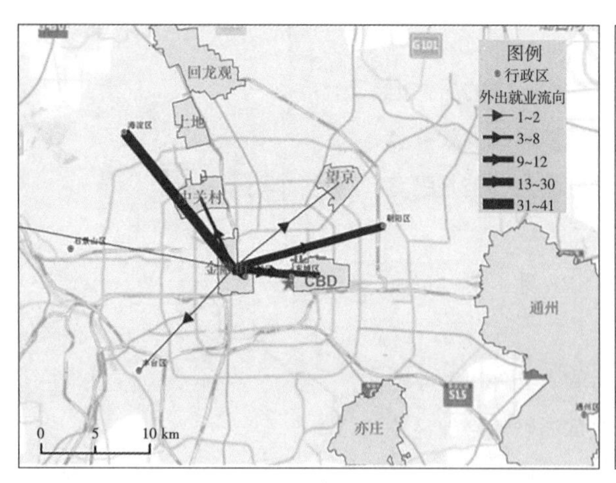

2005 年

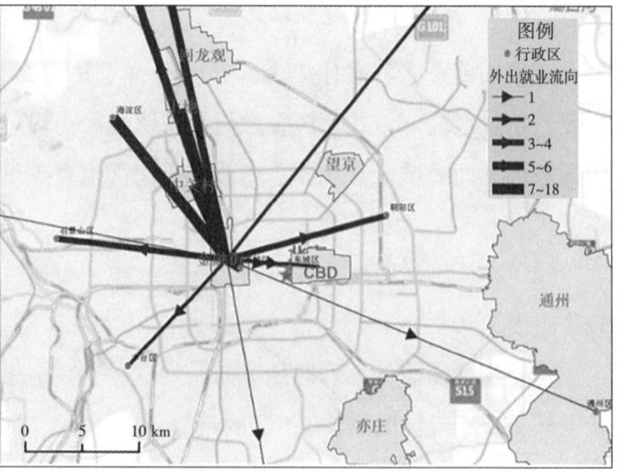

2016 年

图 3-26　金融街居住人群通勤流向

（5）居住人群与就业人群社会属性差异分析

金融街居住人群和工作人群的学历以大学大专为主，且居住人群大学大专比例大于工作人群的比例，而研究生及以上学历的比例则是工作人群的比例大于居住人群的比例（图 3-28）。从年龄结构来看，金融街居住人群和工作人群年龄集中于 20~49 岁，呈现中青年化特点（图 3-29）。

金融街职业类型中，居住人群和工作人群在专业人员（医生、会计、律师、记者、军人）和公司职员中的比重较高，且结构一致；而在中专以上学校教师及科研人员和技术人员中的比重上，工作人群远高于居住人群，在服务人员的比重中正好相反。居住人群和工作人群不同的就业选择一方面受客观因素的影响，另一方面也反映出职业类型对就业地选择的作用（图 3-30）。

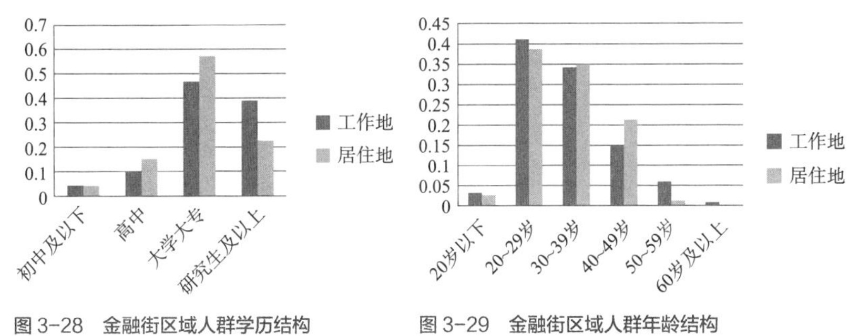

0.7
0.6
0.5
0.4
0.3
0.2
0.1
0
工作地
居住地
初中及以下
高中
大学大专
研究生及以上

图 3-28　金融街区域人群学历结构

0.45
0.4
0.35
0.3
0.25
0.2
0.15
0.1
0.05
0
工作地
居住地
20岁以下
20~29岁
30~39岁
40~49岁
50~59岁
60岁及以上

图 3-29　金融街区域人群年龄结构

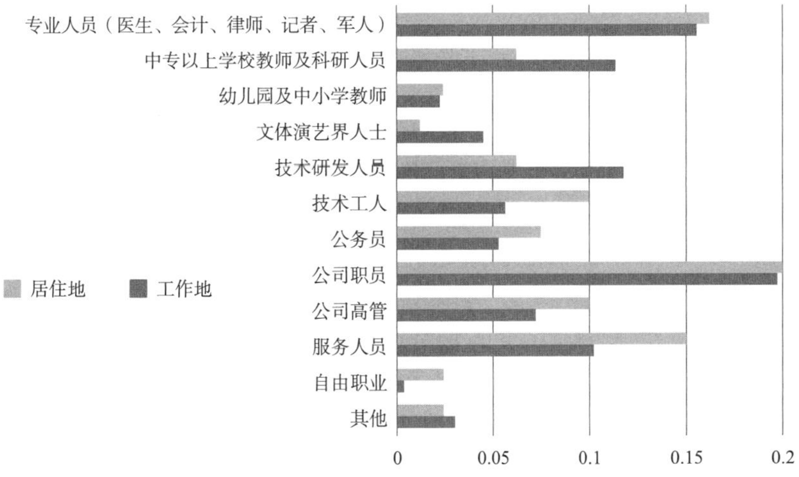

专业人员（医生、会计、律师、记者、军人）
中专以上学校教师及科研人员
幼儿园及中小学教师
文体演艺界人士
技术研发人员
技术工人
公务员
公司职员
公司高管
服务人员
自由职业
其他
居住地
工作地
0
0.05
0.1
0.15
0.2

图 3-30　金融街区域职业类型结构

从户籍来看，在金融街不管是居住人群还是工作人群，其北京户口都占有绝对大的比重，这是否与该地企业在招聘人才时的选拔有关以及是否反映出金融街地区的企业更愿意为其员工解决户口，都有待验证（图 3-31）。

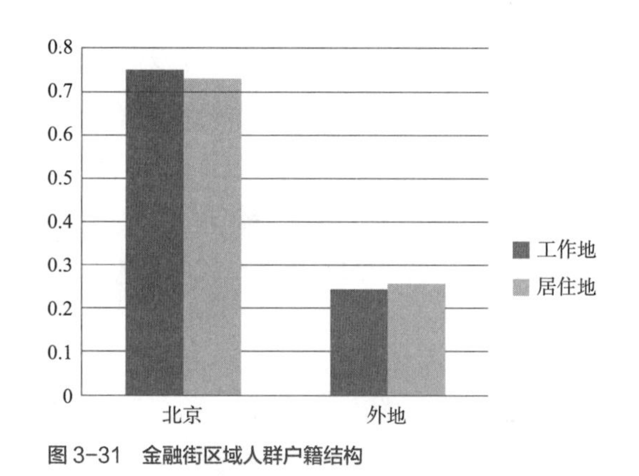

图 3-31 金融街区域人群户籍结构

3.3.3 中关村：成熟的就业主中心

（1）国家科技创新中心的核心区

中关村国家自主创新示范区是中国高科技产业中心，是中国第一个国家级高新技术产业开发区、第一个国家自主创新示范区、第一个“国家级”人才特区，是我国体制机制创新的试验田，也被誉为“中国的硅谷”。2012 年 10 月，国务院印发《关于同意调整中关村国家自主创新示范区空间规模和布局的批复》，原则同意对中关村国家自主创新示范区空间规模和布局进行调整。调整后，中关村示范区空间规模扩展为 488km^2，形成了包括海淀园、昌平园、顺义园、大兴—亦庄园、房山园、通州园、东城园、西城园、朝阳园、丰台园、石景山园、门头沟园、平谷园、怀柔园、密云园、延庆园 16 园的“一区多园”发展格局。

2017 年 9 月，党中央国务院对《北京城市总体规划（2016 年—2035 年）》的批复[1]中提出“发挥中关村国家自主创新示范区作用，构筑北京发

[1] 中共中央 国务院关于对《北京城市总体规划（2016 年—2035 年）》的批复 . http：//www.beijing.gov.cn/zhengce/zhengcefagui/201905/t20190522_60512.html.

展新高地”，“加强一区十六园统筹协同，促进各分园高端化、特色化、差异化发展。延伸创新链、产业链和园区链，引领构建京津冀协同创新共同体”。《北京加强全国科技创新中心建设总体方案》也提出“全力推进高端产业功能区和高端产业新区建设，优化中关村国家自主创新示范区‘一区多园’布局，提升产业技术创新水平，带动各园区创新发展”。区别于“中关村国家自主创新示范区”，本研究中的城区一级就业中心——中关村主要指最先在海淀镇和中关村街道发展起来的“中关村核心区”。

（2）就业人群中长时间通勤比例增加明显，通勤压力逐渐增加

从通勤时间来看，居住人群平均通勤时间为32min，就业人群平均通勤时间为44min，本地居住人群就业条件较好。2005年到2016年，就业人群的通勤时间增加了3.5min，增速相对较低，而居住人群的通勤时间先减少后增加，从2005年到2016年只增加了0.2min，这可能与中关村地区居住人群更趋向于在本地和附近城区工作有关（图3-32）。

从通勤时间结构来看（图3-33、图3-34），从2005年到2016年，中关村地区居住人群和工作人群短时间通勤比例呈缓慢增长趋势，说明本地人群更加倾向于就近工作；长距离通勤中，不管是居住人群还是工作人群，其比例增加明显，表明中关村对其他区域尤其远距离区域的就业吸引力在不断增加，就业辐射能力逐渐增强。居住人群和工作人群相比，居住地的短时间通勤所占比重高于工作地的短时间通勤，但是，就业人群长时间通勤比例远高于居住人群，且就业人群中长时间通勤比例增加明显，直接反映出本地居住人群就近工作,工作人群远离居住地的现象,通勤压力逐渐加。

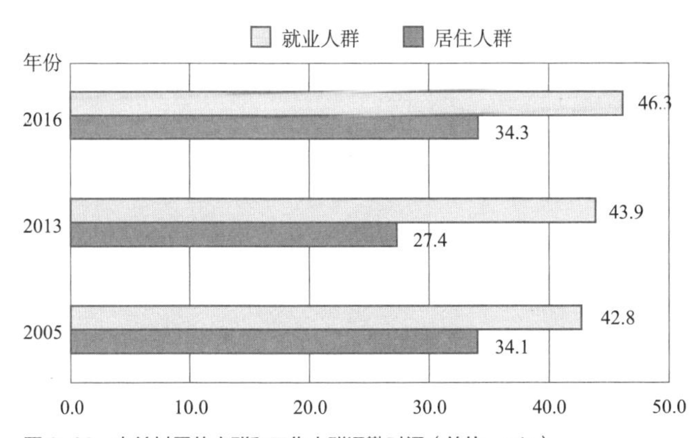

图3-32 中关村居住人群和工作人群通勤时间（单位：min）

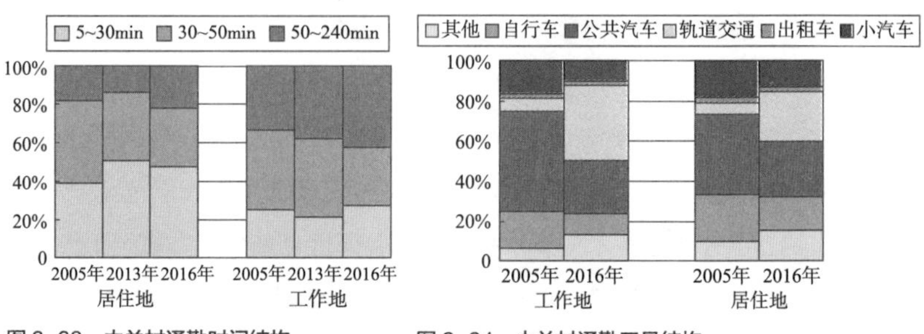

图 3-33　中关村通勤时间结构

图 3-34　中关村通勤工具结构

（3）就业辐射范围增加显著，与 CBD、金融街区域缩小差距

对比 2005 和 2016 年中关村地区就业人群的通勤流（图 3-35）发现，中关村地区就业辐射范围增加显著，其就业吸引力的影响范围越来越广，就业人群长距离通勤增加显著。

从中关村地区就业人群的居住地热点分析中发现（图 3-36），这一区域就业人群居住地位于城市不同区位，主要在中关村附近及北部一些大型居住社区，中关村就业对城市中心区域吸引力较弱，但与 CBD、金融街区域的差距在逐渐缩小。

（4）中关村居住人群在本区域就业机会较多，但也有部分人群选择金融街地区就业

从中关村地区居住人群的通勤流向来看（图 3-37），中关村地区的居住辐射范围增加显著，辐射范围扩展方向几乎保持不变，主要是海淀区、金融街、CBD 等几个区域。

从中关村地区居住人群的就业地热点分析可以发现（图 3-38），在本区域就业的比重较多，但也有部分人群选择金融街地区就业。

（5）居住人群与就业人群社会属性差异分析

中关村居住人群和工作人群的学历以大学、大专为主，但是研究生及以上学历所占比重也较高，这与中关村功能定位有关。中关村国家自主创新示范区是中国高科技产业中心，需要的人才也必然以高学历人才为主（图 3-39）。从年龄结构来看，中关村居住人群和工作人群年龄集中于 20~49 岁，呈现中青年化特点（图 3-40）。

从中关村职业类型中可以看出，中专以上学校教师及科研人员所占比重最大，与该地区集中了大量的高等院校存在一定关系。该地区技术研发

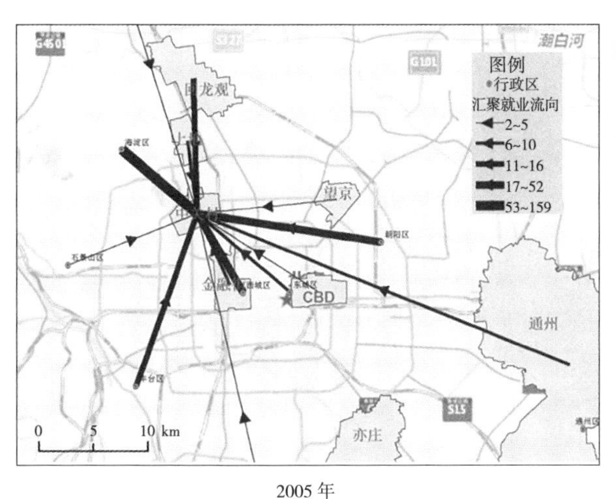

2005 年

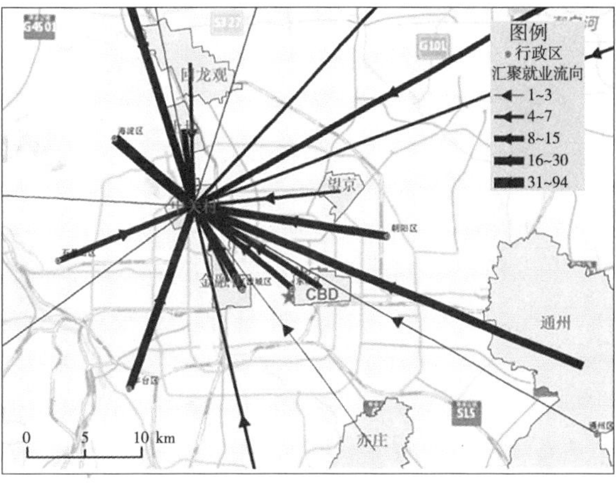

2016 年

图 3-35　中关村就业人群通勤流向

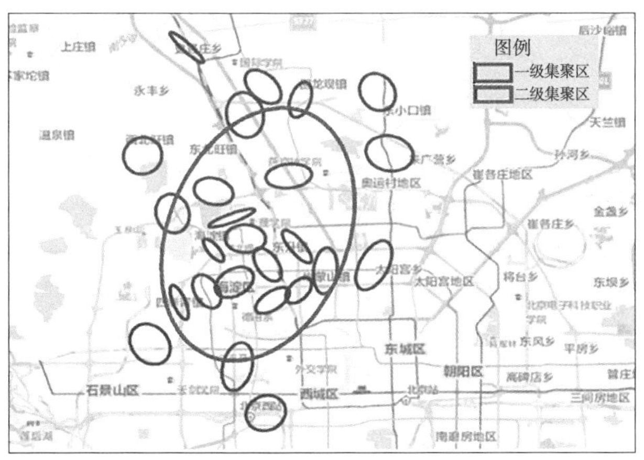

图 3-36　中关村就业人群居住集聚区

数据来源：移动用户数据，2015 年

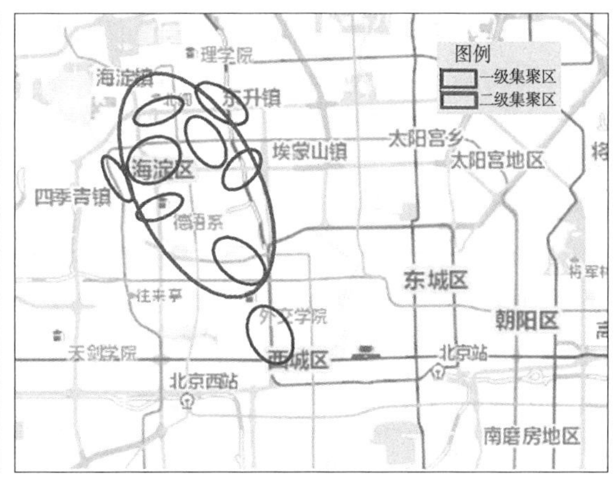

图 3-38　中关村居住人群就业集聚区

数据来源：移动用户数据，2015 年

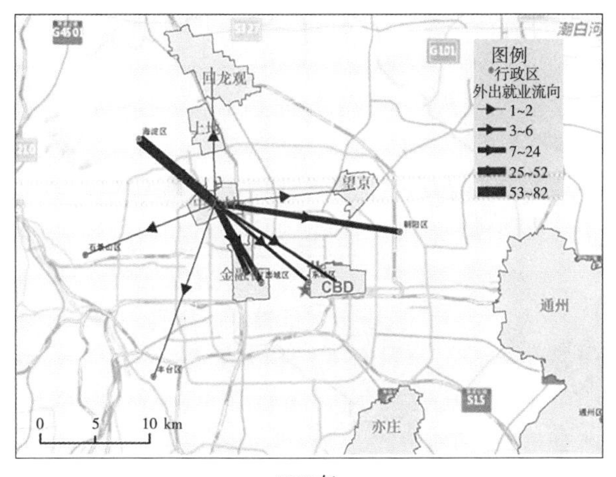

2005 年

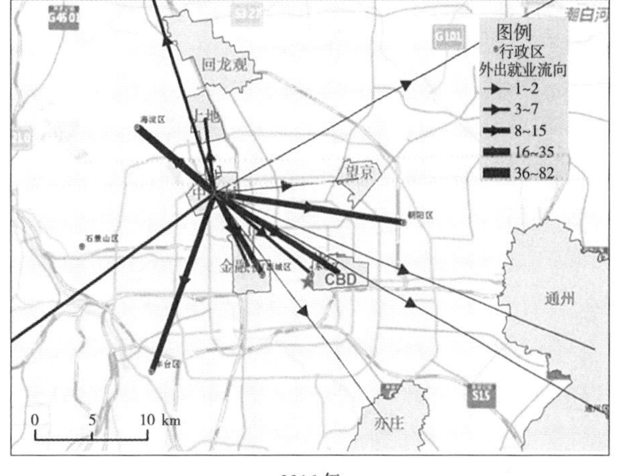

2016 年

图 3-37　中关村居住人群通勤流向

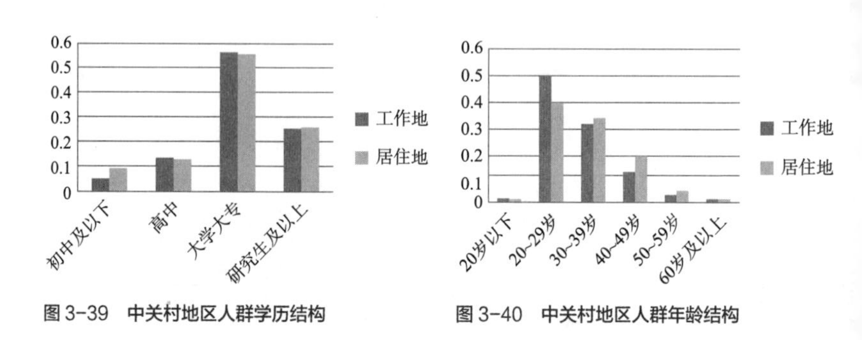

图 3-39 中关村地区人群学历结构

图 3-40 中关村地区人群年龄结构

人员、公司职员和服务人员所占比重也较大，符合中关村的科技创新定位（图 3-41）。从户籍来看，居住人群和工作人群中北京户口和外地户口人数相差不大，说明中关村的就业吸引力受户籍影响小（图 3-42）。

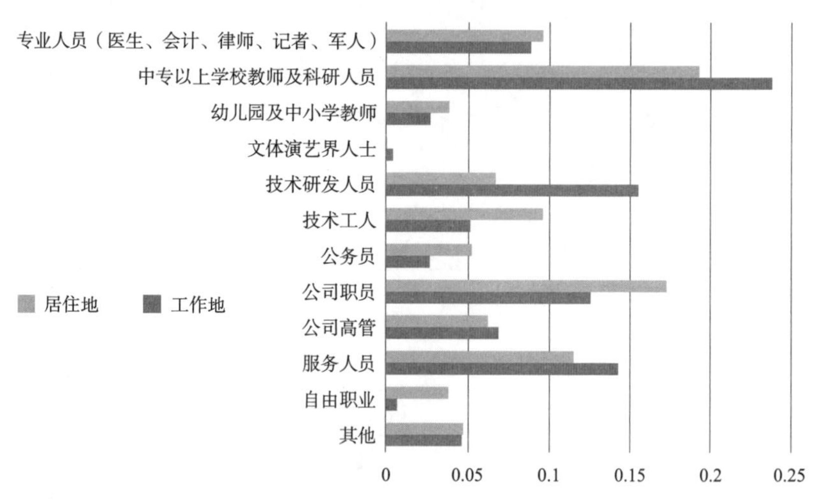

图 3-41 中关村地区人群职业类型结构

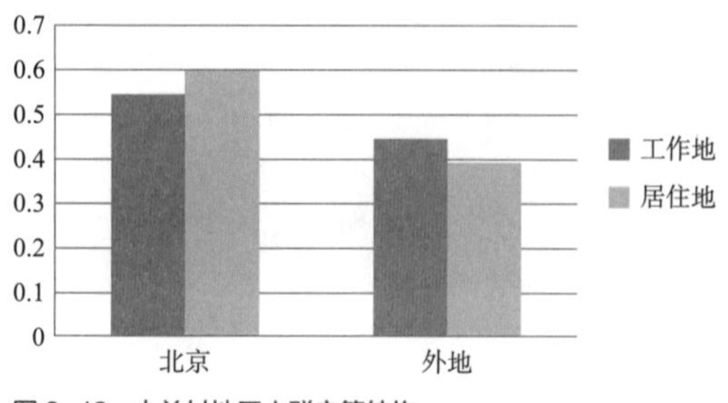

图 3-42 中关村地区人群户籍结构

3.3.4 上地：西北区域性就业中心

（1）全国第一个以信息产业为主导的高科技工业园

1991 年，经国家科委和北京市人民政府批准，北京市新技术产业开发试验区上地信息产业基地开始动工建设，这是我国第一个以电子信息产业为主导的综合性高科技工业园，2005 年被信息产业部批准为首批国家电子信息产业园。1992 年“联想集团上地产业基地”正式投产，2000 年中关村软件园选址筹建，2007 年 1 月百度签约入驻，2013 年新浪耗资 10 亿的总部大楼建立，2016 年网易大厦正式投入使用，2019 年 3 月亚洲最大单体办公楼——腾讯北京总部大楼正式入驻……无数资产、人才、科研、信息等汇聚到了一起。2018 年年末，上地街道第二产业和第三产业法人单位数量为 17004 个，占海淀区全区的 10.7%，居全区第三位；第二产业和第三产业法人单位从业人员 31.9 万人，占海淀区全区的 11.3%，居全区首位；第二产业和第三产业企业营业收入 4652.8 亿元，占海淀区全区的 13.1%，居全区首位[1]。目前，上地已经成为信息技术与服务的集聚地，形成了以电子信息产业为主导，集科研、开发、生产、经营、培训、服务于一体的综合性高科技工业园，成为展示北京高新技术产业的窗口。

（2）就业人口密度不断增强，通勤时间显示就业中心的特点

从就业地特征来看，就业人口密度不断增强，2013 年就业人口密度超过 26000 人 / km^2，2008~2013 年每年每平方公里平均增加 2559 个就业岗位。

从通勤时间来看（图 3–43），居住人群平均通勤时间为 34min，就业

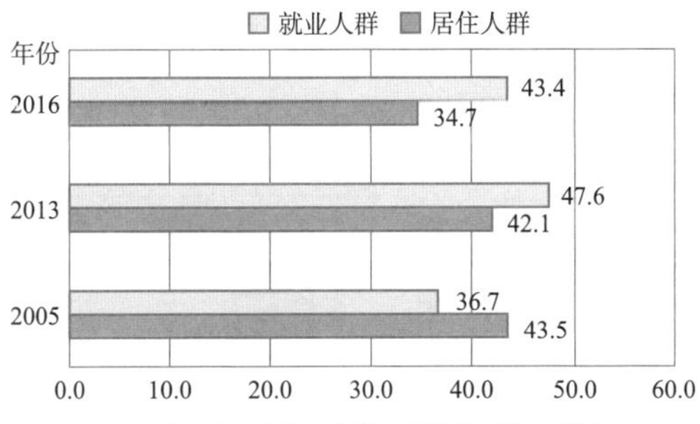

图 3–43 上地居住人群和工作地人群通勤时间（单位：min）

[1] 数据来源：北京市海淀区第四次全国经济普查主要数据公报。

人群平均通勤时间为 43min，就业人群平均通勤时间长于北京城市居民平均通勤时间。但是居住人群的通勤时间逐渐减少，由 2005 年的 43.5min 变为 2016 年的 34.7min，减少了 8.8min，递减率较高；就业人群的通勤时间先增加、后减少，总体呈现增长趋势，增加 6.7min，增长率也较高。

从通勤时间结构来看（图 3–44），居住人群短通勤时间比例增加明显，工作人群短通勤时间比例变化不大；长时间通勤比例中，居住人群和工作人群都出现先增大、后减小的趋势，说明近年来上地通勤状况正在好转。

从交通工具结构来看（图 3–45），自行车和公交车的使用比例明显减少，轨道交通的使用比例明显增加，小汽车使用比率不断增加，所占比重较高。

（3）就业人群来源范围相对集中，是一个区域性就业中心

就业人群通勤流向的变化表明（图 3–46），就业人群居住来源的范围变化明显。2005 年上地就业主要吸引的是海淀地区和金融街的部分人群，就业人群来源范围相对集中，是一个区域性就业中心；到 2016 年其就业吸引范围更加广泛，沿西北—东南方向形成就业人口出行通道，就业中心地位进一步提高。这种通勤流特征与交通条件和区位条件有关，形成方向明确的通勤流流向。

从上地地区就业人群的居住地热点分析可以发现（图 3–47），上地地区就业人群来源区域的范围总体位于上地附近区域，对天通苑地区也有一定的吸引力，辐射范围具有明显区域性特点。

（4）上地本地就业机会较好，外出就业主要受中关村地区吸引

从居住人群通勤流向可以看出，上地居住人群外出就业的规模在扩大，就业地区的选择越来越多样化，其中主要受中关村地区的吸引（图 3–48）。

从上地地区居住人群的就业地热点分析可以发现（图 3–49），上地地

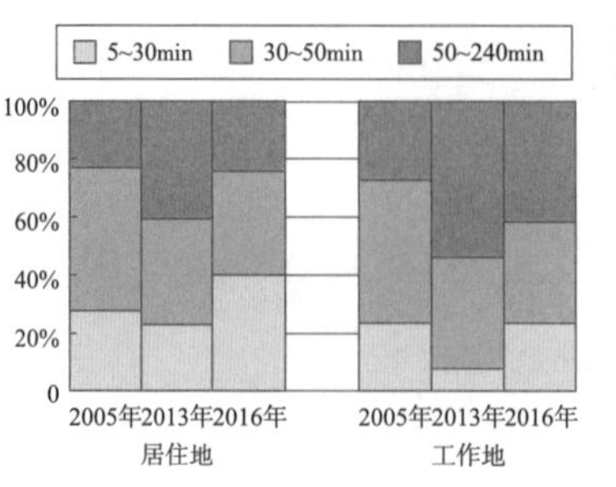

图 3–44　上地通勤时间结构

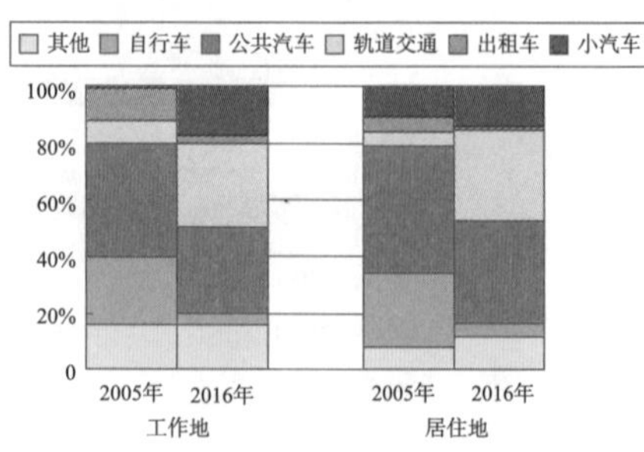

图 3–45　上地通勤工具结构

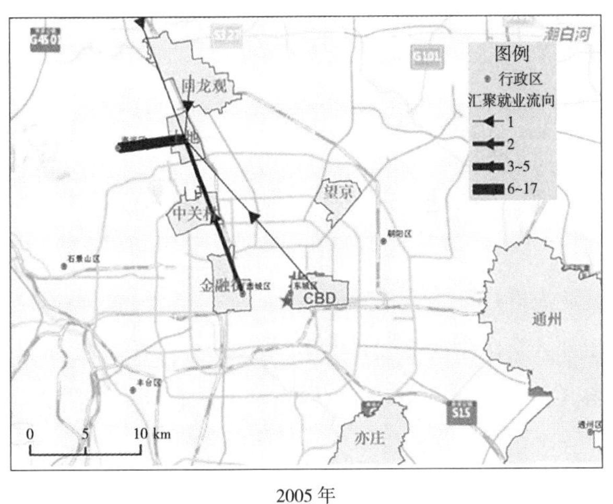

2005 年

2016 年

图 3-46 上地就业人群通勤流向

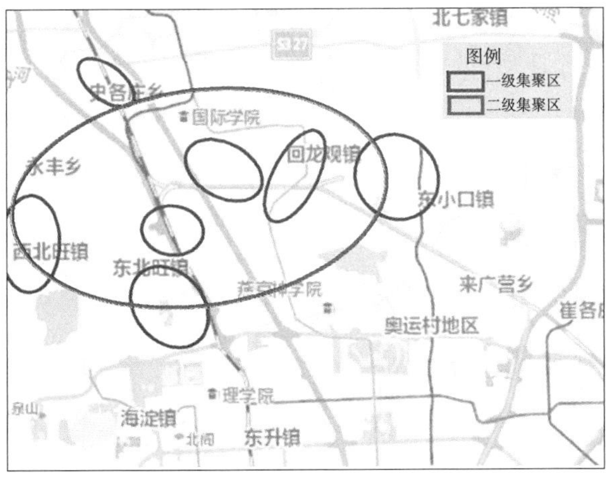

图 3-47 上地就业人群居住集聚区

数据来源：移动用户数据，2015 年

图 3-49 上地居住人群就业集聚区

数据来源：移动用户数据，2015 年

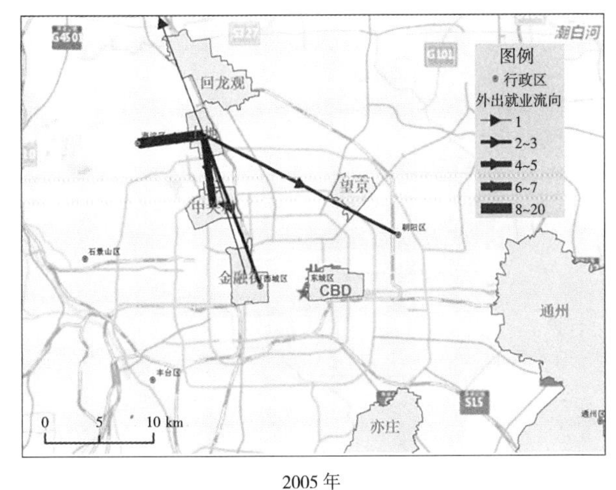

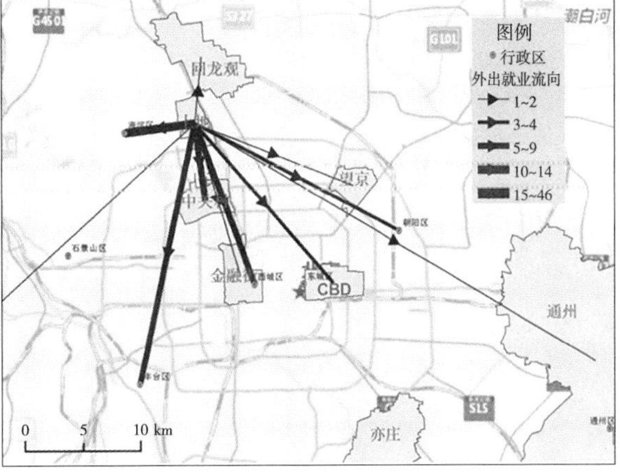

2005 年

2016 年

图 3-48 上地居住人群通勤流向

区居住人群的就业区域主要位于上地附近区域，同时中关村地区对其的吸引力也非常明显。

（5）居住人群与就业人群社会属性差异分析

上地居住人群和工作人群的学历主要以大学、大专为主，研究生及以上学历所占比重也较高（图 3-50）。从年龄结构来看，上地居住人群和工作人群年龄偏年轻化，大多集中于 20~39 岁之间（图 3-51）。

从职业类型比较来看，工作人群和居住人群的职业类型结构相差不大（图 3-52）。从户籍来看，居住人群和工作人群北京户口和外地户口所占比重都较大，但是居住人群中北京户口人群的比重大于外地户口的比重，工作人群中外地户口的比重大于北京户口的比重（图 3-53）。

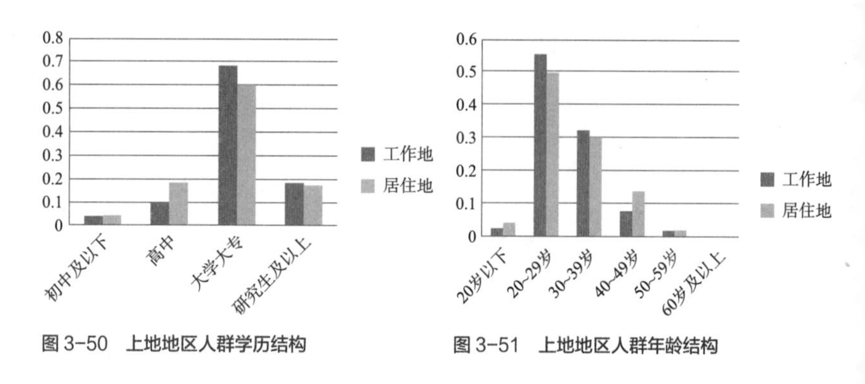

图 3-50 上地地区人群学历结构

图 3-51 上地地区人群年龄结构

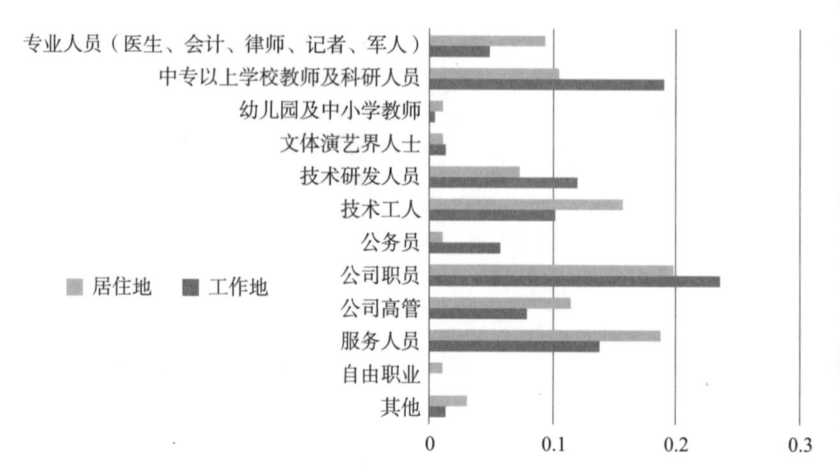

图 3-52 上地地区人群职业类型结构

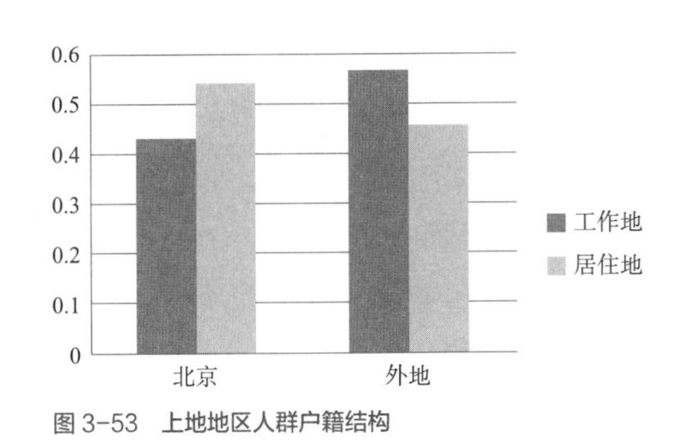

图 3-53 上地地区人群户籍结构

3.3.5 望京：成长中的第二个 CBD

（1）作为北京市的第二个 CBD，大望京地区的建设被正式写入“十二五”规划

2009 年 12 月“大望京商务区”规划获批，2011 年作为北京市的第二个 CBD，大望京地区的建设被正式写入“十二五”规划，之后，望京迎来了飞跃式发展。背靠中关村电子城科技园的发展，大望京地区充分发挥聚集和辐射效应，带动电子信息、应用软件等高新技术产业发展。西门子、摩托罗拉、三星电子、北电网络、索尼爱立信、松下、奔驰总部、宝马总部、LG 等众多知名跨国企业陆续进驻，使得望京开放式、多元化、国际化的区域氛围迅速形成，望京也开始成为名副其实的“北京第二个 CBD”。2015 年，阿里巴巴正式宣布入驻望京。望京逐步由原有的居住区转向以阿里为代表的互联网公司集聚地，居住—就业格局发生了巨大变化。

（2）就业人口密度不断增强，作为就业地和居住地的通勤时间均呈现逐年递增的态势

从就业地特征来看，就业人口密度不断增加，2013 年就业人口密度超过 16000 人 /km^2,2008~2013 年每年每平方公里平均增加 2320 个就业岗位。

从通勤时间来看（图 3-54），其作为就业地和居住地的通勤时间均呈现逐年递增的态势，居住人群平均通勤时间为 32min，就业人群平均通勤时间为 44min。但是，居住人群和工作人群的通勤时间增加速度不同，居住人群由 2005 年的 31.7min 增加到 2016 年的 40.3min，增加速度较快；而工作人群仅增加了 3.7min，增加速度较慢。对照其通勤流向，可以理解为

本地居住而在远距离外地工作的人群增多，导致居住人群和工作人群通勤时间的大幅度增加。

从通勤时间结构来看（图 3-55），2005~2016 年望京地区居住人群和工作人群短时间通勤比例大体呈下降趋势，但变化不大；长时间通勤比例呈增长趋势，而 30~50min 的通勤变化不是很明显。就业人群长时间通勤比例增加，说明望京地区作为一个居住社区已经发展出许多产业，吸引了足够多的外地人群来此工作，由居住区转型为就业区已经成为必然趋势，居住—就业格局发生了变化。

从交通工具结构来看（图 3-56），自行车和公交车的使用比例明显减少，轨道交通和小汽车的使用比例明显增加，而且轨道交通所占比重越来越大，日渐成为本地居民的主要交通工具。

（3）就业人群来源区域范围广泛，但总体位于城市东北部，区域性特点明显，是成长中的就业次中心

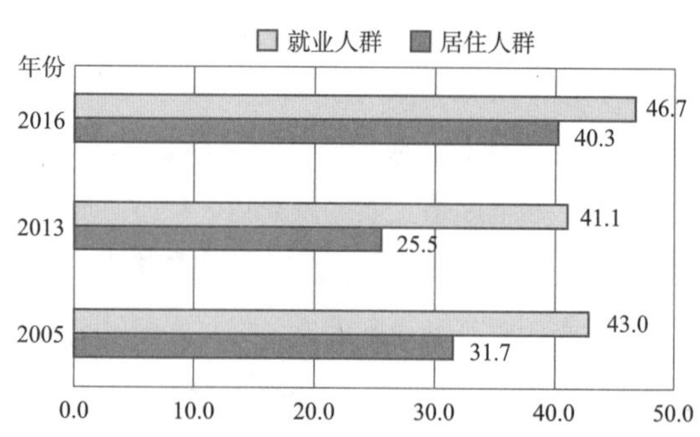

图 3-54　望京居住人群和工作地人群通勤时间（单位：min）

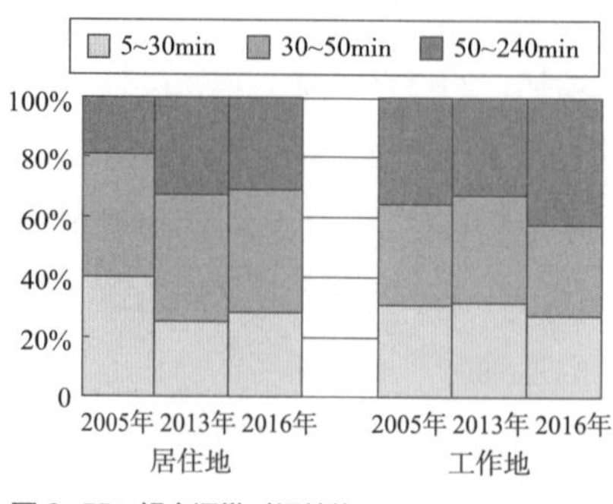

图 3-55　望京通勤时间结构

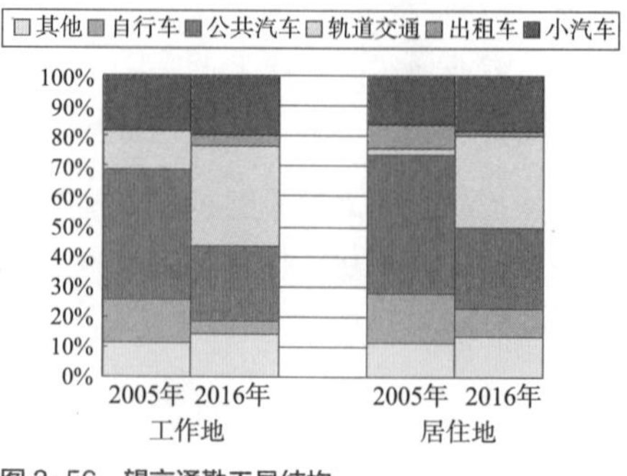

图 3-56　望京通勤工具结构

从就业人群的通勤流向来看，2005~2016 年望京的就业人群来源区域不断地扩大，说明望京就业吸引力逐年增强。但是对比就业人群和居住人群的通勤流向，从 2005 年到 2016 年，望京双向通勤的压力也在不断加剧，这可能与望京的功能转型有关（图 3–57）。

从望京地区就业人群的居住地热点分析可以发现（图 3–58），望京地区就业人群来源范围总体位于城市东北部，主要是望京附近区域，对朝阳区其他区域也有一定的吸引力，辐射范围具有明显区域性特点，就业次中心的地位不断巩固和加强。

（4）望京居住人群的外出就业比例较高，北部区域是首选地区，CBD 地区吸引力较强

从居住人群通勤流可以看出，2016 年相较于 2005 年外出就业规模扩大，范围较广。但总体来说，城区北部是首选区域，CBD 和金融街对望京居住人群的就业吸引力较强，就业吸引来源总体格局未变（图 3–59、图 3–60）。

（5）居住人群与就业人群社会属性差异分析

望京居住人群和工作人群的学历主要以大学、大专为主，但是高中学历所占比重也较高（图 3–61）。从年龄结构来看，望京居住人群和工作人群的年龄偏年轻化，大多集中于 20~39 岁之间（图 3–62）。

从望京职业类型来看，工作人群属于公司职员的比重突出，服务人员占比也较大，而居住人群中服务人员和中专以上学校教师及科研人员比重较为突出（图 3–63）。从户籍来看，拥有北京户口的居住人群和工作人群占有较大比重，外地户口所占比重虽然比北京户口小，但是比例仍较为可观（图 3–64）。

3.3.6 亦庄：区域性就业中心

（1）北京唯一的国家级经济技术开发区

亦庄地处北京东南部，历经近 30 年的改革与发展，逐步形成了以电子信息产业、汽车及交通设备产业、装备产业、生物工程和医药产业四大主导产业为支撑，科文融合、节能环保、商业航天等战略性新兴产业加快推进发展的产业格局。1994 年国务院将其批准为北京唯一的国家级经济技

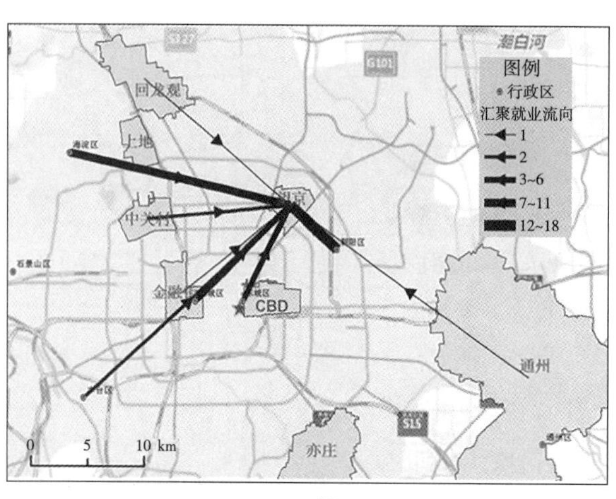

2005 年

2016 年

图 3-57　望京就业人群通勤流向

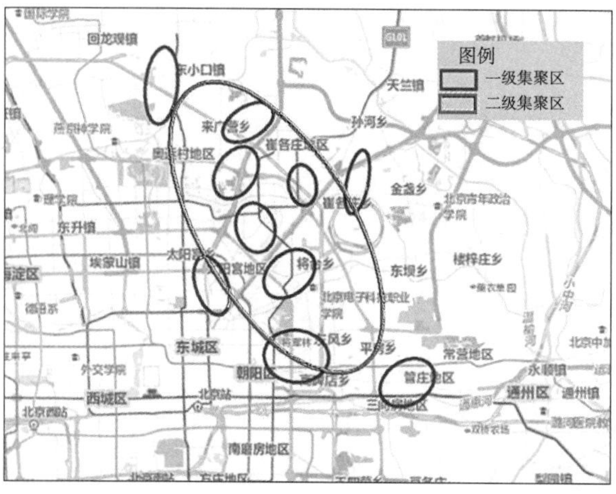

图 3-58　望京就业人群居住集聚区

数据来源：移动用户数据，2015 年

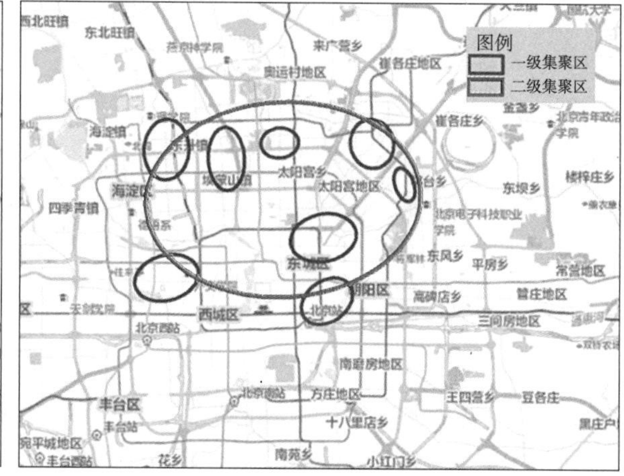

图 3-60　望京居住人群就业集聚区

数据来源：移动用户数据，2015 年

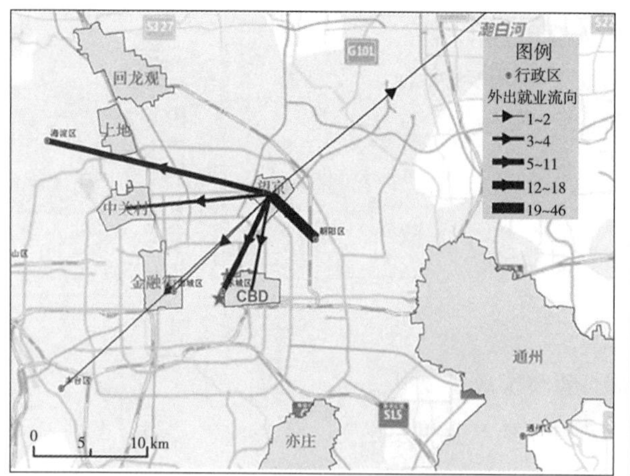

2005 年

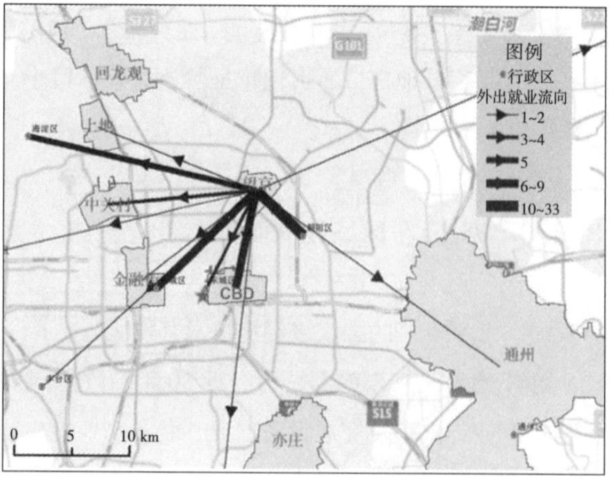

2016 年

图 3-59　望京居住人群通勤流向

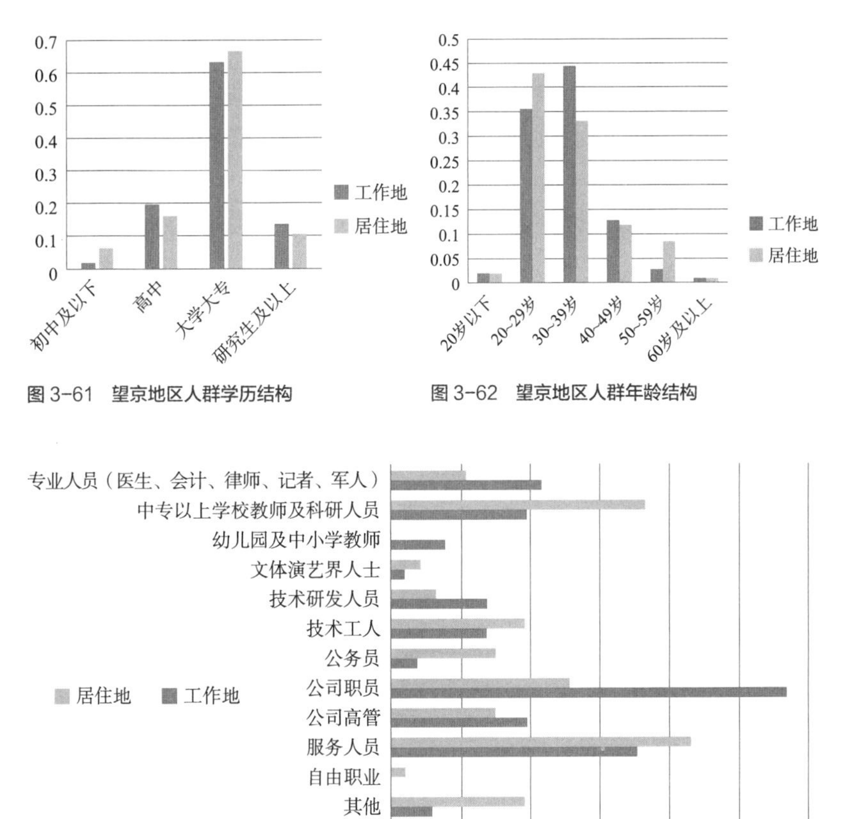

图 3-61 望京地区人群学历结构

图 3-62 望京地区人群年龄结构

图 3-63 望京地区人群职业结构

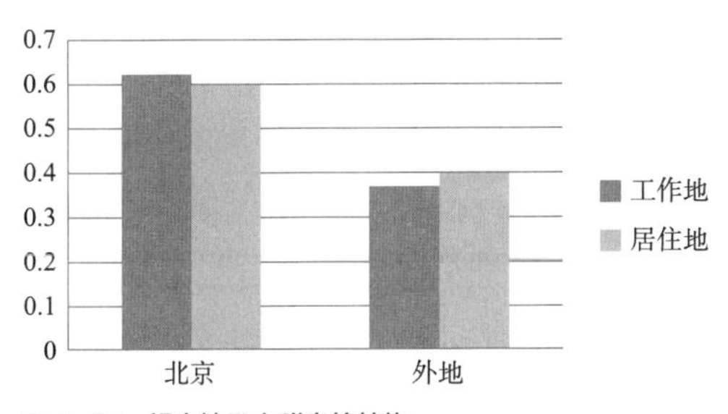

图 3-64 望京地区人群户籍结构

术开发区，定位为京津城际发展走廊上的高新技术产业和先进制造业基地，并承担“疏解中心城人口的功能、聚集新的产业、带动区域发展”的重任。《北京城市总体规划（2016 年—2035 年）》也明确指出亦庄是具有全球影响力的创新型产业集群和科技服务中心、首都东南部区域创新发展协同区、战略性新兴产业基地及制造业转型升级示范区、宜居宜业绿色城区。

根据北京经济技术开发区管委会工作报告，2019 年，开发区地区生产总值 1932.8 亿元，同比增长 8.9%；规模以上工业总产值完成 4183 亿元，同比增长 9%；建安投资完成 126.6 亿元，同比增长 1.1%；税收收入完成 604.6 亿元（全年减税降费超过 90 亿元），同比增长 1.5%；一般公共预算收入完成 270 亿元，同比增长 5%；规模以上高新企业研发投入 135 亿元，同比增长 8.2%；全社会消费品零售额完成 419.7 亿元，同比增长 4.8%；万元 GDP 能耗 0.14tce，同比下降 7.1%；万元 GDP 水耗 4m^3，全市最低；PM2.5 累计平均浓度 44μg/m^3，同比下降 17%[1]。

（2）居住人群和就业人群通勤时间构成与通勤工具选择均较为接近，说明存在相对封闭的区域特征

从就业地特征来看，2013 年就业人口密度为 7457 人 /km^2，2008~2013 年每年每平方公里平均增加 1417 个就业岗位，具有较大的承载空间。

从通勤时间来看（图 3–65），居住人群平均通勤时间为 33min，就业人群平均通勤时间为 35min。居住人群通勤时间由 2005 年的 32.8min 增加到 2016 年的 35.3min，增加了 2.5min，增加幅度较小；就业人群通勤时间先增加后减小，总体增加了 2.9min，增加幅度也不大。说明亦庄地区通勤状况良好。

从通勤时间结构来看（图 3–66），居住人群和工作人群短时间通勤比例都经历了先减少、后增加的过程，其长时间通勤比例则先增加、后减少，但整体上短时间和长时间通勤比例变化不大。居住人群和就业人群通勤时间构成与通勤工具选择均较为接近，说明存在相对封闭的区域特征，亦庄作为京津城际发展的重要节点和重点发展的新城，还是一个区域性就业中心，辐射能力有待增强（图 3–67）。

（3）就业人群主要集中本区域，且沿主要交通干道分布扩展，整体辐射范围扩展，但依然表现为区域性就业中心

从 2005 年就业人群通勤流向可以看出，亦庄就业吸引力比较薄弱，主要吸引的是本地及亦庄以外大兴地区的人群前来就业，这可能与调查样本数量有关。到 2016 年，亦庄就业辐射范围明显扩展，吸引能力显著增强，

[1] 数据来源：北京经济技术开发区管委会 2019 年度工作报告 . http：//kfqgw.beijing.gov.cn/zwgk/ghjh/zfgzbg/202002/t20200210_1627473.html.

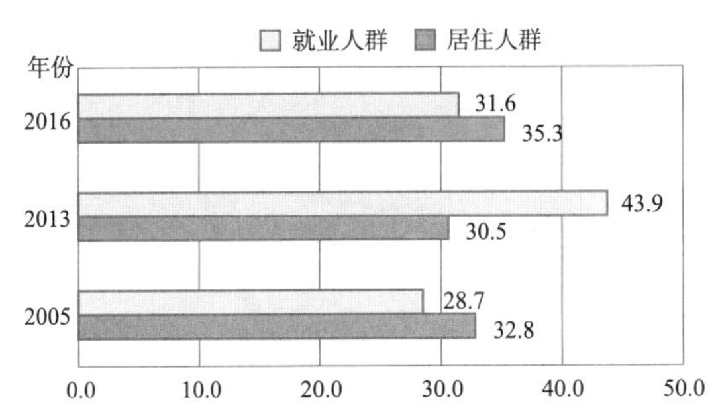

图 3-65 亦庄居住人群和工作地人群通勤时间（单位：min）

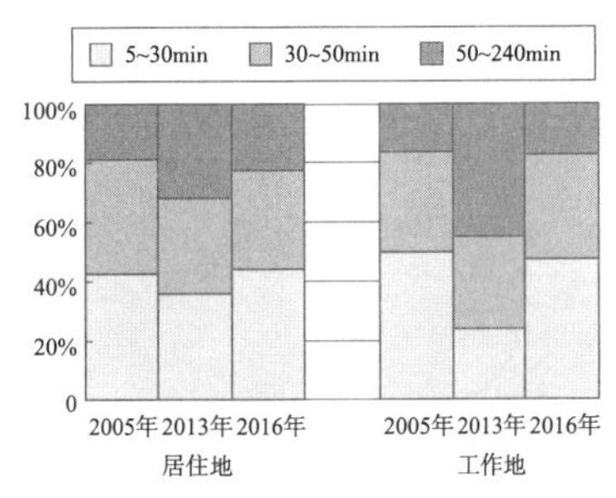

图 3-66 亦庄通勤时间结构

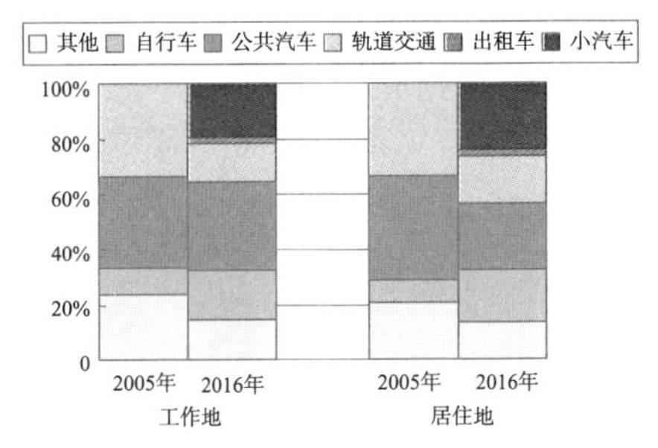

图 3-67 亦庄通勤工具结构

但依然表现为区域性就业中心，吸引范围主要仍在大兴及通州地区，对其他地区的影响力较小，区域性就业中心特点显著（图 3-68）。

从亦庄地区就业人群的居住地热点分析可以发现（图 3-69），亦庄地区就业人群来源范围总体位于亦庄附近区域，对其他地区吸引力很小，辐射范围具有明显的沿交通走廊分布的特点。

（4）居住人群通勤流向向北部延展，存在逆向通勤

从居住人群通勤流向变化来看，2016 年居住辐射范围扩大，通勤流向主要向北部延展，但主要还是在本地区就业比例较大，并存在逆向通勤（图 3-70）。

从亦庄地区居住人群的就业地热点分析可以发现（图 3-71），亦庄地区居住人群就业区域范围总体位于亦庄附近区域，对城市中心区域也存在明显的热点区，且沿交通走廊分布，说明亦庄地区就业中心的吸引力有待加强。

（5）居住人群与就业人群社会属性差异分析

亦庄居住人群和工作人群的学历主要以大学、大专为主，高中和研究

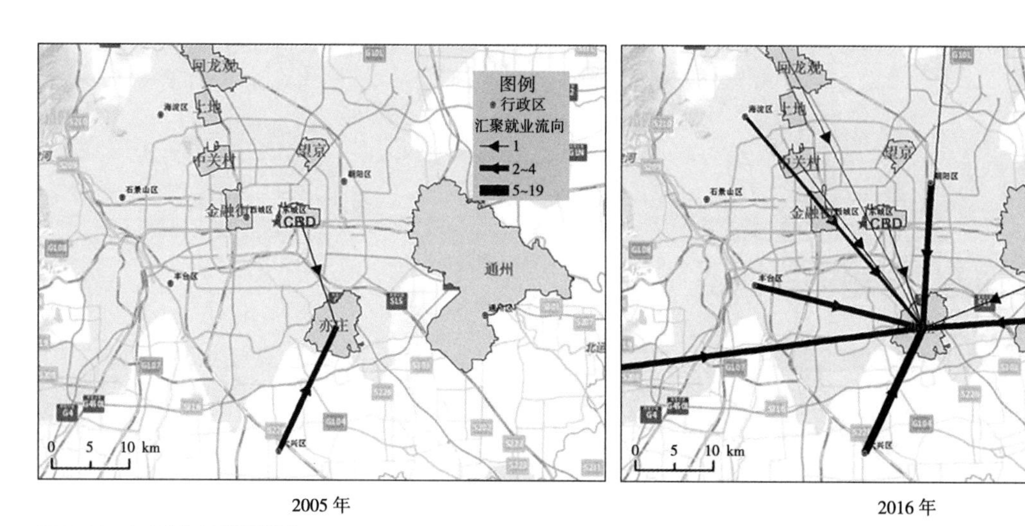

2005 年　　2016 年

图 3-68　亦庄就业人群通勤流向

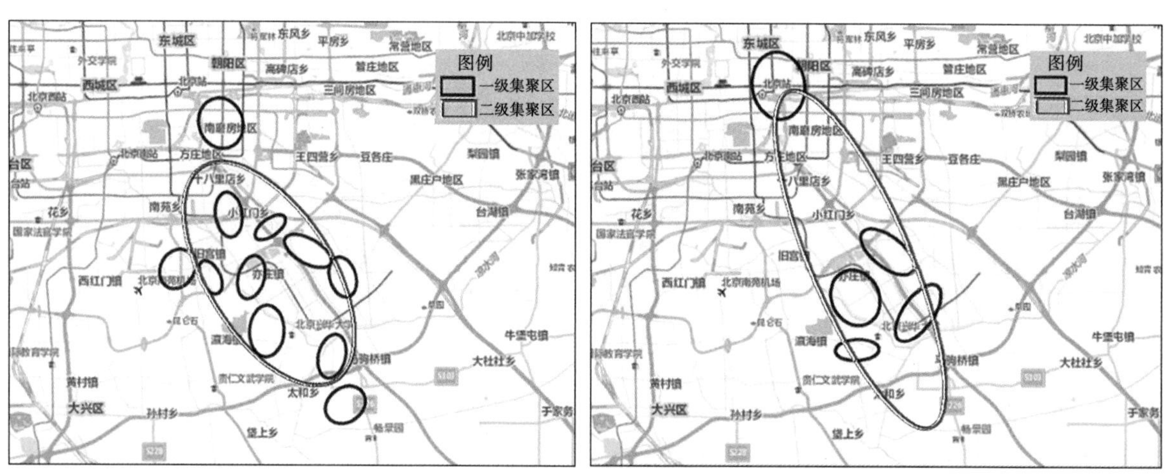

图 3-69　亦庄就业人群居住集聚区

数据来源：移动用户数据，2015 年

图 3-71　亦庄居住人群就业集聚区

数据来源：移动用户数据，2015 年

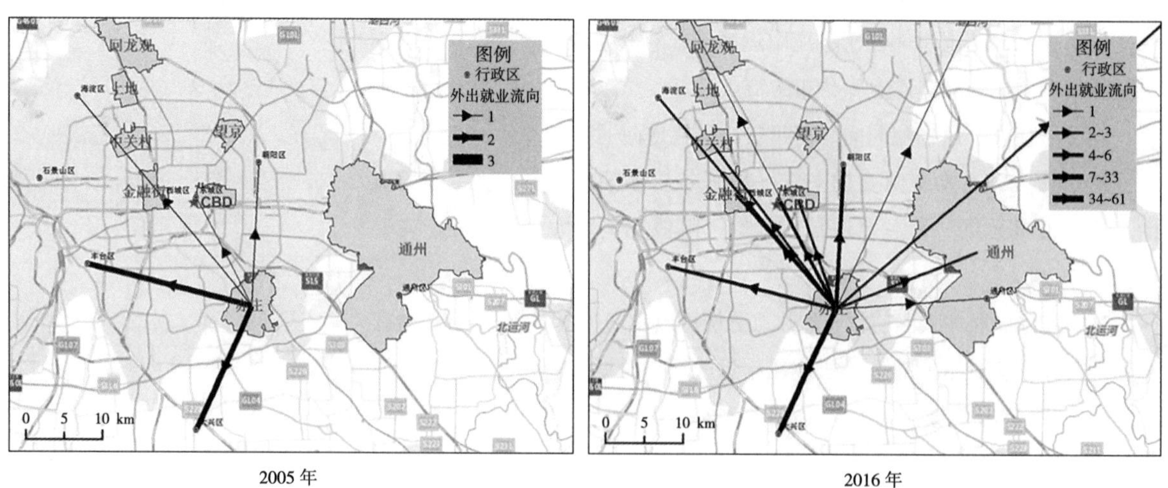

2005 年　　2016 年

图 3-70　亦庄居住人群通勤流向

生及以上学历所占比重相当（图 3–72）。从年龄结构来看，亦庄居住人群和工作人群年龄大多集中于 20~49 岁之间，呈现出中青年化的特点（图 3–73）。结合问卷数据所得居住和工作人群户籍情况，外地人口人群的比重略大于北京户口的比重，推断这与亦庄有大量的外地青年务工人员有关（图 3–74）。从亦庄职业类型来看，工作人群和居住人群中服务人员和公司职员的比重较大，而职业类型结构相差不大，符合亦庄新兴开发区的特点（图 3–75）。

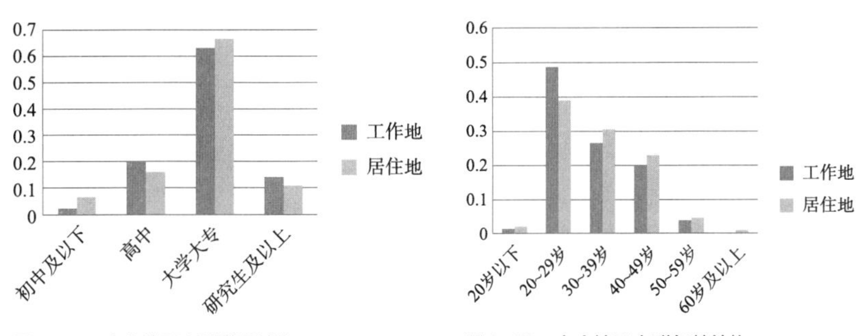

图 3–72　亦庄地区人群学历结构

图 3–73　亦庄地区人群年龄结构

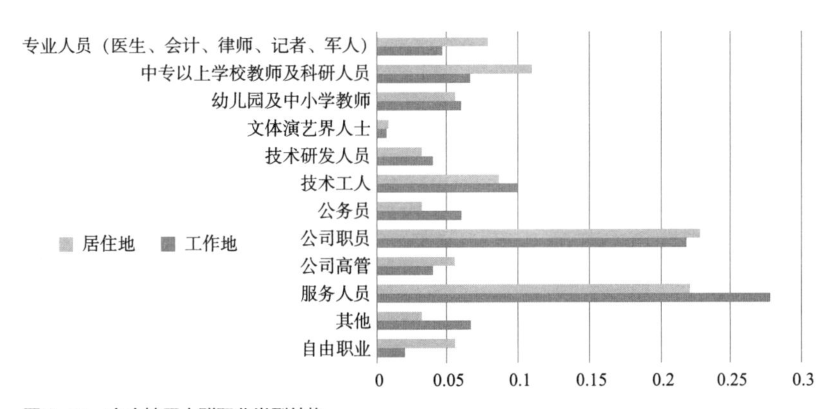

图 3–74　亦庄地区人群职业类型结构

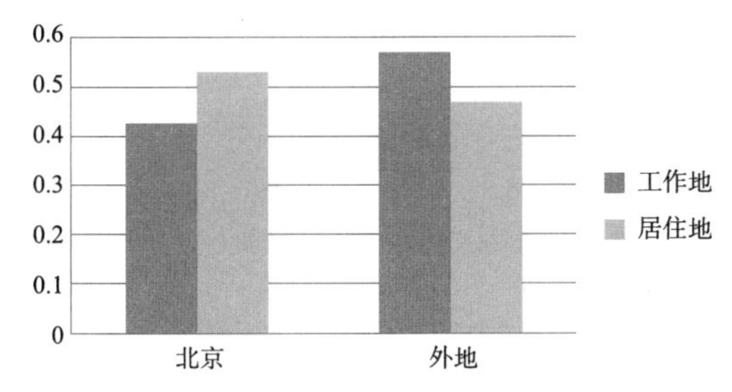

图 3–75　亦庄地区人群户籍结构

3.3.7 通州：建设中的城市副中心

（1）集中力量打造的城市副中心

《北京城市总体规划（2016年—2035年）》明确提出打造以首都为核心的世界级城市群，完善城市体系，在北京市域范围内形成“一核一主一副、两轴多点一区”的城市空间结构，着力改变单中心集聚的发展模式。其中，北京城市副中心规划范围为原通州新城规划建设区，总面积约155km^2。

2019年，通州区实现地区生产总值1059.2亿元，按可比价格计算，比上年增长6.6%。其中，第一产业增加值12.5亿元，下降23.8%；第二产业增加值422.1亿元，增长8.8%；第三产业增加值624.6亿元，增长5.9%。三次产业结构由上年1.6 ：39.0 ：59.4变化为1.2 ：39.9 ：590。2019年，通州区全年实现社会消费品零售总额590.7亿元，比上年增长7%。全区实际利用外资6亿美元，增长8.9%。从海关统计数据看，2019年，全区进出口贸易总额211亿元，比上年增长16.6%。其中，出口创汇总额65.4亿元，增长8.1%；进口付汇145.6亿元，增长20.7%[1]。

（2）居住人群通勤时间大于就业人群，目前还具有“卧城”特征

从通勤时间来看（图3-76），居住人群平均通勤时间为39min，就业人群平均通勤时间为32min；与2005年相比，2016年就业人群和居住人群的通勤时间都呈现出先增加后减少的趋势，但总体趋势依旧是通勤时间不断增加。

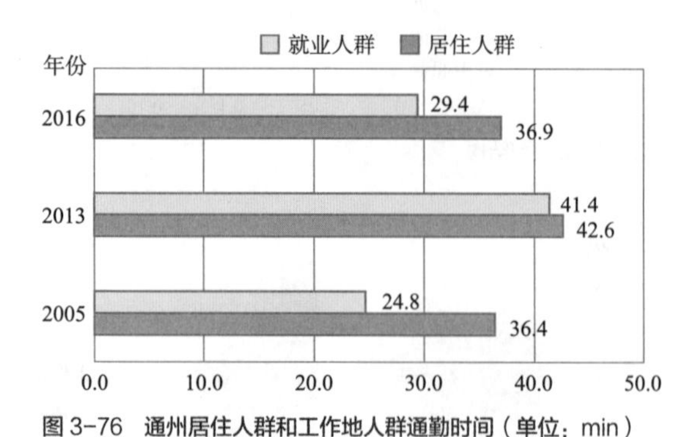

图3-76 通州居住人群和工作地人群通勤时间（单位：min）

[1] 数据来源：通州区2019年国民经济和社会发展统计公报。

从通勤结构来看（图 3-77），居住人群和工作人群的短时间通勤比例都呈现出先减少、后增加的趋势，但工作人群的短时间通勤比重比长时间通勤比重大。而长时间通勤比重中，就业人群和居住人群的比重都是先增加、后减少，居住人群长时间通勤时间比重大，且变化明显。

从通勤工具来看（图 3-78），通州地区居住人群和就业人群出行方式有如下特点：自行车和公交车出行比重减少，轨道交通和小汽车出行比例增加，且小汽车出行占有较大比重。这可能与通州地区区位和交通工具有关，北京确定通州为城市副中心及其轨道交通的修建和完善，在一定程度上冲击了公交车的使用率；同时，通州作为北京的一个远郊区，就业人口和居住人口相对较少，地面交通拥堵情况较轻，也导致很多人会选择小汽车出行。

总体来看，通州居住和就业辐射范围均有所扩大，其中就业辐射范围扩大较为明显，居住辐射依然集中在西北区域。

（3）居住人群就业的集聚区在城区和通州呈哑铃形，反映出卫星城的现状特点

居住人群通勤流向表明，2016 年相比于 2005 年，虽然就业选择范围有所扩展，但居住人群就业的集聚区在城区和通州呈哑铃形（图 3-79），通州居住人群就业集聚区也表现出相似特点（图 3-80），反映出卫星城的现状特点。

（4）就业人群居住的集聚区主要位于本区域

从通勤流向可以看出，2005 年通州就业吸引力还非常薄弱，到 2016 年，通州就业吸引力已大幅增强，逆向通勤也有显著增加（图 3-81）。

从就业人群居住的集聚区来看，通州就业人群主要位于本区域（图 3-82），但问卷数据表明，通州对北京市其他地区人群的就业吸引力也

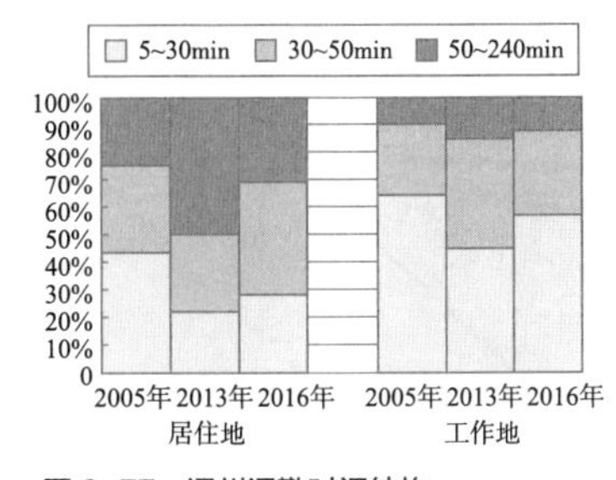

图 3-77　通州通勤时间结构

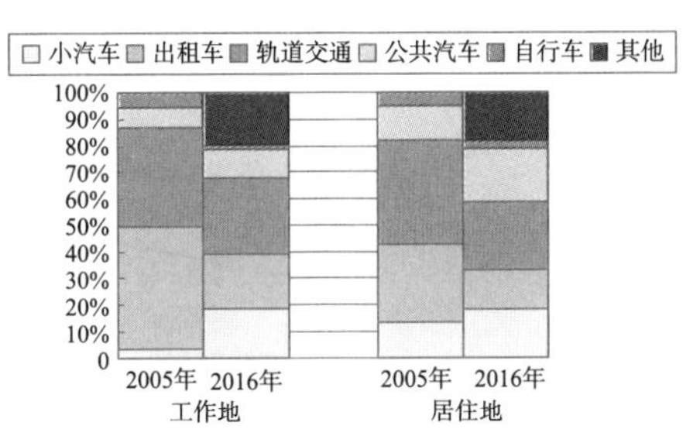

图 3-78　通州通勤工具结构

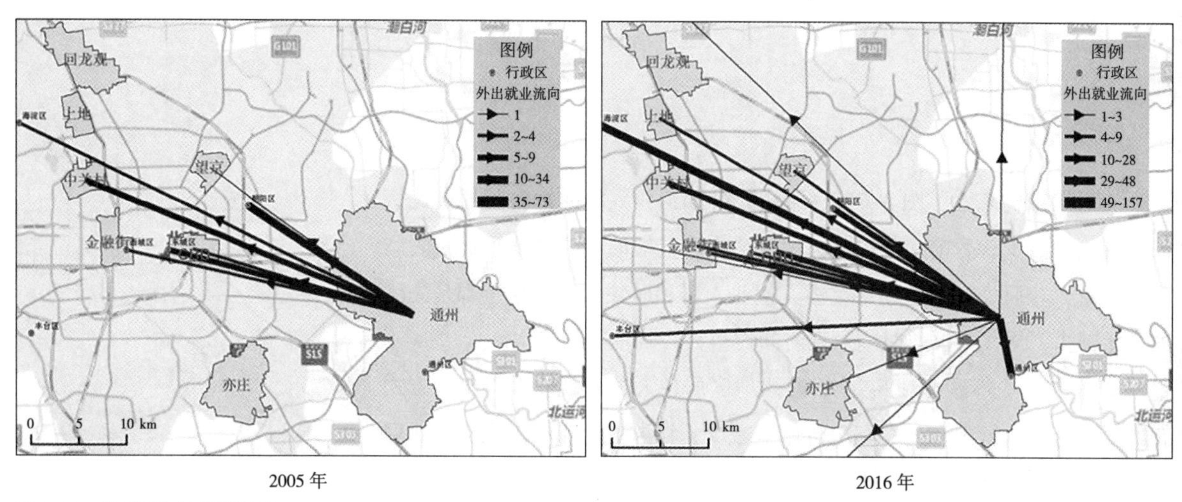

2005 年　　2016 年

图 3-79　通州居住人群通勤流向

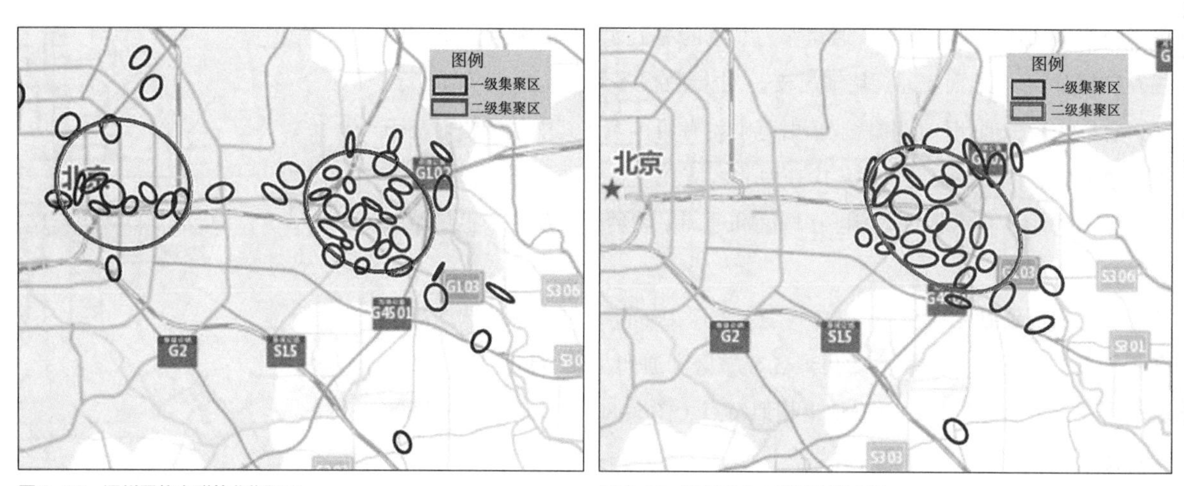

图 3-80　通州居住人群就业集聚区

数据来源：移动用户数据，2015 年

图 3-82　通州就业人群居住集聚区

数据来源：移动用户数据，2015 年

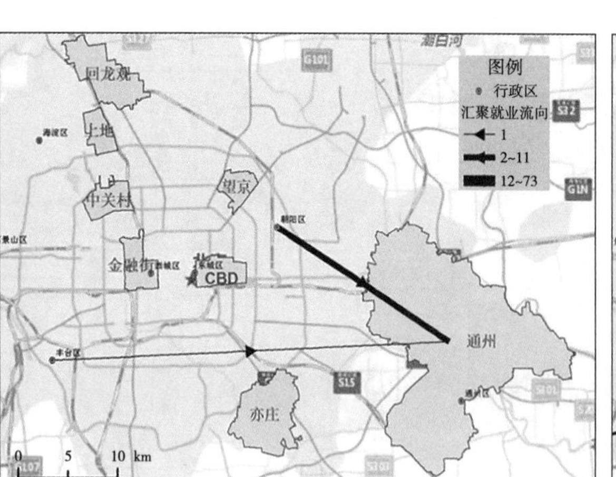

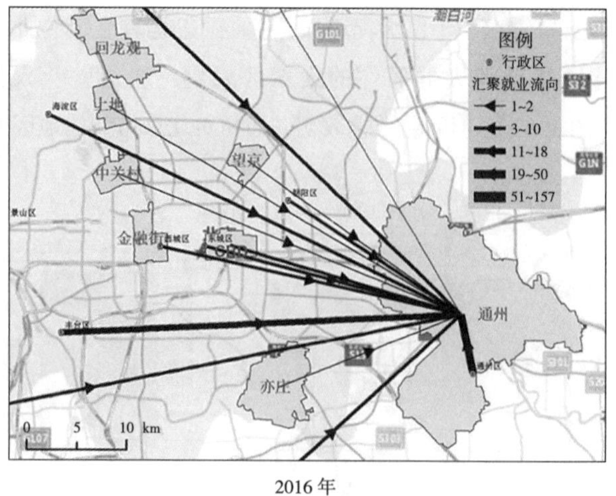

2005 年　　2016 年

图 3-81　通州就业人群通勤流向

很显著（图 3-81），西北方向是主要通道，这可能与北京轨道交通的修建和完善以及通州功能定位的改变有关。随着 2014 年以来北京市集中力量打造城市副中心，部分企业已经开始搬迁到通州，逐渐增加了通州的就业吸引力。

（5）居住人群与就业人群社会属性差异分析

通州居住人群和工作人群的学历主要以大学、大专为主，高中学历所占比重也较高（图 3-83），这可能与通州的区位有关。通州位于边缘郊区，经济发展相对于城区来说较为落后，企业对学历要求相对较低。从年龄结构来看，通州居住人群和工作人群年龄偏中青年化，大多集中于 20~49 岁之间（图 3-84）。从职业类型来看（图 3-85），工作人群和居住人群中服务人员和公司职员占有绝对大的比重，这与该地区人群学历结构互为补充，表明通州作为正在建设中的城市副中心，企业类型及

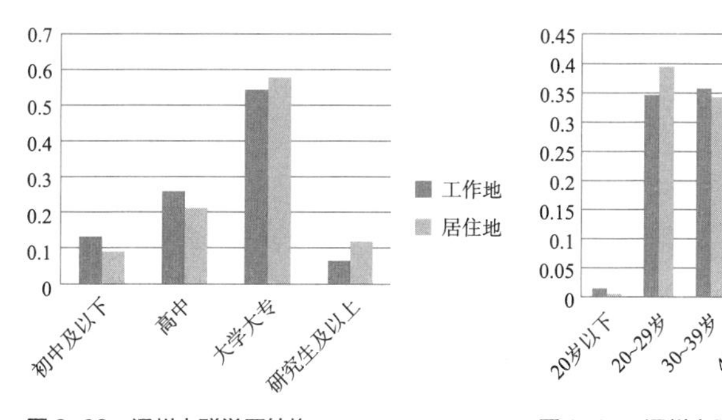

图 3-83　通州人群学历结构

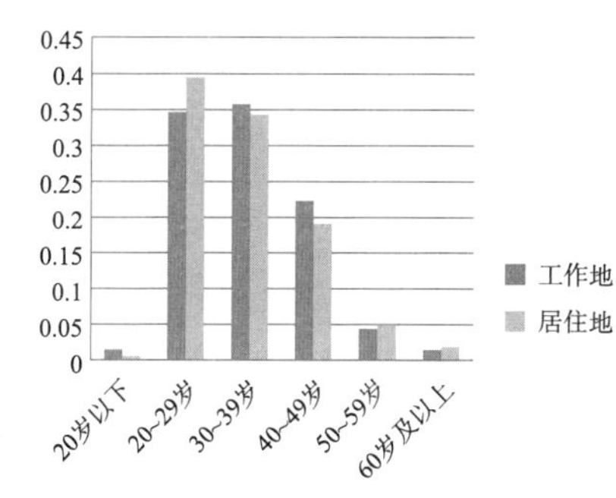

图 3-84　通州人群年龄结构

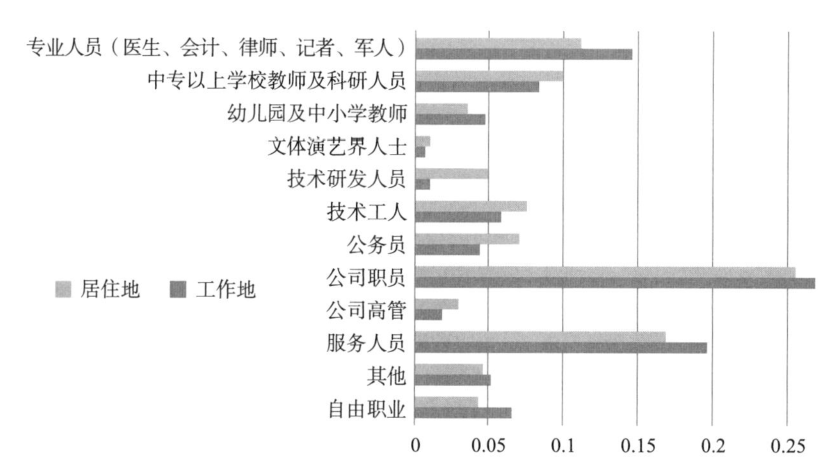

图 3-85　通州人群职业类型结构

数量有待进一步丰富。从户籍来看，居住人群和工作人群中拥有北京户口的所占比重都较高，且拥有北京户口的工作人群占比比居住人群少，外地户口则正好相反（图 3–86）。

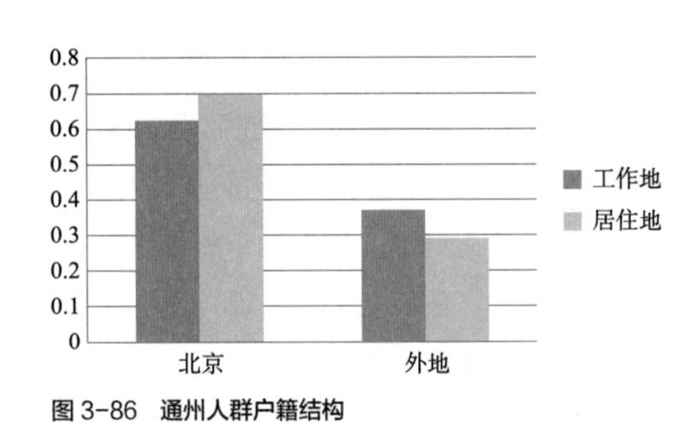

图 3–86　通州人群户籍结构

3.4　多中心化——职住变化的模式与规律

3.4.1　七个典型就业中心职住画像对比

七个典型就业中心相关从业者在城市多中心化发展背景下的职住关系变化特征对比总结如下（表 3–5）。

表 3–5　七个典型就业中心性质、职住关系特点和优化建议表

就业中心	就业中心性质	职住关系主要特点	优化建议
中央商务区（CBD）	综合性就业中心，商务功能定位明确，就业辐射广泛	①区位优势明显，通勤条件良好； ②职住平衡压力仍大； ③远距离通勤比重增加较大； ④本区域居住人群跨区域通勤现象突出	①引导CBD东扩进程，形成高端就业集聚区； ②在疏解居住人口的同时，优化就业人口结构； ③规划交通走廊，建立主要居住组团和就业中心快速通道
金融街地区	综合性就业中心，金融管理中心功能突出，就业辐射带动均衡且范围广	①区位优势明显，通勤条件良好； ②职住平衡压力仍大；	①优化金融街金融功能，形成高端就业集聚区； ②加密轨道交通线路建设，强化金融街的辐射带动作用；

续表

就业中心	就业中心性质	职住关系主要特点	优化建议
金融街地区	综合性就业中心，金融管理中心功能突出，就业辐射带动均衡且范围广	③远距离通勤比重增加较大； ④本区域居住人群跨区域通勤现象突出	③与丰台、房山地区形成基于区际快速联系的职住关系
中关村地区	就业次中心，国家科技创新中心的专业性突出	①通勤条件稍差； ②在西北、东北、东南方向形成就业通道； ③本区域居住人群外出通勤比例较高	①加快产业结构升级转型； ②以居住区教育配套建设为抓手，推进优质教育资源均衡发展； ③拓展快速交通通道，与周边居住组团联动发展
上地地区	地区性就业中心，具备发展为就业次中心良好潜力	①区位条件相对较差； ②就业辐射范围有限； ③沿西北—东南方向形成就业人口出行通道，交通压力较大	①面向青年从业群体，试点“租售同权”政策； ②加强交通规划和建设，提升西北—东南向交通通道能力； ③打通高速路两侧的横向交通联系； ④优化整合上地—西二旗—回龙观为一体的居住—就业组团
望京地区	从居住区转向互联网公司和跨国公司总部集聚地	就业人口激增，双向通勤压力加剧	①规划建设“互联网+”中心； ②规范房屋租赁市场； ③加密轨道交通在望京的换乘站点
亦庄地区	地区性就业中心，具备发展为就业次中心良好潜力	①区位条件相对较差； ②就业辐射范围有限； ③沿西北—东南方向形成就业人口出行通道，交通压力较大	①面向青年从业群体，试点“租售同权”政策； ②加强交通规划和建设，提升西北—东南向交通通道能力； ③打通高速路两侧的横向交通联系； ④优化整合上地—西二旗—回龙观为一体的居住—就业组团
城市副中心（通州）	典型的卫星城，从重点发展的新城升级为北京城市副中心	①具有“卧城”性质，居住人群通勤时间较长，潮汐交通现象明显； ②居住和就业辐射范围均有所扩大，其中就业辐射范围扩张更为明显； ③随着政务职能部门的迁入，其职住错位关系因历史惯性会在一段时间内存在	①以城市副中心建设为契机，推动重点产业发展，增加就业岗位； ②加强住房及教育、医疗等配套建设，吸引稳定居住人群，减少潮汐式通勤； ③提前规划交通体系，有效应对职住错位导致的大规模通勤问题； ④加强通州与顺义、亦庄等周边区域联动建设，分散与主城区交通压力

3.4.2 多中心化与职住变化的关系总结

总体来看，北京“强单中心内部分化扁平 + 外围分散弱中心逐渐增强”的就业空间格局已经十分明显。2004~2018 年，北京就业人口的空间分布经历了先向中心收缩、后向城市外围扩散的发展历程。中心城区高比重的就业人口在就业空间结构中仍然起到非常重要的作用，原有持续型就业中心行业均衡性有所提高，但增速放缓；城市南部地区和远郊地区的就业中心正在崛起，新兴型就业中心行业优势度明显且增速较快。未来北京就业中心化和就业郊区化将长期并存。

同时，通过大量问卷调查我们也能看到，北京就业—居住空间格局的变化对城市通勤产生了显著影响。从通勤距离和时间看，全市就业中心居住和就业辐射范围都得到不同程度的扩展，长距离通勤流增加，职住分离状况加剧。从通勤格局看，北京市总体仍以向心通勤为主，城市中心的就业岗位对周边以及远郊区的吸引力有所增加，但同时就业次中心作用也逐渐显现。以上地、亦庄等为代表的就业次中心吸引力明显增加，吸引的周边区域通勤人群增加。从通勤差异看，就业中心的等级、规模、类型、所处发展阶段决定了就业中心的服务范围，综合性就业中心居住和就业人群职住关系差异小；渐进成熟的就业次中心，就业和居住人群职住分离压力增加（孟斌 等，2017）。从通勤方式看，北京市居民上下班出行方式的选择越来越偏重轨道交通，这在减少私家车使用的同时，也大大提高了北京市居民长距离就业的可能性。

本章参考文献

[1] Wang F H, Zhou Y X. Modelling Urban Population Densities in Beijing（1982–1990）: Suburbanisation and Its Causes[J]. Urban Studies, 1999, 36: 271–288.

[2] 冯健，周一星．1990 年代北京市人口空间分布的最新变化 [J]．城市规划，2003，27（5）：55–64.

[3] 冯健，周一星．近 20 年来北京都市区人口增长与分布 [J]．地理学报，2003，58（6）：903–916.

[4] 谷一桢，郑思齐，曹洋．北京市就业中心的识别：实证方法及应 [J]．城市发展研究，2009，16（9）：118–124.

[5] 王玮．基于 GIS 支持的北京市就业空间结构研究 [D]．北京：中国地质大学，2009.

[6] 孙铁山．产业转移与城市空间重构——基于北京都市区的实证研究 [C]. 地理学核心问题与主线——中国地理学会学术年会暨中国科学院新疆生态与地理研究所建所五十年庆典，2011.

[7] 吕永强．北京市就业空间结构及其演化研究 [D]．北京：中国地质大学，2015.

[8] 于涛方，吴维佳．单中心还是多中心：北京城市就业次中心研究 [J]．城市规划学刊，2016，229（3）：21–29.

[9] 胡瑞山，王振波，仇方道．基于普查单位的北京市就业中心识别与功能定位 [J]. 2016，150（4）：58–65

[10] 李冬浩，何静，付京亚．疏解背景下的北京市职住中心和产业集聚研究——基于公交 IC 卡交易数据和三经普企业微观数据 [C]//2016 年全国统计建模大赛，2016.

[11] 杨烁，于涛方．就业多中心结构尺度精细化研究：以北京为例 [C]// 共享与品质——2018 中国城市规划年会论文集（05 城市规划新技术应用），2018.

[12] Alonso，W.，1980. Five bell shapes in development. Papers Regional Sci. 45（1），5–16.

[13] 孟斌，高丽萍，黄松，等．北京市典型就业中心职住关系考察 [J]. 城市问题，2017（12）：86–94.

[14] 北京市人民政府．北京城市总体规划（2016 年—2035 年）[Z]，2017.

[15] 中关村国家自主创新示范区统筹发展规划（2020 年—2035 年）（简版）[EB/OL]. http://zgcgw.beijing.gov.cn/zgc/zwgk/ghjh/10864037/index.html.

4

边缘崛起与职住关系

Rise of the Edge City and the Jobs-housing Relationship

4.1　什么是边缘城镇

4.1.1　边缘城镇的概念

边缘城市（edge city）的概念于1991年由美国华盛顿邮报（Washington Post）记者Joel Garreau在其《边缘城市》一书中提出，用来阐述美国大都会地区的郊区化和大规模蔓延过程中的多中心演化现象（Garreau J，1991）。边缘城市作为中心城市周围新发展起来的商业、就业、居住中心，推动了大都市区空间结构由单中心向多中心转变，是大都市区整体空间、功能和发展政策的有机组成部分并承担相应的功能。

我国特大城市在快速发展过程中也出现了明显的边缘城镇现象（考虑我国对城镇的划分，本书中统称为"边缘城镇"），这些边缘城镇既包括位于市区边缘的城镇组团、小镇、新城，也包括位于市域行政区外缘的城镇，其共同特点是在中心城区的直接吸引范围内，与中心城区存在非常密切的就业和居住功能联系，形成一个突破行政边界的具有共同劳动住房市场的通勤圈。李炜、吴缚龙等（2008）通过对北京中心城区边缘的新城亦庄和上海边缘的江苏昆山的研究，认为边缘城镇现象使得城市内部的多中心结构开始向城市区域扩散。杨春、杨明（2015）分析认为北京中心城区边缘和市域外缘两个边缘地区城镇的迅速崛起突破既有的"等级化"城镇体系，向"偏平化"体系转变，受中心城区的直接带动，形成外围地区与中心城区之间以向心交通为特征的依附关系。程慧、刘玉亭（2012）以广州南沙为例，总结了开发区所形成的边缘城镇向综合性新城区的转型过程。

边缘城镇在功能上包括"卧城"、就业中心（如科技城、开发区）、职住平衡的综合城镇组团等。从职住视角来看，目前的研究和实践比较多地强调边缘城镇功能的复合性以及职住空间上的自平衡。而在判断特大城市边缘城镇的功能定位以及组织职住关系时往往存在几个误区：一是缺乏对特大城市职住空间发展趋势的整体视角以及集聚规律的认识；二是忽略了区域经济紧密联系下边缘城镇发展速度同其独立程度之间的负相关关系；三是对职住平衡的认识局限在空间维度，缺少时间维度。

4.1.2 北京的边缘城镇

北京市域以及紧邻北京东、南部的河北省廊坊市下辖的“北三县”（即三河市、香河市与大厂回族自治县），以及廊坊市区、固安县、永清县、涿州市、高碑店市、涞水县和天津市的武清区等县市，涉及范围面积共约24010km^2（其中北京市域面积16410km^2），处在北京直接吸引的范围内，突破行政辖区的限制，在空间形态上具有连续性，形成以天安门为中心、空间半径达50km、具有共同劳动住房市场的大都市区（本书简称“北京大都市区”）。

按照规划设想，北京大都市区在空间上通过三条环形绿带隔离，形成以天安门为中心的“中心地区 + 边缘集团 + 新城（含城市副中心）+ 跨界城市组团”的圈层“分散集团式”布局。其中，中心地区的空间半径为10km（城市四环路内外），10个边缘集团[1]位于半径10~20km的环上（五环路内外），7个近郊新城（含城市副中心）[2]位于半径20~30km的环上（六环路内外），4个跨界城市组团[3]位于京津冀交界半径40~70km的环上（图4–1）。中心地区和边缘集团之间为第一道绿化隔离地区——城市公园环，边缘集团和近郊新城之间为第二道绿化隔离地区——郊野公园环，近郊新城与跨界城市组团之间为环首都森林湿地公园环。位于中心地区边缘的边缘集团、近郊新城、市域边缘的跨界城市组团均应发展成为相对独立、职住均衡的边缘城镇。

但经过规划和市场多年的角力，从实际发展的情况来看，中心地区、边缘集团、近郊新城、跨界城市组团等城镇发展有打破边界，沿交通廊道连为一体的趋势。同时，自1982年《北京城市建设总体规划方案》及后续的几版城市总体规划以来，边缘集团在城市整体发展中分别承担居住、就业等不同功能，出现了“边缘睡城”“边缘科技城”等单一功能的边缘城镇。近郊新城也分别出现了“有城无业”“有业无城”“业强城弱”“业城均衡”等多元现象。随着北京大都市区的“分散集团式”空间形态从市

---

[1] 10个边缘集团包括：定福庄、东坝、酒仙桥、北苑、清河、西苑、石景山、丰台、南苑、垡头。

[2] 7个近郊新城（含城市副中心）包括：城市副中心、顺义新城、亦庄新城、大兴新城、昌平新城、房山新城、门头沟新城。

[3] 4个跨界城市组团包括：通州区和廊坊北三县地区，通州区南部、大兴区东部和天津武清区、廊坊市辖区，北京新机场周边地区，房山区和保定交界地区。

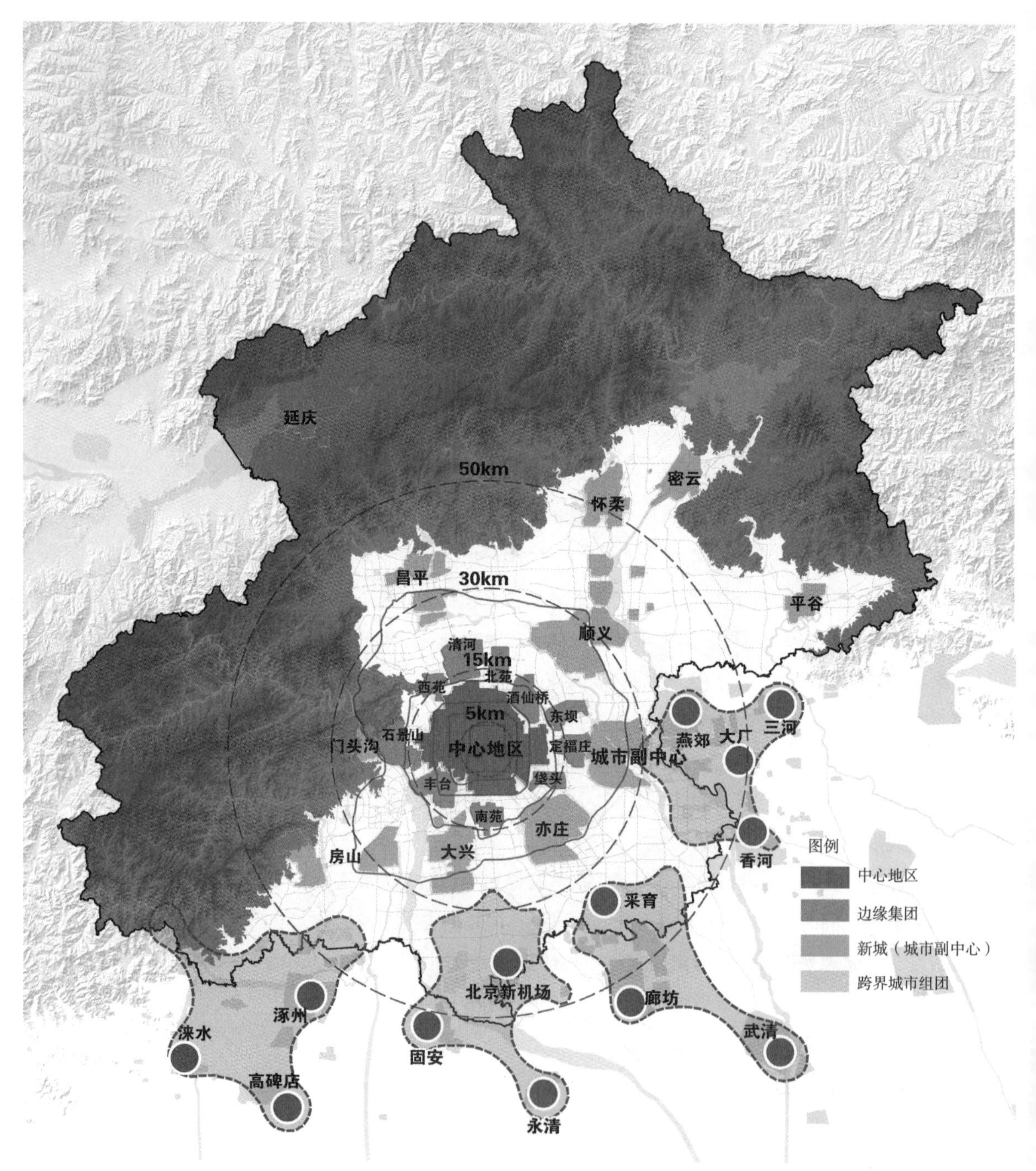

图 4-1　北京城市圈层“分散集团式”布局图

域扩大到市域边缘的城镇连绵地区，跨界城市组团在大都市区内更多地承担了居住功能，有些甚至成为更大尺度上的“边缘睡城”。面对这类现象，必须基于大都市区空间组织规律和整体职住关系的视角，分析边缘城镇的角色，方能得出客观的认识。

4.2 职住空间格局变化特征和驱动力

分析边缘城镇在职住关系中承担的角色，必须将其放在北京城市整体职住空间变动的大趋势中来看,认清特大城市普遍存在的“职”大于“住”、居住地分圈层挤出及大规模跨区域通勤的客观现象。以此为背景来认识边缘城镇的作用以及职住关系的组织。

4.2.1 职住关系从空间失配走向空间和总量的双重失配

分析四次经济普查就业数据以及相应年份的人口统计数据，2004 年以来，相对于常住人口的增长，北京市就业人口的增长更快，即“职”的供应量和增长率均高于“住”的供应量和增长率。就业岗位数量与常住人口数量的比值，即职住比逐渐增大。若以就业岗位为底数，按 0.5 的职住比[1]核算等价居住人口，则全市职住状态从早期的居住供给富余，变成了居住供给的相对不足。随着近年来的人口调控，在常住人口增长速度得到有效控制、就业岗位仍在一段时间维持较高增长的背景下，2018 年核算的居住缺口数量较高。自 2019 年起，就业人口的增长速度也有所下降，预计未来居住缺口数将有所缓解（表 4–1）。

从各街乡办的职住供给来看（图 4–2，图中颜色越浅，职住比越小；颜色越深，职住比越大；中灰色职住比区间值 0.45~0.55，为基本平衡），2004 年以来，职住比普遍呈现“变深”特征，“住”的供给跟不上“职”的供给，已有空间配置失衡加剧。2004~2008 年，四环路内

---

[1] 不同类型、规模的城市职住比范围有所不同。从几个类型和规模相当城市或都市圈的实际职住比看，北京市为 0.53（2013 年），上海市为 0.47（2013 年），巴黎大区为 0.48（2012 年），东京都市圈（一都三县）为 0.51（2014 年），均在 0.45~0.55 之间，本研究取中间值 0.5 来计算和观察北京市几个年份职住关系的变化和发展的趋势。

表 4-1　2004 年、2008 年、2013 年、2018 年全市职住关系对比表

指标	2004年	2008年	2013年	2018年
实际就业岗位数（万个）	661	817	1111	1361
实际常住人口数（万人）	1598	1838	2115	2154
实际职住比	0.41	0.44	0.53	0.63
就业等价居住人口数（万人）	1322	1634	2222	2772
职住供给关系（万）	居住富余 276万	居住富余 204万	居住缺口 107万	居住缺口 618万

资料来源： 根据四次经济普查数据整理

就业岗位的供给增加更多（变深）；而四环路外则补充了更多的居住（变浅）。但 2008~2013 年，四环内就业岗位供应过多的街道进一步增加（变深），四环路外从居住供给过多转变为职住平衡或者就业供给过多的状态（浅转深）（图 4-3）。2004~2008 年，在街乡办尺度职住供给空间适

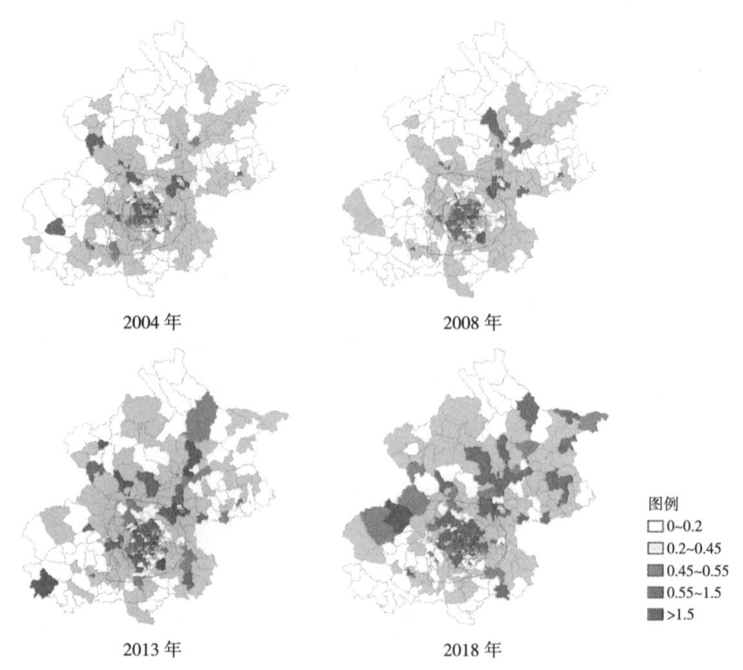

图 4-2　2004 年、2008 年、2013 年、2018 年全市街乡办职住比分布图

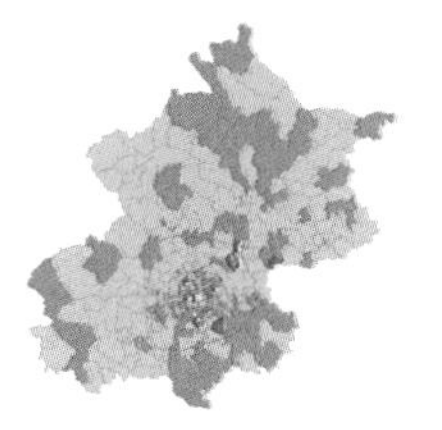

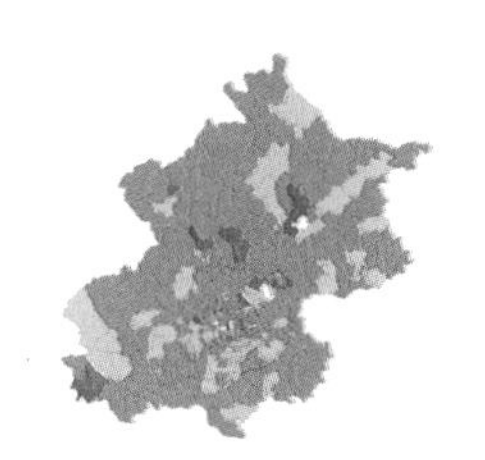

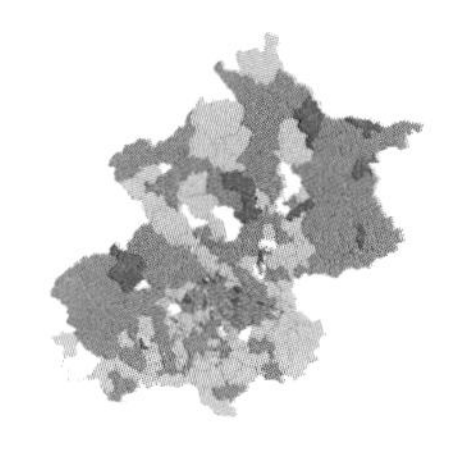

图 4-3 职住比增量比较图

配的情况下，尚能在全市尺度进行职住平衡，其主要反映出的问题是更多的潮汐式交通和更长的通勤。2008~2013 年，全市大部分街乡办就业供给快过居住，居住供应明显跟不上。2013~2018 年职住比增长趋势较前一阶段有所放缓，中心城区各街道的职住比普遍继续增长，而南部地区、通州等中心城区以外地区的职住比出现下降。考虑到中心城区“职多于住”、中心城区以外地区“住多于职”的现状，这一变化表明就业向中心城区集聚、居住向外围扩散的态势在这阶段仍然延续。也就是说，2008 年之后全市的职住格局从之前的空间失配走向了总量和空间上的双重失配。

假设 0.5 职住比对应合理的就业和住房市场。按圈层比较 2004~2018 年的职住比变化，理论上，四环路内超量的居住需求需要在四环路外满足。但是四环路外各环路之间的职住比也在增长，至 2018 年，四、五环路间的居住供给剩余也已被填满。从总量上判断，各环路之间均在持续增长的职住比反映了居住空间供给不断向更外围的扩展（图 4-4）。

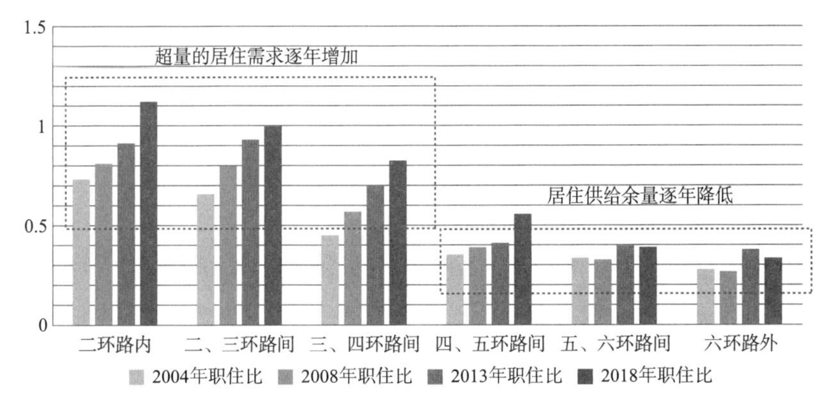

图 4-4 2004 年、2008 年、2013 年、2018 年全市分环路职住比变化

在就业不断集聚、各圈层职住比逐渐增加的情况下，就业者在哪儿寻求居住空间？如果仍按 0.5 的职住供给比例作为理想情况进行估计，2004 年，三环路内的就业者大部分能在五环路内解决居住问题，剩下约三十多万人在五、六环路间可以解决。2008 年，四环路内的就业者中有十多万人必须在六环路外寻找住处。2013 年，即使就业者把全市居住空间都填满了，也还有约 100 万人找不到住处。2018 年四、五环路间也出现了居住供给的缺口，居住缺口提升到约 240 万。亦即，在不考虑买不到房的前提下，2008 年时还能用“郊区化”的方式解决就业者的居住问题，而到 2013 年之后，用“郊区化”的方式也无法达到全市总量上的职住平衡，超量的居住需求只能用京外居住解决（图 4–5）。

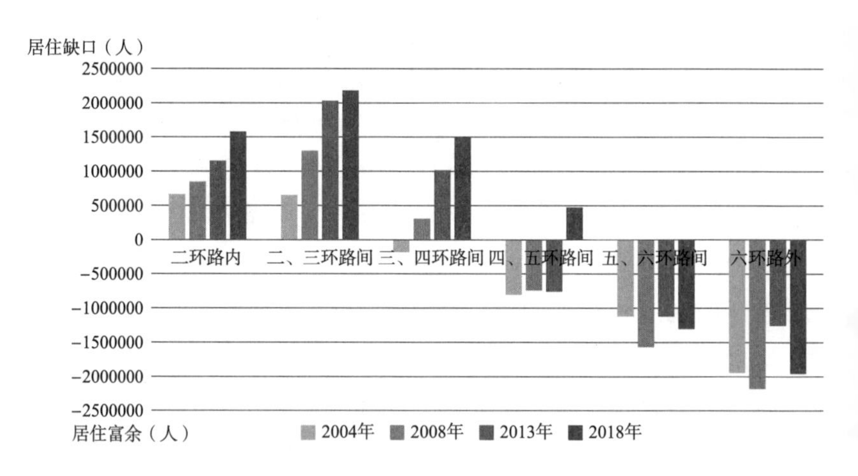

图 4–5　2004 年、2008 年、2013 年、2018 年分环路居住供给缺口量

4.2.2　职住失配的驱动力

4.2.2.1　住房供给总量不足和住房人群差异扩大带来居住外迁

从北京住房供需的关系来看，一直存在一定的总量缺口，近几年随着人口调控政策的实施有所缓解。据估算，2002~2012 年，北京的住房供应缺口大约为 100 万套。2012 年全市住房面积 4.6 亿 m^2，城镇居民人均住房建筑面积为 26m^2（平均每 2.88 人 1 套）。按上述标准估计，2002~2012 年，住宅建筑面积增加了 1.75 亿 m^2，合 147 万套；人口增长 646 万，按家庭户规模 2.5 人计算，合 258 万户。相比人口增长，住房供应量依然相对不足（2008 年后供应放缓）。2019 年全市城镇居民套户比约为 0.82，距离 1 的套户比还有一定提升空间。从结构上来看，全市 955 万套承担居住功能的房屋中，国有土地上合法成套住房有 642 万套，约占 67.2%，还有大量的非成套住房、集体土地上的宅基地住房和其他各类承担居住功能房屋。

同时，北京的房租负担较重，不同人群的住房差距还在迅速扩大。根据北京统计年鉴数据，2018 年全市人均可支配收入 6.24 万元，即每月约 5200 元，而同期平均房租约为 92.33 元 / 月 /m^2[1]。亦即，如果租一个 30m^2 的单间，每月房租约 2770 元，约为每月可支配收入的 53%。对新毕业的应届生来说，由于工作初期工资收入较低，租房支出往往在总支出中占据较大份额，选择相对远离市中心、远离就业地的租住地也成为节省支出的策略，但也相应拉长了通勤距离。根据《青年蓝皮书：中国青年发展报告（2014）No.2》[2] 的调查结果，2013 年在京青年人才平均月房租为 1993.4 元，占人均月收入的 37.1%。根据《北京社会建设分析报告（2013）》[3] 调查结果，北京本地城镇户籍居民的平均住房数量是 1.2 套 / 户；新正式移民（即 2008 年以后户籍迁入北京的居民）随着房租逐年上涨，住房状况甚至恶化；而流动人口住房人均使用面积仅为 5.6m^2。同时，2016 年上半年，全市居民人均出租房屋净收入同比增长 31.1%[4]，增幅远远超过 GDP 增速（2016 上半年 6.7%），也超过了居民收入增速（2016 全年 8.7%）。迅速增长的租金使租房者或者缩小租房面积，或者逐渐外迁，加重了职住分离和非正规居住现象。

4.2.2.2 高企的房价收入比让大多数就业者无法就地、就近平衡职住

就业人群的收入存在着较大的结构性差距，且分行业的收入差距在一定程度上还呈扩大趋势（图 4-6、图 4-7）。2013 年北京分行业平

---

[1] 人民网．北京租房报告：月薪一万　租不起房 [EB/OL].（2018-08-24）/[2020-10-07]. http：//industry.people.com.cn/n1/2018/0824/c413883-30249563.html.

[2] 廉思，等．中国青年发展报告 No.2　流动时代下的安居 [M]. 北京：社会科学文献出版社，2014.

[3] 陆学艺，宋贵伦．2013 年北京社会建设分析报告 [M]. 北京：社会科学文献出版社，2013.

[4] 人民网．北京房租上涨快 居民人均房租净收入年增三成 [EB/OL].（2016-07-22）/[2020-10-07]. http：//finance.people.com.cn/n1/2016/0722/c1004-28574968.html.

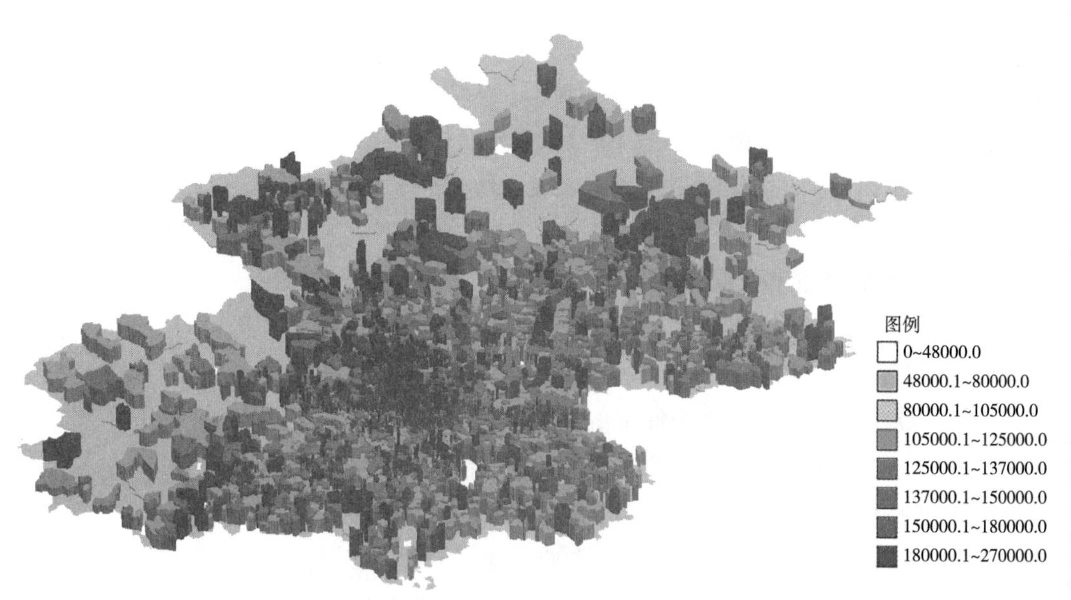

图 4-6　2018 年全市各社区就业者平均年收入分布图

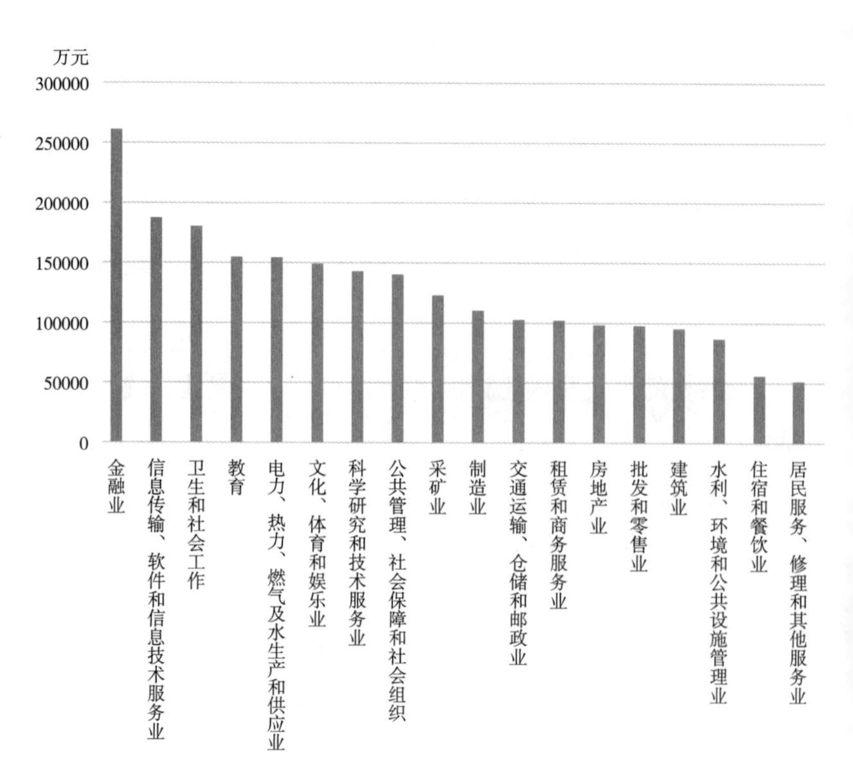

图 4-7　2018 年全市分行业从业人员平均年收入对比

均年收入最高的约20万元，最低的约4万[1]，二者之比超过5倍，差值超过16万元。到2018年，平均年收入最高的达26万元，年均增长率5.39%，最低的5万元，年均增长率4.56%，差值超过20万元。对比就业地同区位的房价，在中心城区内，一套面积90m²的房屋房价与家庭年收入[2]之比普遍在20倍以上。中心城区之外的区，虽然房价与家庭年收入比较低，但也都在4倍以上，市郊平原地区也普遍在15倍以上（图4-8）。高企的房价收入比让大多数就业者几乎不可能自行就地、就近平衡职住。

其中，收入水平高者（如金融业的平均工资水平）受区位影响较小，在全市买房可负担性均较好；收入水平低者（如住宿和餐饮业平均工资水平）多以宿舍等租住为主，在空间上也便于职住的近接；最为艰难的是中等收入者，尤其是中等偏低者（如租赁和商务服务业平均工资水平），其

图4-8 全市平均收入家庭就业所在地的房价与家庭年收入比分布图

---

[1] 不计农、林、牧、渔业的其他行业从业人员平均工资比较。

[2] 房价取链家网统计各区均价。家庭年收入按双职工计算。

就业位置大多集中在中心城区，但其可负担的住房区位却集中在更外围地区，职、住区位的可选余地最低，按照目前的政策，这一类收入群体对职住分离的现实只能接受(图 4-9)。但中等收入者占全市就业者的比例较高，若不能有效缓解这类人群职住分离的困境，将使当前大规模、长距离通勤居高不下，城市拥堵等“大城市病”难以解决。

4.2.2.3 职、住政策带来的空间分离

面向中低收入者的政策性住房选址布局与居民需求不匹配。以保障性住房为例，其选址更侧重降低成本，保障房的空间布局呈现“向外扩散、多核集聚”特征，使中低收入者的“住”不得不远离“职”。“十五”时期，保障性住房主要分布于五环路周边的中心城外围地区与边缘集团；“十一五”时期开始向外扩散至五、六环路地区与新城地区；“十二五”时期，其布局变得更加均衡，覆盖三至六环路与新城地区，向东、南、西三个方向扩散，丰台集团、亦庄新城、门头沟新城、顺义新城成为新的保障房建设热点地区（史亮，2013）。而中低收入者的就业地则集中在四环路内。保障房的居民也成为职住分离程度最大的群体。2007~2011 年，85% 的保障性住房位于五环路以外，而 2004 年之后新建的可支付性住房项目的就业可达性更差一些，公共交通覆盖范围和交通便利程度有所下降，外围地区公共服务设施数量和品质与中心城差异明显，部分项目配租率较低。

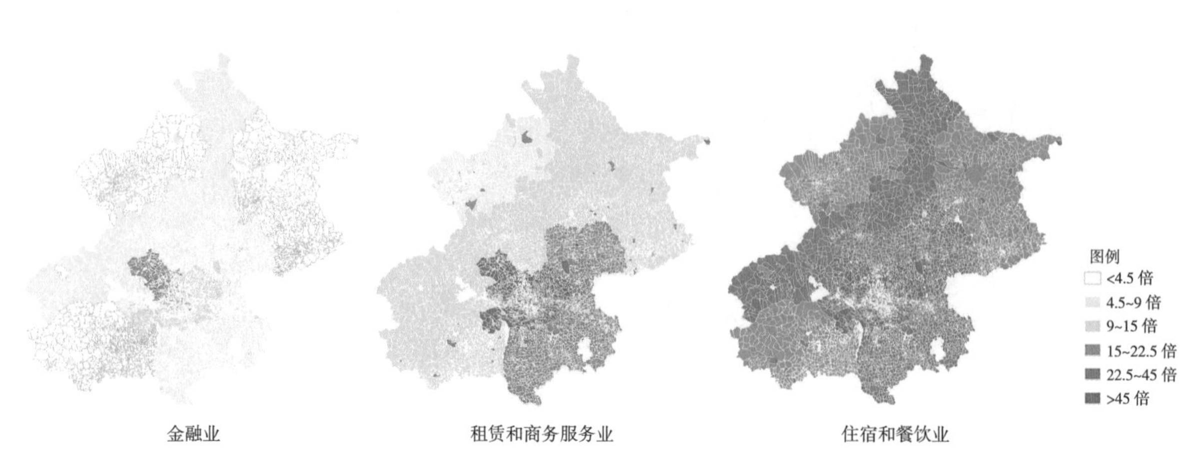

图 4-9 部分行业从业人员分布与平均工资下房价与收入比示意图

4.2.2.4 就业摊大饼 + 轨道交通，导致职住空间错位更加复杂

就业中心化和就业郊区化并存。一些中心地区的就业日益集中，居住人口则在下降，如 CBD、金融街、中关村核心区等一些重点功能区；大量郊区产业功能区的生活服务配套设施建设滞后，导致局部区域居住人群和就业岗位存在严重错位；一些地区的就业人口在减少，居住人口在上升，如昌平南部地区、高碑店、平房；长距离轨道交通带来了出行的便捷，但也在一定程度上加快了居住、就业的空间分化（图 4-10）。

图 4-10 常住人口和就业岗位增量分布图

4.3 职住格局中边缘城镇的角色及职住状况

北京城市职住关系从空间失配走向总量和空间的双重失配，中心城区就业空间整体呈现“摊大饼”式增长。在全市各圈层普遍“职”大于“住”、居住地分圈层挤出及大规模跨区域通勤的背景下，边缘城镇的角色和职住呈现三种状况：在大部分“职”大于“住”的区域，“边缘睡城”起到平衡职住关系、避免更大规模跨界通勤的作用；从职住严重失衡到产居融合发展，“边缘科技城”呈现另一种职住模式；在交通廊道上就业中心和居住中心的长距离分离，将引发长距离的钟摆式交通，合理增设新中心会起到截流和分流效果。

4.3.1 边缘睡城：联动周边定位功能，平衡整体职住关系

“边缘睡城”回龙观和曾经的“睡城”望京经历了不同的发展过程。回龙观一直扮演着“睡城”的角色，而望京则逐步发展成为全市第五大就业中心。放在周边区域整体职住格局中看，两者无疑都是成功的。

4.3.1.1 回龙观：平衡周边就业中心，避免更长距离的跨区域通勤

如果从局部、个体本身来评价北京城市边缘集团的发展，形成的若干“睡城”无疑是失败的。但站在全局的角度和北京发展的实际情况来看，由于就业集聚的规律使然，中心地区职住必然会出现严重失衡，而某些边缘集团恰恰为中心地区的就业者提供了一定规模的居住空间。以常被诟病为“睡城”的回龙观为例。回龙观属于清河集团，周边多个以信息产业为主的科技园区是北京市主要的就业中心。回龙观居住人口的就业地主要集中在中心地区的中关村、八达岭高速路西侧的大上地地区（包括上地信息产业基地和软件园）。而大上地地区就业人口以“码农”为主，工作时间长，加班多，主要住在以上地为中心的5km左右范围内，集中在两大区域，即大上地地区和八达岭高速路东侧的西三旗—回龙观地区（图4-11）。

作为“睡城”的回龙观缓解了中心城区的职住失衡，更与大上地地区形成职住近接。如果回龙观自身向着职住平衡方向发展，则中关村、大上

图 4-11　回龙观居住人口的就业地（左）、大上地地区就业人口居住地（右）示意图
资料来源：北京城市象限科技有限公司开发的人迹地图

地的从业者只能向更远的外围空间寻求居住，居住地的进一步外移将形成更大规模、更长距离的跨区域通勤。对回龙观来说，需要的是完善生活性服务设施和连接高速路东、西两侧的交通设施，而非植入大规模的生产性就业岗位。所以，站在全局的角度来看，中心地区大型就业中心边缘需要“睡城”，某些边缘集团作为“睡城”的功能定位有其合理性。

4.3.1.2　望京：补充就业岗位，促进东北方向职住平衡

不同于城市西北部始于中华人民共和国成立以来的科研院校和科技园区聚集，城市东北部主要分布有北苑、望京（酒仙桥集团的一部分）、东坝等几个大型居住组团，缺乏就业岗位。为了改变这一状况，2002 年北京市编制了《望京地区土地使用规划整合》，借助其与首都国际机场和市中心距离适中的优势，开始大力发展产业。望京地区逐渐从一个“睡城”转向以阿里巴巴为代表的互联网公司、跨国公司总部及研发中心的集聚地，至 2013 年已发展成为仅次于 CBD、金融街、中关村、上地的北京第五大就业中心。2002 年，望京地区规划居住人口 33 万人，规划就业岗位 11.5 万人，而当时就业人口仅 1 万人左右。截至 2018 年，望京地区就业人口达 37 万人，就业人口密度近 2 万人 /km^2，近几年来增速呈加快的趋势。

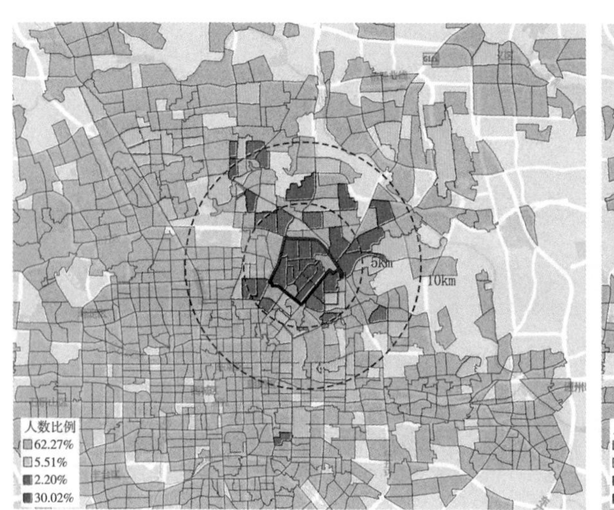

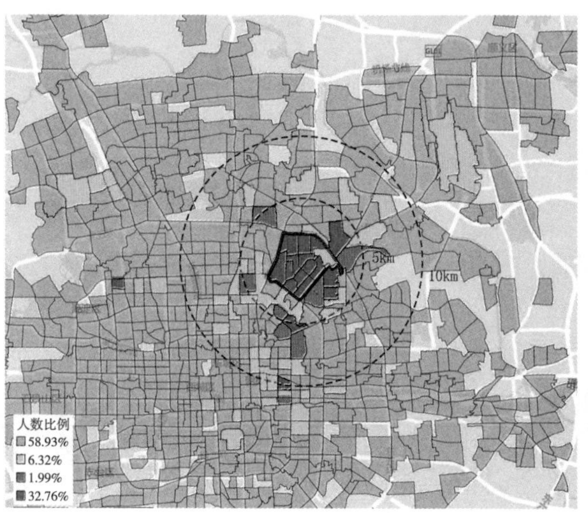

图 4-12　望京就业人口的居住地（左）、居住人口的就业地（右）示意图

资料来源：北京城市象限科技有限公司开发的人迹地图

从就业—居住空间分布来看（图 4-12），当前望京就业人群的主要居住地为望京所在的酒仙桥集团、北苑集团及向东北机场方向延伸的地区，占总通勤量的 50% 以上。与中心地区之间的跨区域通勤由 2005 年的 52.3% 降到 2013 年的 28.4%。随着轨道交通和高速公路建设，其就业辐射逐步增强，居住空间分布不断向临近的边缘集团和近郊地区延伸，对东北方向地区"住"大于"职"的问题起到很好的平衡作用。

4.3.2　边缘科技城：　逐步转型为产城融合发展的综合组团

亦庄和垡头都曾是"有业无城"的科技（工业）园区，都经历了产城融合发展。亦庄以综合新城为发展目标，垡头转型后为周边就业中心提供了大量的居住空间。

4.3.2.1　亦庄：居住区与产业区"同步成长"策略推动职住近接

亦庄新城[1] 距离天安门 16.5km，是北京东南部一个比较独立的功能组

[1] 根据《亦庄新城规划（2005 年—2020 年）》，亦庄新城包括北京经济技术开发区（享受国家级开发区和高新区政策，简称开发区）的全部以及大兴区和通州区部分地区，含七个片区：核心区、河西区、路东区、亦庄枢纽站前综合区、马驹桥居住组团、物流基地、六环路路南区，其中核心区的全部以及河西区和路东区的局部属于开发区，河西区和六环路路南区的局部属于大兴区，其他属于通州区。

团。在初期规划中考虑了较平衡的职住用地设置，1992年《亦庄工业区总体规划》中规划居住用地与工业用地之比约为0.56∶1。但在强烈的产业发展动力驱动下，实际投放的工业用地远多于居住用地，2000年现状居住用地与工业用地之比仅为0.25∶1。“先产后城”的建设方式使亦庄内的居住建设滞后于产业的发展，大量就业者每天从开发区外前往开发区通勤。其中，就业人口中的“蓝领”多租住在就近的民居，通勤距离相对较近，而“白领”大多居住在中心城区，依靠通勤班车、自驾或公共交通上班，通勤距离更长（郑国，2007）。因此急需补充居住空间，与已有的就业岗位平衡。

2004年以来，亦庄新城通过居住区与产业区的“职住近接”“同步成长”等策略（图4–13）对职住失衡的问题进行改善。一是对区域的定位认识从最初的产业开发区调整为综合性新城，逐步强调构筑中心城区的反磁力系统，《亦庄新城规划（2005年—2020年）》在开发区范围内规划了18.04km^{2}居住用地和27.62km^{2}工业用地，将二者比例控制在0.65∶1左右。

图4–13 亦庄新城职住发展模式示意图

资料来源：北京市城市规划设计研究院.亦庄新城规划（2005年—2020年）[Z]，2005.

二是设置了河西区、马驹桥等较集中的居住组团，吸引职工就近居住。三是结合存量工业用地更新，利用工业用地配套指标建设集体宿舍，鼓励集中建设，面向技术工人、企业中层、高端人才不同对象，建设院区租赁房、公共租赁房、单身公寓、人才公租房、共有产权房、普通商品房、高端商品房等，形成“基本住房有保障，中端需求有支持，高端需求有市场”的住房体系。

考察实施效果，根据开发区历次出行调查，开发区企事业职工在开发区内居住比例逐渐升高，从2008年的19.64%逐渐增长至2011年的25.46%、2019年的34.1%。同时，职工上下班通勤时间和长时间通勤的职工比例逐渐降低，职工平均上班通勤时间从2008年的59.66min变为2011年的33.89min和2019年的40.8min。2008、2011和2019年平均下班通勤时间为63.98min、48.77min和42.4min，上班通勤时间在1h以上的职工比例为40.36%、4.32%、13.69%，有效推进了职住近接（图4-14、图4-15）。

4.3.2.2 垡头：工业区转型后为CBD就业者提供居住空间

垡头曾是北京重要的工业基地，布置有焦化厂、染料厂、玻璃二厂、

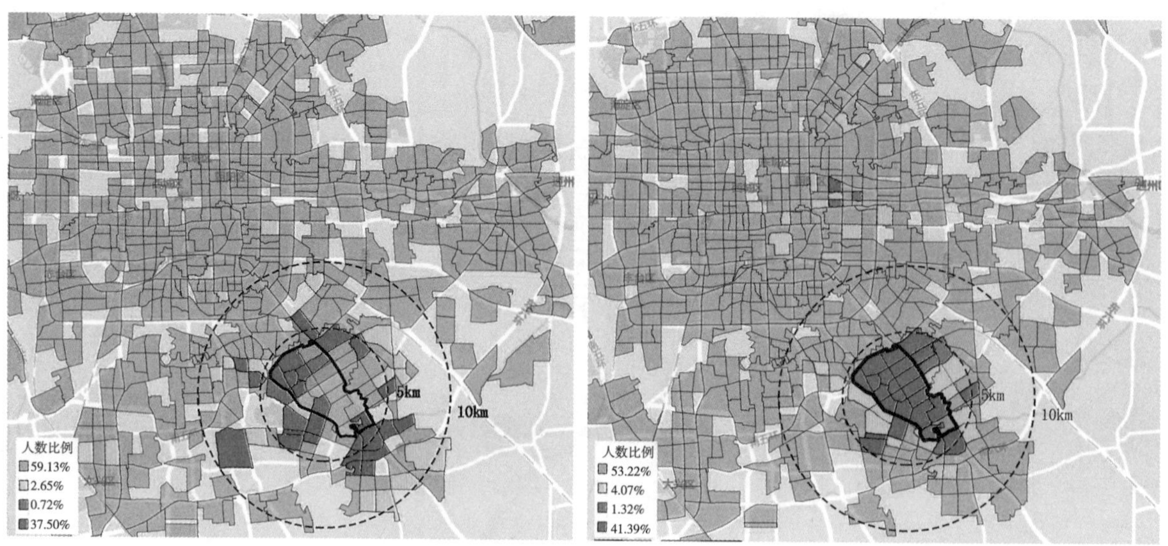

图4-14　开发区就业人口的居住地（左）、居住人口的就业地（右）示意图

资料来源：北京城市象限科技有限公司开发的人迹地图

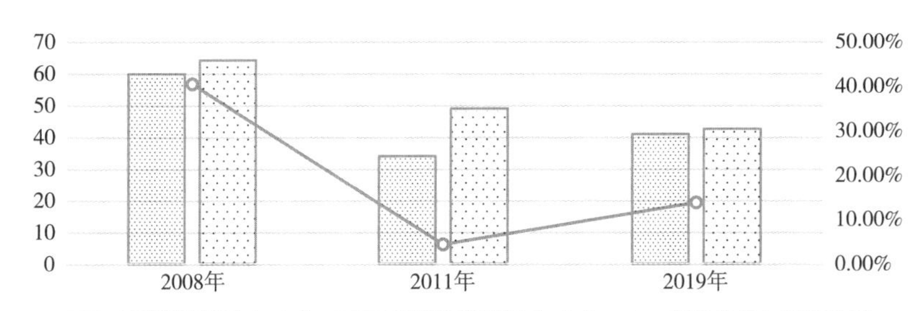

图 4-15　开发区职工平均上下班通勤时间和长时间通勤比例

资料来源：根据历次亦庄职住调查整理

化工八厂、荧光灯厂、高压气瓶厂等工厂，并配套建设了职工宿舍区。在92版北京总体规划中被确定为10个边缘集团之一，逐渐开展了工业企业的搬迁和用地功能调整。随着工厂的转制搬迁、下岗职工安置，以及各类政策性住房小区的建设，垡头已转变为以居住功能为主的组团。当前垡头组团的就业人口大多来自周边临近区域，同时也在一定程度上为CBD的就业人群提供了居住空间（图 4-16）。但是，组团内建设的大量政策性住房（如翠城馨园经济适用房小区，建工双合家园两限房、廉租房小区），使其面向的居住人群与CBD就业者之间还存在一定的结构不匹配，对就业中心的平衡能力还有待加强。因此，从总体策略来说，既应持续注重组

图 4-16　垡头就业人口的居住地（左）、居住人口的就业地（右）示意图

资料来源：北京城市象限科技有限公司开发的人迹地图

团内就业与居住在结构上的就近平衡，也应在数量和品质上为CBD的就业人口提供充足的居住供给，避免CBD的就业者因缺少居住供给产生更长距离的跨区通勤。

4.3.3 交通廊道：提升廊道中部截流、外部分流能力，缓解钟摆式长距离出行现象

京通燕廊道和京开固廊道是北京市面向区域发展非常重要的两个方向，廊道上钟摆式长距离出行现象严重。从长远看，城市副中心和大兴国际机场两个大型就业中心的建设将起到截流和分流就业的作用。

4.3.3.1 京通燕廊道：就业、居住中心分居两端，廊道中部截流作用有待进一步发挥

京通燕廊道上自西向东分布有CBD、定福庄（中心城边缘城镇）、通州（北京城市副中心所在地）、燕郊（市域外缘城镇）。其中，位于中心地区的CBD是北京市第一大就业中心。2018年CBD地区就业人口89万人，远高于金融街地区的30万人、中关村地区的51万人；就业密度6.8万人/km^2，低于金融街地区的7.7万人/km^2，远高中关村地区的4.3万人/km^2。CBD就业辐射范围较大，就业人口的主要居住地分布除了半径5km的周边地区外，也包括半径10km的定福庄、20km的通州以及30km外的燕郊。定福庄、通州、燕郊均是“住”大于“职”，其居住人口中最主要的非本地就业地均为CBD。燕郊在北京就业人口约30万人，而在临近的通州就业量并不大，现状“有城无业”的通州未能对燕郊流向北京的就业人口起到截流作用（图4–17~图4–20）。

京通燕廊道是一个功能失衡、职住失衡的极端案例。其一端是全市最大的就业中心（随着在建的超高层建筑等一系列建筑的投入使用，其就业规模将进一步增长），向另一端延伸超30km的廊道上分布有三个超大型居住城镇，由于职住空间建设时序缺乏统筹安排及市场推动，这些城镇之间缺乏其他大型的就业地。廊道上现有两条地铁、两条高速公路和一条主干道，但早晚潮汐交通和拥堵现象仍然非常严重，尤其是市区与燕郊通勤距离达30km且缺乏轨道交通支撑，耗时更长。

图 4-17 CBD 就业人口的居住地示意图

资料来源：北京城市象限科技有限公司开发的人迹地图

图 4-18 定福庄居住人口的就业地示意图

资料来源：北京城市象限科技有限公司开发的人迹地图

图 4-19　通州临近轨道 6 号线、八通线片区居住人口的就业地示意图

资料来源：北京城市象限科技有限公司开发的人迹地图

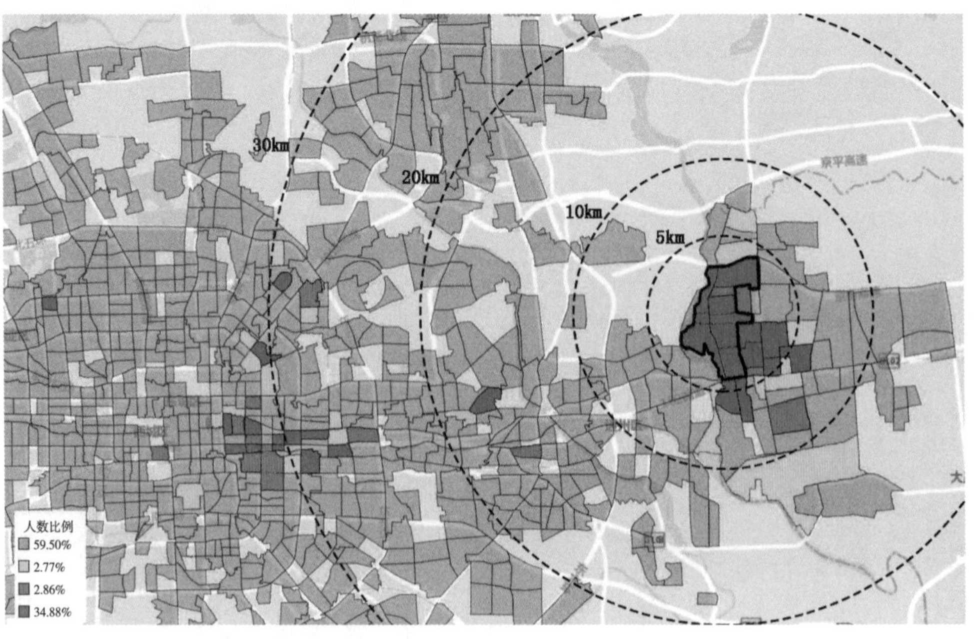

图 4-20　燕郊居住人口的就业地示意图

资料来源：北京城市象限科技有限公司开发的人迹地图

4.3.3.2 京开固廊道：大兴机场作为新就业中心将为现有廊道提供外部分流

京开固廊道即沿京开高速，由大兴新城向南经庞各庄、榆垡、大兴机场而至河北固安的廊道。大兴（黄村）在各版北京城市总体规划中都是重要的功能组团。1982 版总规已将黄村纳入重点发展的卫星城镇，主要安排贸易、展销机构和轻工业。1992 版总规明确了向南的发展廊道，指出北京“向南又有主要铁路、公路干线通向广大中原腹地和东南沿海经济发达地区，具有明显的优越条件，将成为北京城市发展的主要方向”，进一步强化了大兴的卫星城地位。随着生物医药、商业物流等功能在大兴新城的布局，形成了一批就业岗位，组团内部职住形成近接。但中心城区被“挤出”的居住人口也大规模在此集聚，而其就业地仍在中心城区（图 4-21）。这一批人群职住地点的分离使早晚高峰时段地铁 4 号线—大兴线的拥挤现象尤为突出。

从常住人口与就业岗位总量上看，廊道总体呈现“住多于职”的情况。2018 年大兴区（包含亦庄开发区）常住人口 179.6 万人，法人单位从

图 4-21 大兴新城就业人口的居住地（左）、居住人口的就业地（右）示意图

资料来源：北京城市象限科技有限公司开发的人迹地图

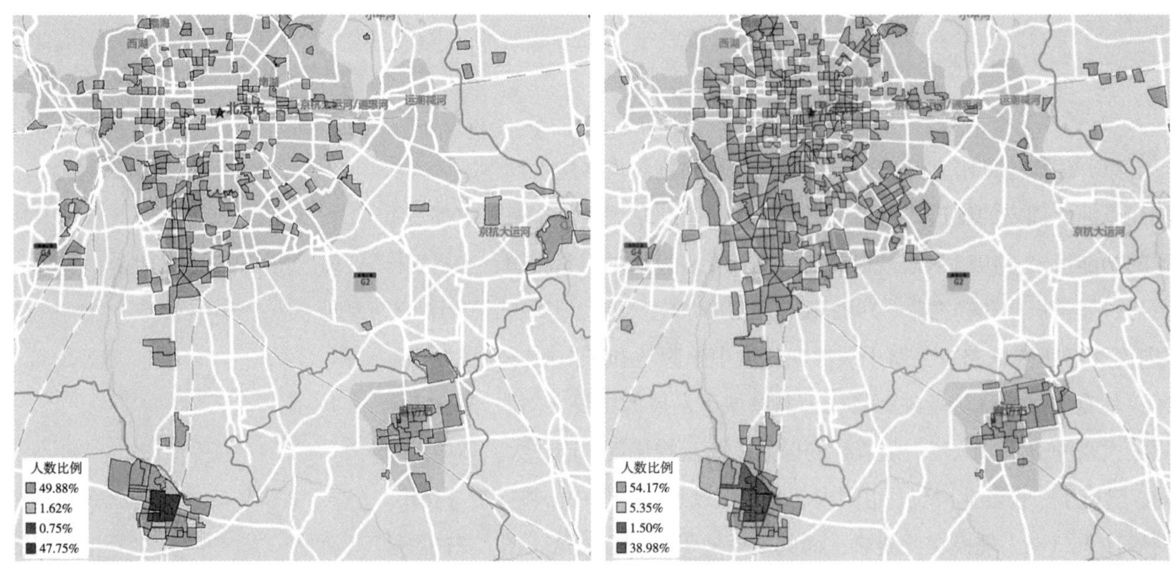

图 4-22 固安就业人口的居住地（左）、居住人口的就业地（右）示意图

资料来源：北京城市象限科技有限公司开发的人迹地图

业人员 37.95 万人，职住比约为 1 ∶ 4.7，居住多于就业。考虑到亦庄开发区就业多于居住的情况，除去亦庄开发区大兴部分后，京开固廊道上的居住比就业数值将更高。同时还有来自固安的远距离通勤(图 4–22)。近年来低效产业的疏解使廊道内法人单位从业人员规模存在进一步下降的趋势。在这种情况下，以京开固廊道为典型的平原多点地区的主要发展廊道，如果承接中心城区迁移的人口快于承接中心城区转移的产业，有可能进一步扩大职住失衡，加剧早晚潮汐交通和拥堵现象。

与京通燕廊道需在内部强化截流不同的是，在大兴国际机场投入运营、大兴国际机场临空经济区建设完善后，京开固廊道将得以延伸。大兴机场周边产业所集聚的就业，可以促进京开固廊道中居住和就业在总量和空间上的平衡，通过分流降低廊道中的拥堵问题（图 4–23）。

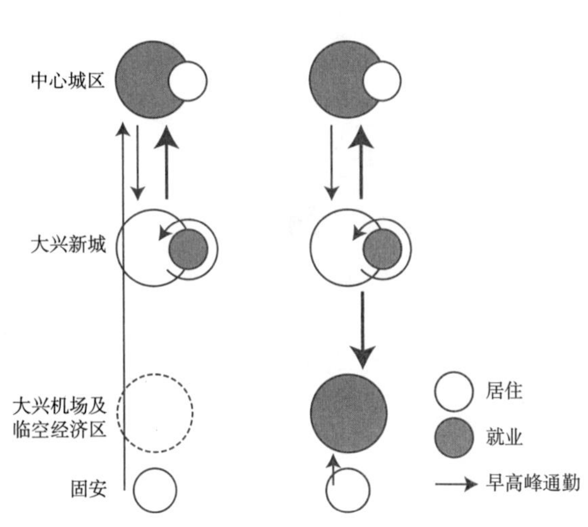

图 4–23 大兴机场及临空经济区建成后对京开固廊道的通勤改善

4.4 职住梯度平衡——边缘城镇职住空间的组织模式

在我国特大城市普遍存在“职”大于“住”、中心地区职住严重失衡、居住地分圈层挤出及大规模跨区域通勤的背景下，崛起中的不同功能定位的边缘城镇为平衡职住关系提供了很好的契机。依托向外辐射的多层次轨道交通，间隔布置就业中心和居住中心，实现职住沿廊道的梯度平衡，成为特大城市职住组织的一种有效模式。这种模式不同于强调局部区域的“自平衡”以及边缘城镇的“独立性”，而是正视就业集聚和职住错位的客观规律，强调基于时间和空间双维度的平衡。这种模式的实现需要站在大都市区整体发展的角度来优化城镇用地结构和多层次的轨道交通网络。

4.4.1 模式：建立特大城市职住梯度平衡的理念

建立职住梯度平衡的理念，一方面，在城市功能安排上，应增强对各城镇组团职住比和空间匹配度的关注，在空间上创造“职住平衡”的可能性；另一方面，更重要的是正视就业集聚和职住空间错位的客观规律，站在大都市区发展的全局角度，根据中心地区的不同功能，依托向外辐射的轨道交通廊道串联城镇（中心地区—边缘集团—新城—外围跨界地区），间隔布置不同的功能组团（图 4-24），强化廊道的复合功能，超越空间距离的限制，在廊道上平衡职住关系，形成“职住梯度分布”的格局。即当中心地区局部区域为超大型就业中心时，急需 15km 半径内的“边缘睡城”为中心地区的就业岗位最大限度地提供居住空间，以就近平衡职住严重失衡的问题，以避免使更远距离的居住人群形成更多的跨界通勤。而 30km 半径上的新城应积极创造就业岗位，一方面减少自身跨区域去中心地区就业，另一方面截流跨界城市组团去中心地区就业；当中心地区局部区域（或周边）为大型居住区时，边缘的科技城可起到平衡职住的作用，而新城在均衡发展职住空间的情况下，也可为科技城的就业岗位提供居住空间，其形成的居住缺口可由外围跨界城市组团提供。在特大城市职住空间沿交通廊道梯度平衡的过程中，边缘城镇不具备“独立性”，也不可能独立，其功能定位与中心地区及新城联动互补。

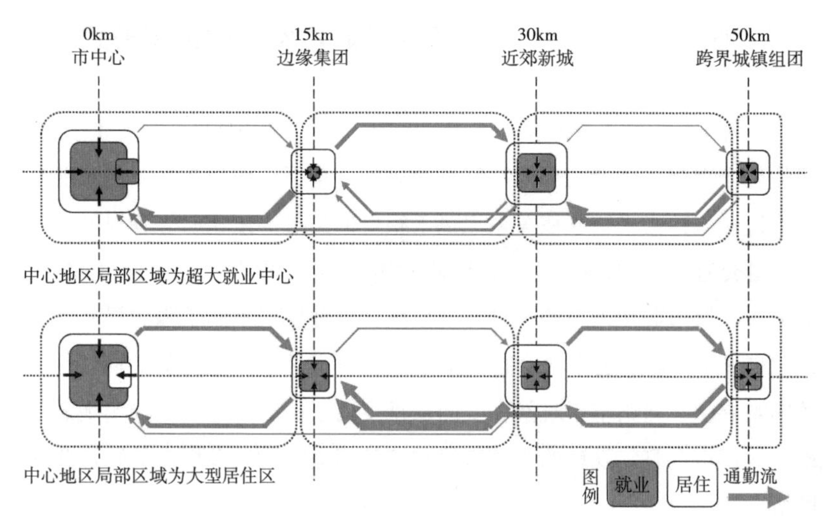

图 4-24 职住梯度平衡模式图

4.4.2 空间：基于职住梯度平衡的边缘城镇功能定位和用地结构优化

我国特大城市经历了约 40 年的经济高速发展，普遍存在重生产、轻生活的现象。《北京城市总体规划（2016 年—2035 年）》针对全市和各城镇组团现状，尤其原 2004 年版总规中既有各区规划职住比普遍偏高的问题（图 4–25），提出在要素配置上统筹把握生产、生活、生态空间的内在联系，大力压缩生产空间规模，提高居住及其配套用地比重，调整优化用地结构和空间布局。

两类边缘城镇应对接大都市区就业中心和产业功能区布局的分布（图 4–26），结合自身区位情况、城市化进程、用地存量资源和交通条件来优化功能定位和用地结构。总体来说，边缘集团应该保留居住属性，为中心地区的就业中心和新城新规划的产业功能区提供就近居住空间。具体来说，10 个边缘集团各有差异，城市西北和东南象限、正东方向分别分布有中关村核心区、北京经济技术开发区、CBD 等成熟的就业区，其市区边缘的西苑、回龙观、定福庄、垡头应保留作为“睡城”的主导功能，完善配套服务设施，适当发展有自身特色的创新创意产业，切忌通过大量产业的植入来追求自身的职住平衡；城市西南象限和正西、正南方向产业相对

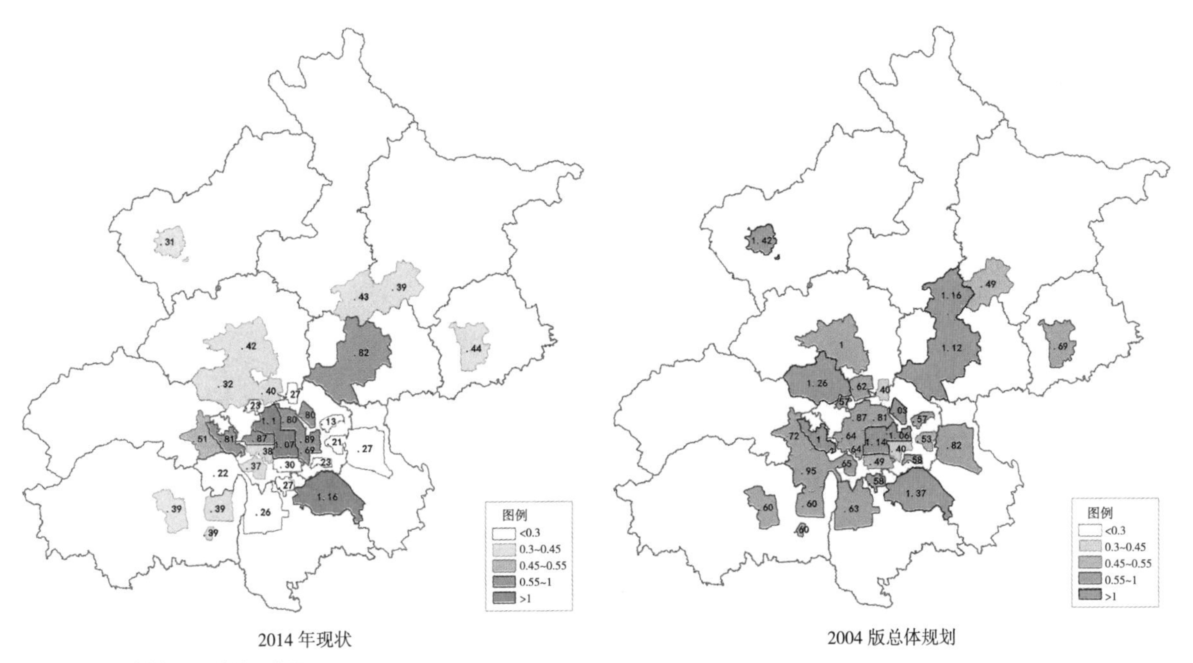

图 4-25 各城镇组团职住比示意图

薄弱，就业规模相对较低，因此石景山、南苑、丰台等边缘集团利用老工业区更新改造、旧机场搬迁发展文化创意产业、教育科研、行政办公、科技商务等功能，平衡现状“住”大于“职”的问题；城市东北象限随着前些年的调整，职住关系整体比较平衡，酒仙桥（包含望京）及更外围的顺义新城均已发展为综合性区域，东坝集团随着使馆区建设和规划产业发展，也将从“睡城”走向综合发展；城市正北部北苑集团是北京市最大的居住社区，目前主要作为中心地区和望京等就业者的居住地，应发展公共配套和适量的产业。

对市域边缘的跨界城市组团来说，随着北京人口调控政策的实施、高房价和限购政策以及中心地区居住成本的增加，北京居住人口的分圈层挤出效应会更加明显，北京同东、南部跨界地区形成的大都市区的通勤关系会进一步紧密，职住空间走向一体化。一方面，跨界城市组团前些年房地产的快速发展为在北京就业者提供了相对廉价的住房，随着北京城市副中心、北京大兴国际机场、北京经济技术开发区的建设发展，其对居住空间的需求也将长期存在；另一方面，跨界城市组团应积极承接北京非首都功

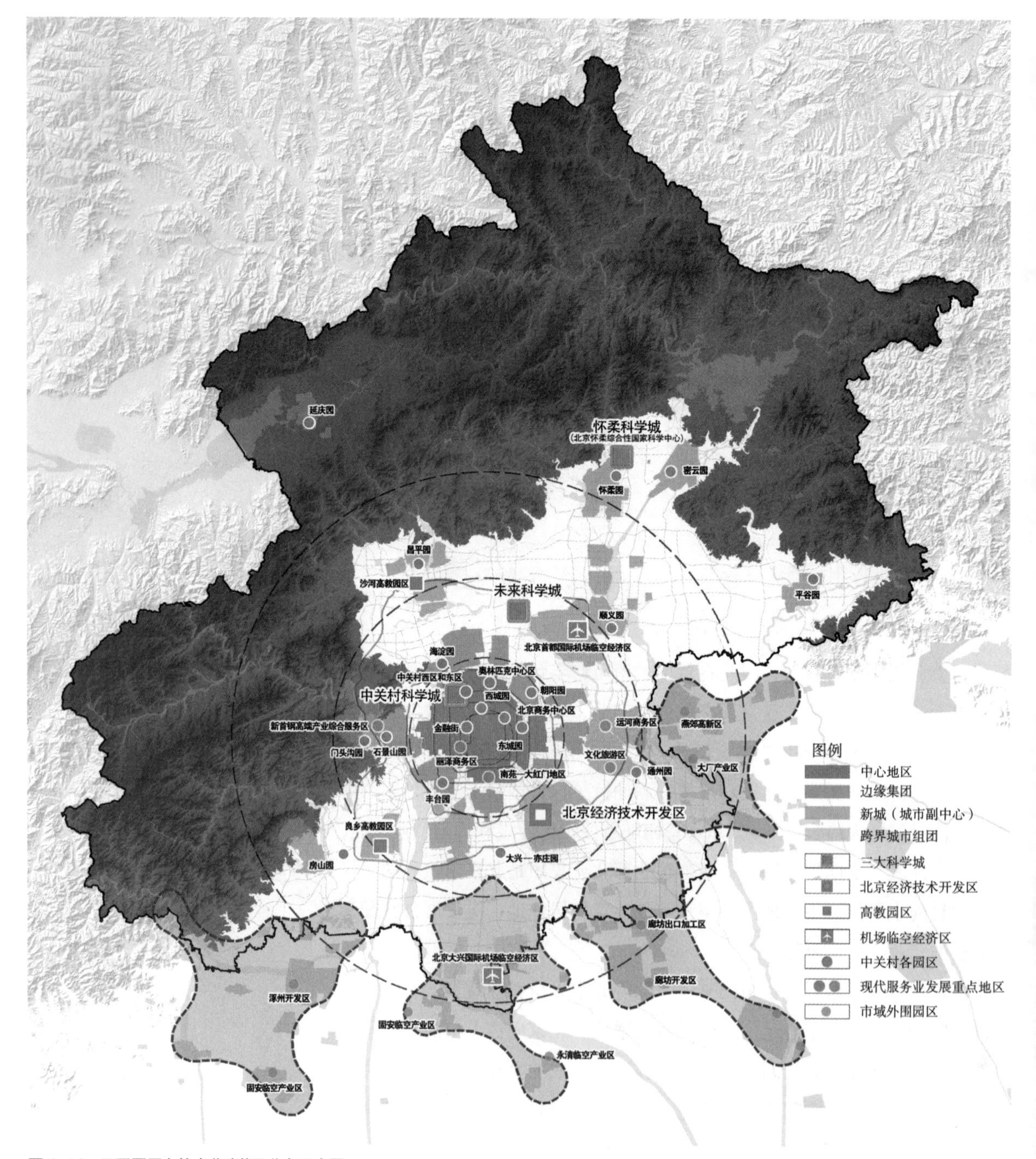

图 4-26　不同圈层上的产业功能区分布示意图

能疏解和产业转移，发展战略性新兴产业和现代服务业，成为“有城有业”的综合性区域。

4.4.3 连接：圈层差异化的轨道交通供给支撑“向心、梯度、圈层”式的通勤流

职住的梯度分布将形成“向心、梯度、圈层”式的就业人口流动，协调多层次（不同速度、运能等）的轨道交通网络来服务不同空间圈层上的城镇和功能节点，加强交通枢纽与主要就业中心、居住中心的结合，支撑这种发展模式（图 4–27）。在第一圈层，人口密集，交通出行量大，出行频繁、距离比较短，主要需要依靠大运量、车站间距密集的地铁、轻轨系统进行客流的疏散；在第二圈层，人口较密集，出行量相对较大，出行起终点主要是中心城区、近郊新城，需要具有运营速度快、站间距大、服务出行距离长、停车少等特点的区域快线系统和市郊铁路；在第三圈层，城镇点和人口分布比较稀疏，出行距离比较长，需要依靠市郊铁路，甚至是速度更快、出行距离远的城际铁路。随着距京 100km 外的雄安新区承接北京部分非首都功能的疏解，原有的职住关系势必会发生变化，京雄两地的出行也需要城际铁路来连接。

《北京城市总体规划（2016 年—2035 年）》提出轨道交通里程从 2016 年的 631km 增加到 2035 年的 2500km。针对目前的轨道交通系统在第一圈层以外效率低的问题，站间距大、服务距离长、速度更快的区域快线

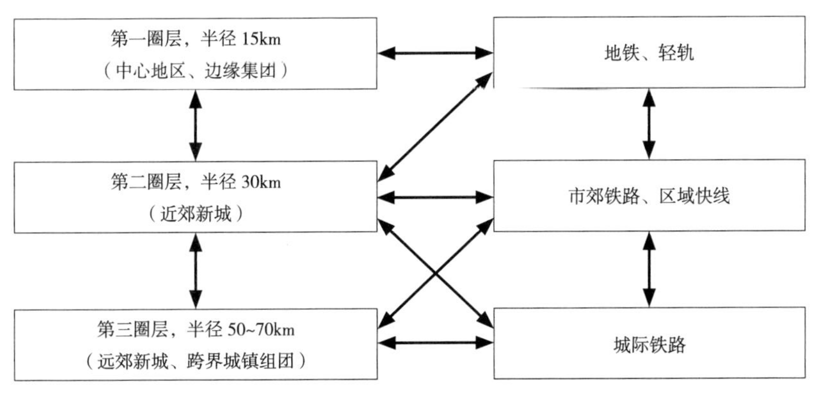

图 4–27 北京各个空间圈层和各层次轨道交通系统的对应关系

和市郊铁路的运营里程未来将达到1000km，可高效支撑空间半径50km甚至更大范围的大都市区的职住组织。在轨道交通廊道上，间隔布置就业中心和居住中心，形成复合功能走廊，产生高效、双向平衡的交通流，实现职住沿廊道的平衡；在站域层面，按照TOD的原则，加强车站周边土地利用、交通组织、公交换乘、空间环境等方面的人性化、细节化设计。通过“廊道上大混合、站域内小混合”实现大都市区职住沿廊道的梯度平衡。

本章参考文献

[1] Garreau J. Edge City：Life on the New Frontier[M]. New York ：Anchor Books Doubleday, 1991.

[2] 北京市规划委员会 . 亦庄新城规划（2005 年—2020 年）[Z]. 2005.

[3] 郑国 . 开发区职住分离问题及解决措施——以北京经济技术开发区为例 [J]. 城市问题，2007（3）：12-15.

[4] 李炜，吴缚龙，尼克菲尔普斯 . 中国特色的“边缘城市”发展：解析上海与北京城市区域向多中心结构的转型 [J]. 国际城市规划，2008（4）：1-6.

[5] 程慧，刘玉亭 . 从开发区建设到中国特色“边缘城市”发展——南沙的实证研究 [J]. 国际城市规划，2012（4）：39-45.

[6] 史亮 . 北京市保障性住房规划选址模型研究 [A]. 中国城市规划学会 . 城市时代，协同规划——2013 中国城市规划年会论文集（07- 居住区规划与房地产）[C]. 中国城市规划学会：中国城市规划学会，2013：19.

[7] 人民网 . 超 5 成北京青年人才租房住 平均月租金为 1993 元 [EB/OL].（2014-04-28）/[2020-10-07]. http：//bj.people.com.cn/n/2014/0428/c233084-21096132.html.

[8] 杨春，杨明 . 边缘城镇崛起引发的关于北京城镇体系的思考 [C]. 2015 中国城市规划年会（贵阳）. 2015.

[9] 北京市人民政府 . 北京城市总体规划（2016 年—2035 年）[Z]. 2017.

[10] 杨明，王吉力，伍毅敏，邱红，茅明睿 . 边缘城镇崛起下的特大城市职住梯度平衡研究——以北京为例 [J]. 城市发展研究，2019（10）：12-20.

5

功能疏解与职住关系

Urban Function Relocation and the Jobs-housing Relationship

5.1 非首都功能疏解要求下的职住关系何去何从

5.1.1 从“聚集资源求增长”到“疏解功能谋发展”

2003~2013 年,北京市的 GDP 每增加 1%,相应增加 0.37% 的常住人口、0.51% 的从业人员、0.11% 的建设用地。一方面，首都经济社会发展成绩显著，但另一方面，北京的自然生态系统却已处于退化状态，面临日趋严峻的人口资源环境压力。为保障城市可持续发展，必须打破聚集资源求增长的惯性，探索人口经济密集地区优化开发的新模式。

2015 年,《京津冀协同发展规划纲要》将疏解北京非首都功能、治理北京“大城市病”、缓解北京交通拥堵等作为京津冀协同发展的关键目标。2016 年,《长江三角洲城市群发展规划》提出，建设具有全球影响力的世界级城市群，要以上海建设全球城市为引领，提升上海全球城市功能，推动非核心功能的疏解。至此，国家从区域一体化的宏观层面，对特大城市提出了功能疏解的要求。在人口、建设用地等发展规模紧约束下倒逼城市功能“瘦身”和发展质量提升，成为应对人口资源环境矛盾、缓解“大城市病”、提高空间效率、增强城市竞争力的重要方式。

在这一背景下,《北京城市总体规划（2016 年—2035 年）》将“有序疏解非首都功能，优化提升首都功能”列入新时期城市的主要发展目标，标志着北京从以规模扩张为主导的发展阶段转向以内涵集约为主导的发展阶段。

5.1.2 从“四类优先疏解功能”到“四类重点关注对象”

《京津冀协同发展规划纲要》将有序疏解北京非首都功能作为京津冀协同发展的关键环节和重中之重。综合考虑与首都功能定位是否相符、与核心功能的紧密关系及疏解难易程度，确定了优先重点疏解四类非首都功能，包括：一般性产业特别是高消耗产业；区域性物流基地、区域性专业市场等部分第三产业；部分教育、医疗、培训机构等社会公共服务功能；部分行政性、事业性服务机构和企业总部。

为聚焦非首都功能疏解要求下北京市域范围内的职住关系变化，城市功能向京外疏解的情况不作为本研究的重点关注对象，因此有必要对研究对象进行二次廓清和划定。通过对北京市非首都功能疏解工作开展以来有关材料的梳理可知：①高消耗产业和区域性物流基地疏解地大多在北京以外地区，对北京市域的职住关系影响不大；②多数培训机构以招收外地来京学员为主，对北京市域的职住关系影响不大；③军队、企业总部的疏解工作公开信息较少。因此，综合考虑已实施的疏解工作重点、受影响人群数量和疏解方向等，本研究将区域性专业市场、高等院校、医疗机构、市属行政事业单位作为重点关注对象（表 5-1）。

表 5-1　本研究界定的非首都功能疏解研究对象列表

序号	非首都功能疏解对象	具体功能类型	本次研究对象
1	一般性产业特别是高消耗产业	工业	—
2	区域性物流基地、区域性专业市场等部分第三产业	区域性物流基地（仓储）	—
		区域性专业市场	√
3	部分教育、医疗、培训机构等社会公共服务功能	大学	√
		培训机构	—
		医疗机构	√
4	部分行政性、事业性服务机构和企业总部	行政事业单位	√
		军队	—
		企业总部	—

据公开数据不完全统计：2014~2018 年全市累计退出一般制造业企业 2648 家。至 2018 年，累计疏解提升市场 581 家、物流中心 106 个，动物园、大红门等区域性批发市场完成撤并升级和外迁，天意、永外城、万通等批发市场实现关停。至 2018 年，累计推动高校向远郊区疏解学生近 3 万名，中国矿业大学、北京师范大学、北京建筑大学等 9 所高校 5100 余名学生入驻新校区。已疏解及正在推进疏解的医疗机构 20 余家，涉及床位 5600 张。2018 年天坛医院老院区实现整体搬迁，减少床位 950 张，新院区全面开诊，平稳运行。2018 年底，北京市四大市级机关和相关市属部门率先启动搬迁，入驻北京城市副中心。

5.1.3 “功能疏解—职住空间—交通组织”的关系再审视

尽管国内外学者早就开始研究城市空间结构对职住分离和通勤的影响，但在功能疏解会加剧还是减缓职住分离方面尚未达成共识。许多学者警示，在城市功能疏解重组过程中，如果对职住分布规律研究和认识不足或措施保障不到位，将可能形成新的就业和居住分离现象，出现“功能疏解让城市更拥堵”的局面，反而加重“大城市病”。如 Horner（2002）利用亚特兰大大都市区的通勤数据建立不同情景的比较评估，发现调节居住分布比调节产业的空间分布更能有效减少通勤。Ma（2006）发现首尔 1990~2000 年的多中心化空间引导措施不如交通进步效果显著。王宏（2013）以济南为例，思考了城市行政中心、高等院校等纷纷外迁和城郊大型住宅区开发建设所带来的双向通勤问题。曾华翔等（2014）发现市场本身可以实现最佳的居住分布结果，如对于职住分布强行干预，反而会扭曲市场。

总的来看，北京非首都功能疏解开启了一个机遇与挑战并存的城市发展新阶段，我们需要以新的视角来审视“功能疏解—职住空间—交通组织”之间的关系。积极研究在这一阶段新出现的就业—居住分离问题和跨区域通勤，可以为城市管理和公共交通部门承载这种职住关系变化带来的冲击做好充足的准备，为北京实现空间结构合理优化、高水平规划建设城市副中心、建设国际一流的和谐宜居之都提供决策参考，并为河北雄安新区建设以及同样面临功能重组选择的其他超大、特大城市提供经验借鉴。

5.2 走进四类非首都功能疏解对象的真实故事

5.2.1 深度探寻：点面结合梳理，多源数据分析

5.2.1.1 建立基础数据库，选取典型案例

本研究结合非首都功能疏解公开信息，利用地理信息系统（GIS）对手机定位数据、智能设备定位数据、问卷调查、北京市三次经济普查数据、北京市用地现状数据等数据源进行综合处理，梳理待疏解的区域性专业市场、政府 / 企事业单位、教育机构、医院的清单及待承接空间，建立非首都功能疏解项目空间数据库。数据库内容涵盖疏解地块的位置信息、疏解

方式、人口、就业、平均容积率、用地规模、建筑规模等方面（图 5-1、图 5-2）。在此基础上，针对四种类型，分别选取典型项目案例开展深入研究（表 5-2）。

表 5-2　选取的典型案例列表

疏解功能	典型案例及首次开展调查时状态	关注人群	研究方法	研究侧重点
区域性专业市场	已启动搬迁或转型：动物园批发市场、大红门、万家灯火、天意等	商户	案例分析、意向调查、跟踪调查	评估疏解政策实施效果，跟踪预测可能造成的新影响
行政事业单位	准备搬迁：列入首批搬迁计划的市级机关	公务员	意向调查、跟踪调查	内部深入调查，分阶段长期跟踪
高校	已有分校：首师大良乡校区、中科院大学怀柔校区等 准备搬迁：人大通州分校、北京电影学院怀柔校区等	教师	意向调查、跟踪调查	评估疏解政策的实施效果，跟踪预测可能造成的新影响
医疗机构	准备搬迁：天坛医院（整体搬迁）、安贞医院（通州分院）等	医生	案例分析、意向调查、跟踪调查	长期跟踪，预测可能造成的新影响

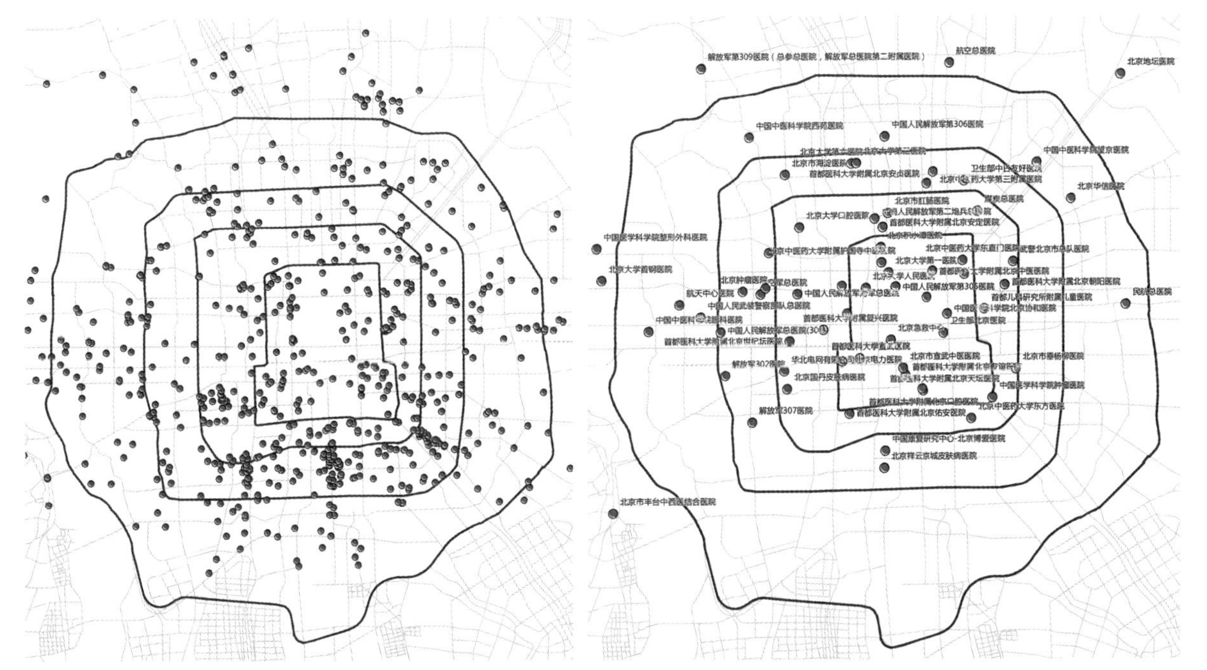

图 5-1　北京市 2015 年、2016 年疏解市场分布示意图　　图 5-2　中心城区三级医院分布示意图

5.2.1.2 大数据调查方法与传统调查方法结合

（1）大数据分析

采用多源数据（智能设备定位、通信基站定位）对比校验的方法，分析典型案例从业者在非首都功能疏解前后的职住及通勤模式变化，获取群体性的特征信息。主要使用了中国联通、百度地图、Talking Data（人迹地图）三个平台的数据，综合不同平台的特长，开展多维度分析。

研究使用的中国联通手机信令数据在北京包含800万活跃用户，人群覆盖较全面，在北京中心城区达到250m×250m的网格精细度。百度地图位置数据基于北京2000万智能设备定位数据，以周为单位实时更新，数据精度最高，可精确到楼栋，并涵盖丰富的人群属性标签信息。Talking Data是国内知名的移动大数据服务平台，数据也是基于智能设备定位数据，经由北京城市象限科技有限公司对原始数据进行定制化加工，在其开发的数据应用平台“人迹地图”确定了全市570万对职住对信息。

研究应用统一的职住统计规则，对不同平台数据进行了调校，包括居住地识别（当月用户在21：00~8：00休息时间停留最长且出现天数超过半个月以上的地点）、工作地识别（当月用户在9：00~17：00工作时间停留最长且出现天数超过半个月以上的地点）、到访识别（在非居住地/工作地停留即为到访）等。

（2）社会调查

针对涉及的已搬迁、计划搬迁人群，开展线上问卷、线下深入访谈相结合的社会调查工作，以获取个体层面典型信息，深入研究从业者对职住空间选择的偏好和考虑因素。问卷主要涉及：基本信息（年龄、性别、学历、职位、工龄、婚姻、收入、家庭构成、户籍）、对搬迁的预期（疏解后倾向的工作地和居住地）、居住情况（疏解前居住地、住房状态、是否考虑搬家、哪些政策下愿意搬家）、通勤状况（疏解前后通勤时间和通勤方式、通勤途中经常性活动）、子女就学影响（通学时间和交通方式的变化）等职住相关内容。与此同时，通过典型个案访谈，深入探究微观个体的职住决策机理。通过多期问卷调查，追踪非首都功能疏解背景下相关人群职住变化的分阶段特征。

5.2.2 专业市场疏解：住随职走，用脚投票

5.2.2.1 基本情况

本研究从 2017 年开始开展专业市场相关研究工作（图 5-3）。2015~2017 年，北京全市累计疏解提升市场 1032 个、物流中心 106 个。其中，2017 年疏解提升市场 241 个、物流中心 55 个，涉及建筑面积约 438 万 m^2。到 2017 年重点地区市场疏解工作全面收官，动物园地区 12 家市场、大红门地区 45 家市场以及天意、万通、永外城市场全部完成疏解提升。

5.2.2.2 总体分析

2017 年 7 月开展了《北京功能疏解下的职住调查问卷》调查工作，针对在北京从事批发零售的工作人员进行调查。其中计划搬迁从业者调查问卷收回有效问卷 434 份，已经搬迁从业者调查问卷收回 170 份（其中在市内批发市场回收 116 份，燕郊东贸市场 54 份）。

（1）人群画像

从样本属性统计来看，计划搬迁从业者性别差异显著，男女比例分别

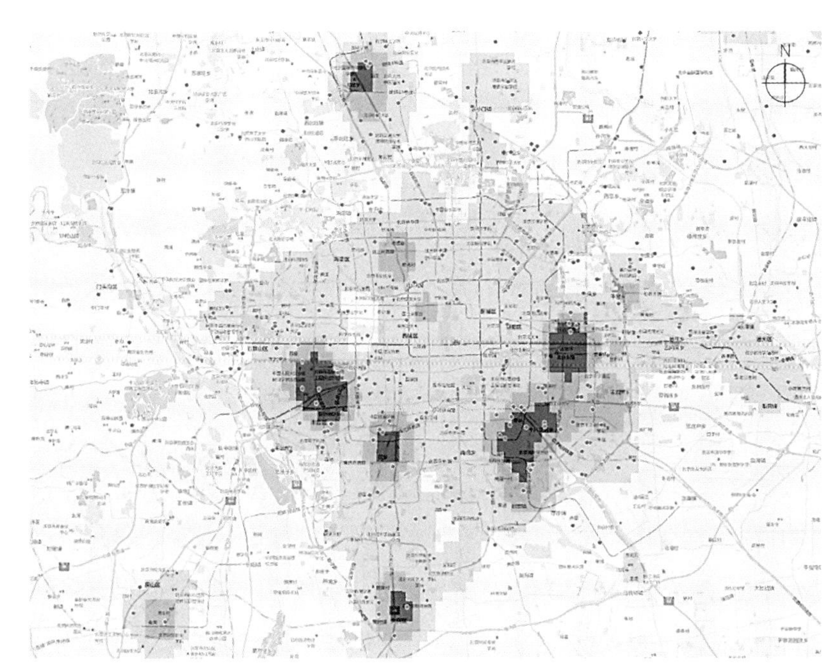

图 5-3 北京市各类专业市场分布热力图

为41.3%、53.4%，符合这一行业从业人员基本特征。受访者年龄主要以30~49岁的中青年为主，占样本总体的58.3%。家庭月总收入为5000~9999元的群体数量最多，比例为31.9%；同时家庭月总收入10000~14999元及3000~4999元的群体比例也相对较多，比例为22.9%和11.2%。

已经搬迁从业者性别比例基本相近，男女比例分别为48.3%、47.4%。年龄主要以30~49岁中青年为主，占样本总体的63.8%。家庭月总收入为5000~9999元的群体数量最多，比例为31.9%；同时家庭月总收入3000~4999元及10000~14999元的群体比例也相对较多，比例为25.9%和13.8%。

从燕郊东贸市场从业者的样本统计来看，性别差异也较小，男女比例分别为48.1%、51.9%。家庭月总收入为10000~14999元的群体数量最多，比例为22.9%；同时家庭月总收入5000~9999元和2万~3万元的群体比例也相对较多，比例皆为18.5%。总体而言，受访者的家庭总收入高于市内受访者。

（2）通勤特征

受访的全部市场从业者在搬迁前的平均通勤时间是29.6min，能忍受的单程最长平均通勤时间是53.5min。对比作者团队2016年对全市居民通勤的调查结果（全体样本的平均通勤时间41.9min），可以发现这一人群的平均通勤时间相对较短。在搬迁前，受访者的通勤工具主要是以公交车和地铁为主，公交车比例稍高于地铁，而采用步行、自行车等绿色交通方式人群也占较高比例（图5-4）。

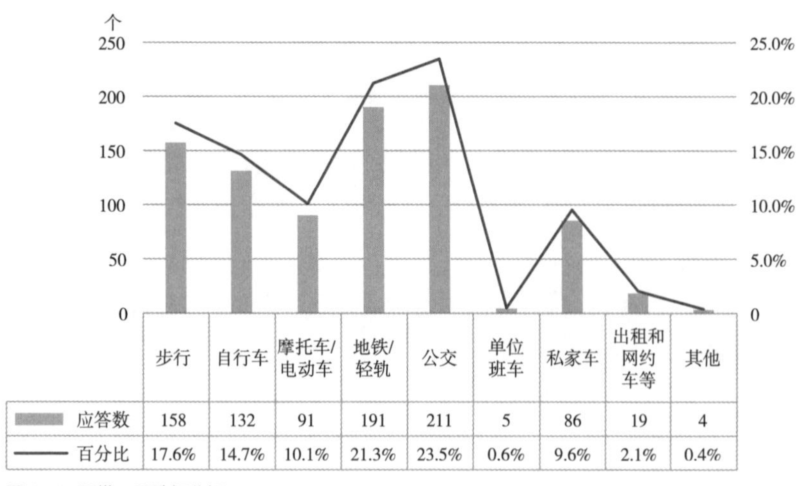

	步行	自行车	摩托车/电动车	地铁/轻轨	公交	单位班车	私家车	出租和网约车等	其他
应答数	158	132	91	191	211	5	86	19	4
百分比	17.6%	14.7%	10.1%	21.3%	23.5%	0.6%	9.6%	2.1%	0.4%

图5-4　通勤工具选择分析

（3）职住选择

1）计划搬迁人员职住关系变化特征及影响因素

计划继续从事批发零售相关工作比例较高。在调查中发现，多数受访者不太清楚所在市场的搬迁计划。但超过七成受访者回答，将来计划继续从事批发零售相关工作，说明受访者对这一业态具有一定的黏性（图 5-5）。

从业者选择未来留在北京及城六区的比例较高，对市场依赖性不强。对受访者提示所在市场已经有搬迁计划后，30.8% 的从业者选择跟随市场去新的搬迁地，说明功能疏解会发挥一定作用。同时，选择留在北京的从业者占比 34.3%（包括在北京继续从事类似工作或更换工作），尚不确定的占比 34.6%，表明市场疏解的“人随业走”成效仍具有一定不确定性。单纯从工作地选择倾向来看，希望留在北京及北京周边的受访者占 82.6%，其中城六区最多，占 45.2%，表明北京中心城区仍然具有较强吸引力（图 5-6）。

进一步分析其原因，倾向于留在北京的调查对象中有 25% 的人认为可以在北京找到地方继续做生意，除此之外占比较大的是因为孩子在北京上学、大部分社会关系都在北京、在北京很容易找到一份新工作、已在北京购房，可见北京自身的多元性、包容性和从业者已经稳定的生活状态是留住相关人群的重要因素（图 5-7）。愿意离开北京的人群中，有 21.3% 认为在北京难以找到满意的工作，社会关系大部分都离开北京这一原因占比 17.1%，而跟随市场搬迁离开的占比仅有 14.7%，表明从业者虽然大部分有意继续从事批发零售业态，但对所在的市场依赖性并不强（图 5-8）。

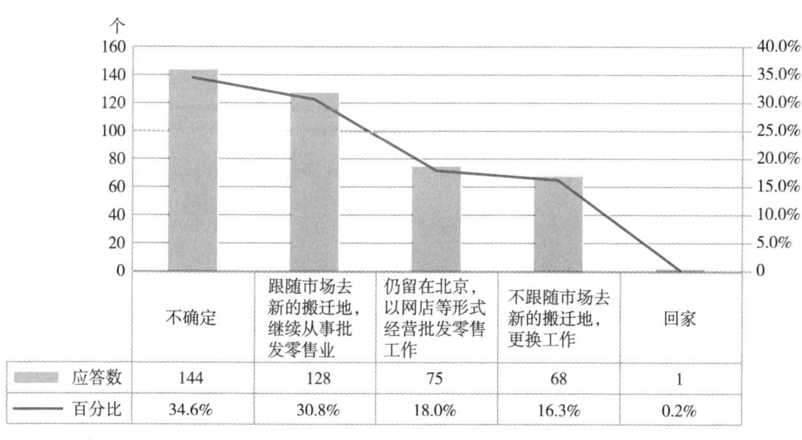

图 5-5　市场搬迁后工作调整计划分析

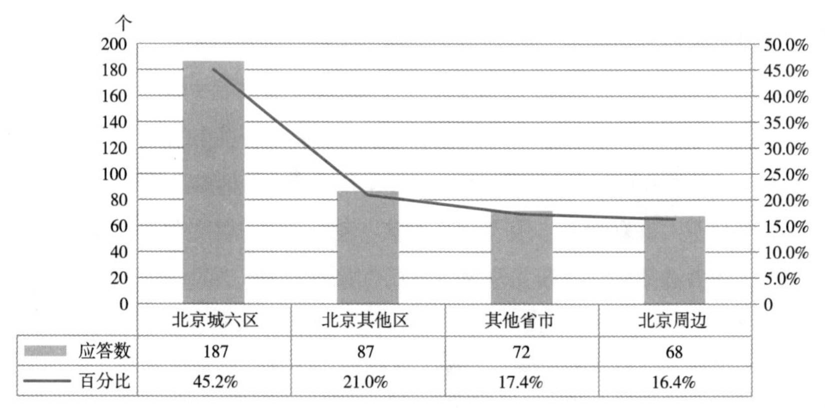

图 5-6　市场搬迁后工作地选择分析

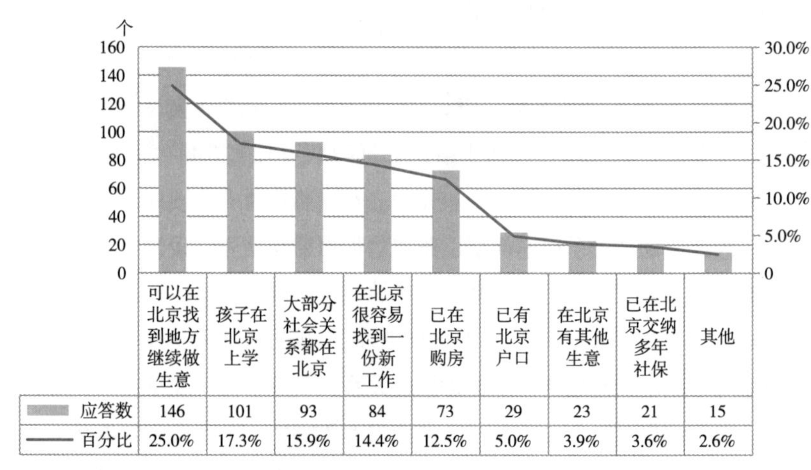

图 5-7　市场搬迁后留在北京原因分析

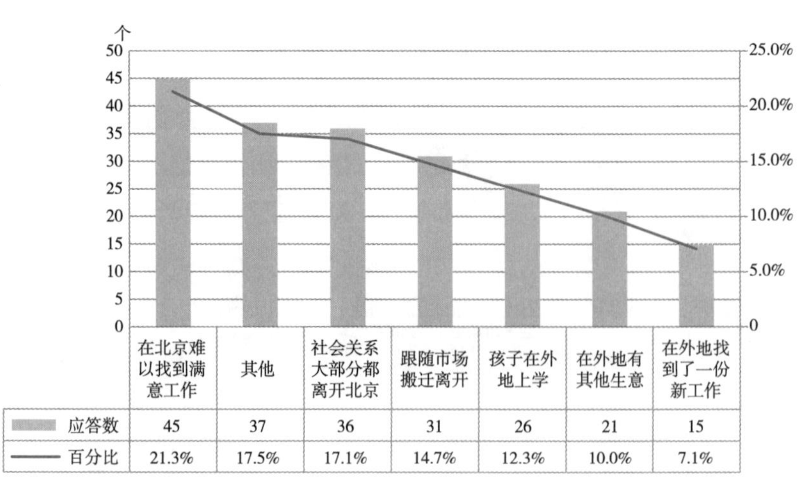

图 5-8　市场搬迁后离开北京原因分析

不因市场搬迁而搬家的比例较高，社会经济属性影响显著。在市场搬迁后的居住地选择方面，表示不会因为市场搬迁而搬家的比重最大为 44.2%，34.4% 的受访者表示会因为市场搬迁而搬家，剩余 21.4% 的受访者表示还未考虑该问题。其中，不愿意搬家的调查对象中有 21.7% 是为了方便孩子上学，21.4% 的人是受到经济原因的限制。愿意搬家的调查对象中有 42.9% 是因为市场搬迁后通勤时间太长而选择搬家。通过分析受访者的社会经济属性发现，高收入者的搬家意愿显著低于中低收入者，自购房居住人群的搬家意愿显著低于租房居住人群，北京本地人的搬家意愿显著低于非本地人，表明社会经济因素对居住选择影响较大。

2）已搬迁人员（不含燕郊部分）职住关系变化特征及影响因素

就业目的地仍选北京的比重较大。调查对象中有 51.7% 的调查对象表示不会离开北京，19.8% 表示会离开，28.4% 的调查对象无法确定。由于本次调查是在市内正常经营的批发市场中调查从已疏解市场搬迁过来的人员，因此选择不会离开北京的比例比上一部分的计划搬迁人员更高。受访者继续留在北京的主要原因是可以在北京找到地方继续做当前的生意，占比 25.6%，其次是在北京很容易找到一份新工作。

选择搬家的样本比例略高于不搬家人群，通勤时间是主要因素，年龄等社会属性也有重要影响。56.4% 的调查对象没有搬家，43.6% 的调查对象因为市场搬迁或停业而搬家。没有搬家的原因中占比最大的是市场搬迁后通勤时间变化不大。这主要是因为很多从业者从确认搬迁的市场转移到附近尚没有搬迁计划的市场中继续从事批发零售业，前后的工作地距离不远。选择搬家的原因占比最大的是市场搬迁后通勤时间太长，占 51.6%。通勤方便仍是居住选择的最主要因素。

通过对从业者的社会经济属性进行交叉分析发现：30 岁以下人群搬家的比不搬家的多；购房居住的人群基本都选择不搬家，租房居住人群的搬家比例高于不搬家的比例；就目前的调查数据而言，孩子有北京户口的都没有选择搬家（图 5-9）。

通勤时间和通勤工具没有明显变化。受访者在原来市场上班时的通勤时间平均为 23.7min，在当前市场上班的通勤时间平均为 24.5min，通勤时间基本没有变化。通勤工具在搬迁前后也没有发生明显变化，通勤特征总

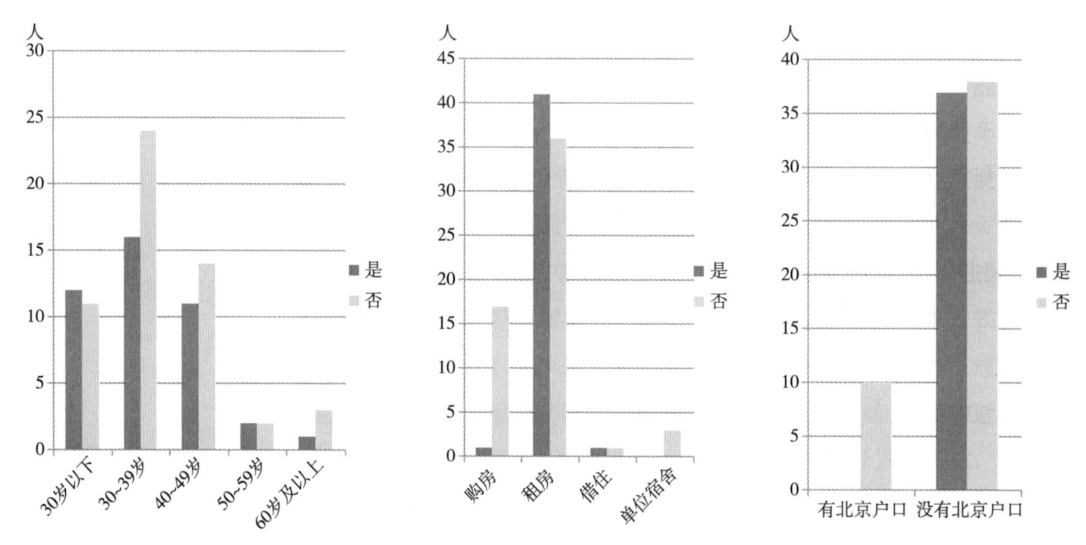

图 5-9 年龄结构（左）、住房状态（中）、孩子户口状态（右）与搬家选择的关系

体较为稳定（图 5-10）。可以看到，由于同一类型的批发市场具有空间集聚特征，在一些作为疏解工作重点的大型市场疏解后，目前其周边仍有可供从业者转移的中小型市场，而市场也仍有对相关行业的需求。要实现整个产业的空间迁移还需要一段时间。

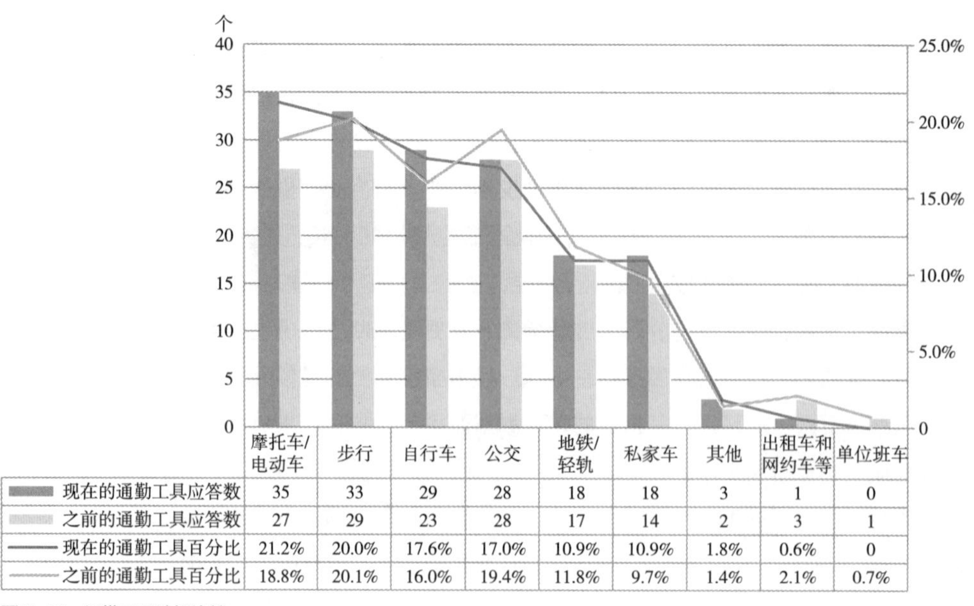

	摩托车/电动车	步行	自行车	公交	地铁/轻轨	私家车	其他	出租车和网约车等	单位班车
现在的通勤工具应答数	35	33	29	28	18	18	3	1	0
之前的通勤工具应答数	27	29	23	28	17	14	2	3	1
现在的通勤工具百分比	21.2%	20.0%	17.6%	17.0%	10.9%	10.9%	1.8%	0.6%	0
之前的通勤工具百分比	18.8%	20.1%	16.0%	19.4%	11.8%	9.7%	1.4%	2.1%	0.7%

图 5-10 通勤工具选择比较

5.2.2.3 动物园服装批发市场案例分析

动物园地区服装批发市场（以下简称“动批”）占地 0.13km^2，包括 12 个市场、1.3 万个摊位，是中国北方地区最有影响力的服装集散地之一，疏解前日均客流量约 6 万 ~7 万人，高峰期达到 10 万人左右（图 5–11）。

作为非首都功能疏解的标志性项目之一，动批计划疏解市场面积 30 万 m^2，疏解从业人员 3 万人，减少流动人口 5 万 ~10 万人。疏解工作从 2015 年开始启动，2017 年 11 月底最后一家市场正式闭市。根据有关资料，2015 年动批地区共疏解从业人员约 13500 人，2016 年疏解约 7800 人，2017 年完成全部剩余从业人员的疏解。

本研究针对动批疏解过程中相关从业人员的职住关系变化，主要采用大数据分析方法进行了多期跟踪研究。

（1）疏解前职住特征：从业者居住地较为集聚

1）居住分布

用三个大数据平台分别分析 2015 年 8 月、2016 年 3 月、2017 年 6 月三个时段的动批从业者居住地，得出的结果基本一致。主要的居住地包括动批周边、紫竹院路周边、海淀区四季青乡的部分村庄、香山的北辛村和南辛村等（图 5–12）。由此可知：①批发市场从业者居住分布较为集中，市场周边以及与市场交通联系较为便利的城乡结合部是从业者主要的居住

图 5–11 动批疏解范围及主要市场示意图

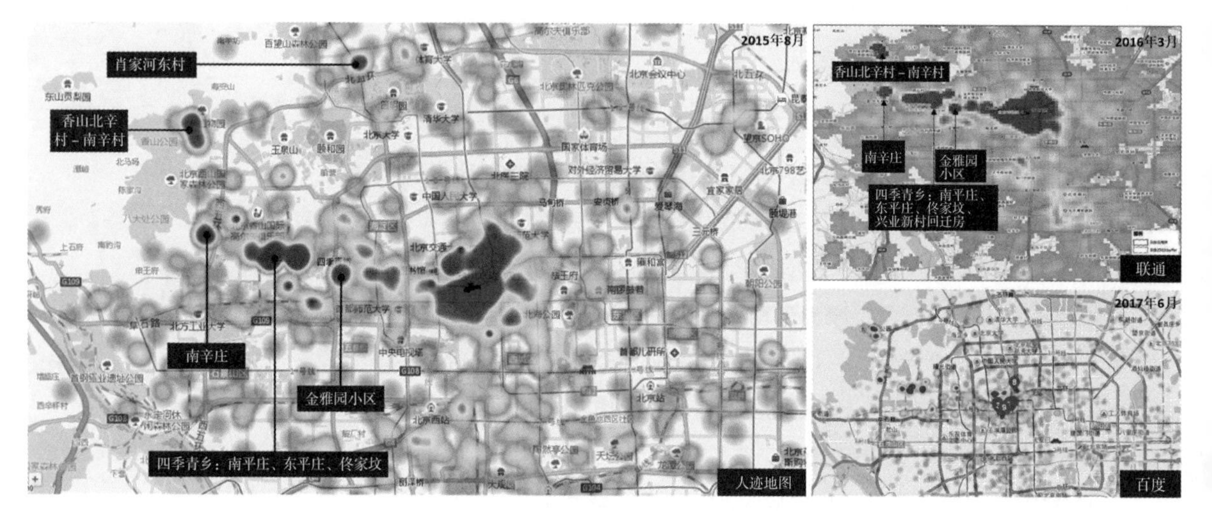

图 5-12　动批从业者居住地分布分析图

地；②其居住分布在 2015~2017 年间变化不大，说明在就业地转移过程中，从业者居住地的转移具有一定的滞后性。

2）人群画像

通过大数据平台的人群属性标签分析，发现动批从业者的年龄结构较为年轻化，25~34 岁从业者占 40%，其次是 35~44 岁者占 25%，18~24 岁者占 17%，45~54 岁者占 13%，其他年龄占 5%。受教育程度方面，动批从业者拥有本科及以上学历的仅占 7%，远低于 21% 的全市平均水平。收入结构方面，动批从业者整体低于全市平均水平，月收入 2499 元以下者占 14%（全市平均为 10%），8000 元及以上者占 59%（全市平均为 66%）。整体上看，动批从业者符合年轻化、低学历、低收入的特征。

（2）疏解整体影响：区域人流量降速快于从业人员规模降速

根据本研究定义的统计规则，通过中国联通手机信令数据对比，识别出动批地区 2016 年 3 月平均就业人口 5772 人，2017 年 3 月为 4755 人，下降 17.6%。与此同时，居住人口规模变化不大，访客规模下降 40%~60%（图 5-13）。

研究还发现，虽然整体就业规模有所下降，但动批地区的就业吸引力仍然维持在较高水平。对比发现，2017 年 3 月分析识别出的动批地区从业者 4755 人中，仅有 2078 人（44%）与 2016 年 3 月的动批就业者是重合的，其余 56% 都是近一年内新到动批的就业者。新增的动批就业者主要集中

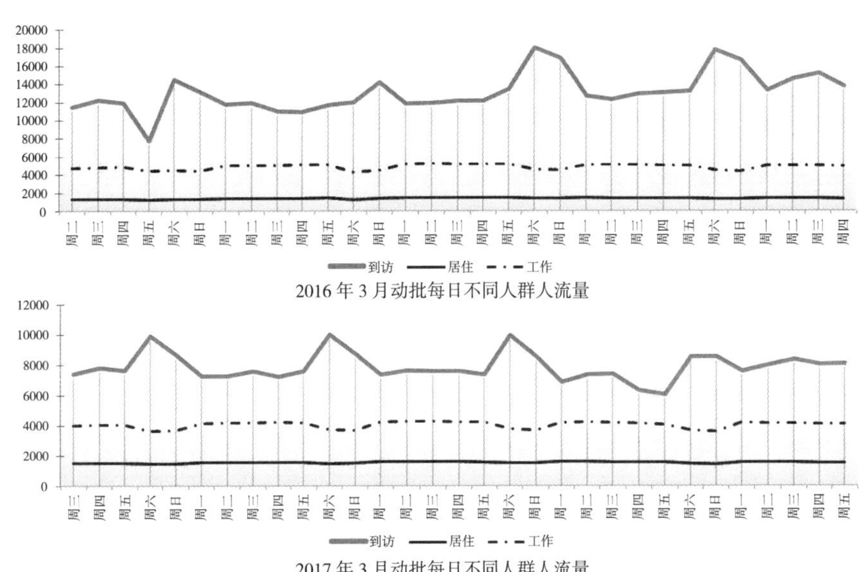

图 5-13 动批地区疏解前后人流量变化分析图

在尚未疏解的市场，包括东鼎商城、世纪天乐、万容等。

2018 年 3 月，疏解工作完成后，动批地区就业规模降至百余人，应以场地维护的工作人员为主。该结果反映非首都功能疏解前期对于降低区域整体人流量、改善区域交通有显著的作用，而从业人员疏解进度相对较慢。鉴于动批长期积累的影响力以及商户和顾客的惯性，只要市场仍然处于运行状态，就仍然能维持较高的从业人员规模，在疏解部分商户的同时也依然有新商户愿意进驻。

（3）疏解后职住关系变化特征及影响因素

1）就业变化：50% 以上从业者仍留在北京就业，绝大部分在中心城区

对手机信令数据识别出的 2016 年 3 月动批地区从业者 5772 人进行跟踪统计，根据 2017 年 5 月的分析数据，其中 82% 的人仍可追踪到。在这些人中，有稳定居住工作的有 3882 人，其中稳定就业地识别为北京的为 3416 人，即可判断原 5772 人中有 60% 以上仍在北京稳定就业。根据 2018 年 3 月的分析数据，有 2605 人仍可追踪到，可追踪到的人群中有 1330 人仍在北京工作，占可追踪到人数的 51%。离开北京的人群就业去向前三位的地区为河北、天津、广东。

留在北京的就业者有几个显著的聚集地，其中规模最大的是迁移至丰台区木樨园、大红门地区工作的人群，占留京就业者的 28.1%，其次是仍在动批周边工作的人群，占 18.7%，迁移至朝外地区的占 2.8%（图 5–14）。从分区来看，丰台（33.6%）、西城（22%）、海淀（18.3%）、朝阳（7.9%）是留京就业者的主要工作地所在，在这四个区就业的人员占全部就业者的 81.8%。仍在中心城区工作的就业者占全部留京就业者的 85.7%。

离开北京的就业者最集中的去向是作为定向疏解承接地的燕郊东贸国际服装城，占可追踪到的离京就业者 1275 人中的 38.4%，其次是去天津就业的人群，占 12.7%。

整体来看，2018 年 3 月动批疏解完成后可追踪到的原动批就业者中，根据定向疏解安排迁至燕郊东贸国际服装城的占 18.8%，迁移至木樨园、大红门地区的占 14.4%，仍在动批周边工作的占 9.6%，迁移至天津的占 6.2%，迁移至朝外地区的占 1.4%，其他分散分布的占 49.6%。较大比例的动批就业者在疏解后转移到了同类型的市场，继续从事服装批发或零售行业，与前述问卷调查结果一致，显示就业者对于行业的依赖度大于对于就

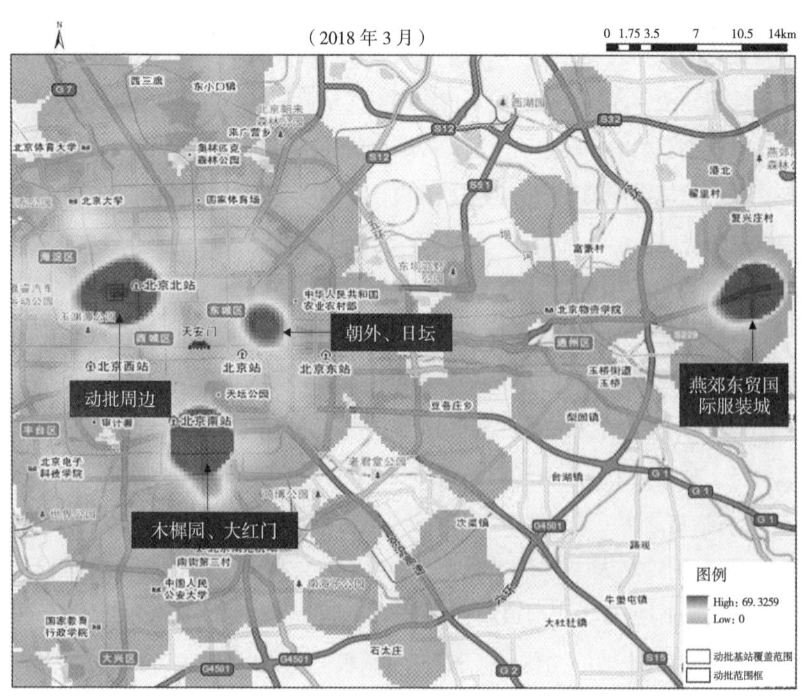

图 5–14　撤离动批的就业者现主要工作地分布图

业地点的依赖度。在包括燕郊东贸国际服装城、天津卓尔电商城、石家庄乐成国际贸易城、沧州明珠商贸城等多个疏解定向承接地中，距北京最近的燕郊实际承接了最多的商户，反映出从业者仍然渴望与北京保持紧密联系（图 5-15）。

2）居住变化：表现出“住随职走”趋势

在调查对象即原动批就业者 5772 人中，2018 年 3 月仍可追踪到且在北京稳定居住的有 1614 人，占 28%。留京就业者的主要居住地有三类：一是与疏解前的居住聚集地一致，包括动批周边、海淀区四季青乡等，显示出居住迁移的滞后性；二是迁移到新就业地的周边，木樨园—大红门附近及邻近的城乡结合部、燕郊东贸国际服装城周边出现了显著的居住聚集行为；三是迁移到与新就业地交通便利的轨道站点附近，如达官营、和平门等（图 5-16）。尤其是对比 2017 年 5 月与 2018 年 3 月的结果，可以发现在就业地转换的过渡期，从业者的居住分布相对分散，而新的就业地稳定后，其居住地迅速向就业地附近靠拢、集聚。

可见，批发市场从业者倾向于随就业地变化而更换居住地，通过自身

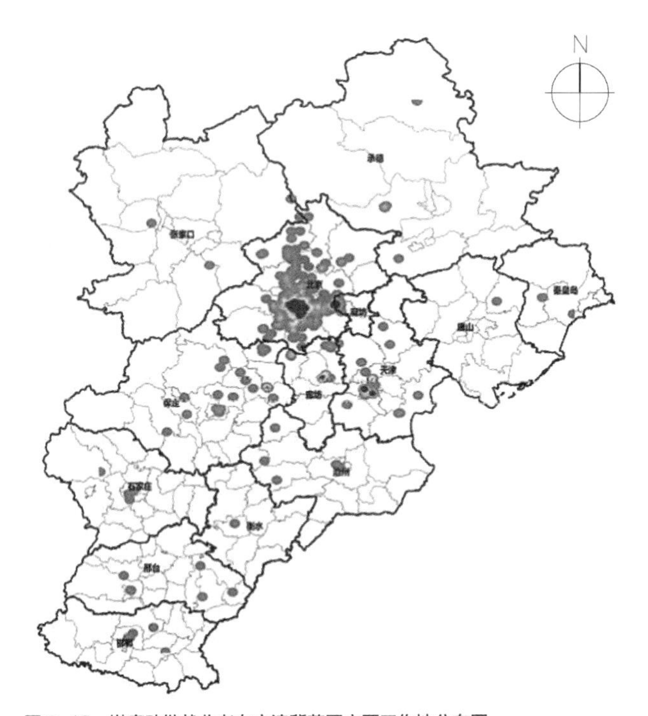

图 5-15　撤离动批就业者在京津冀范围主要工作地分布图

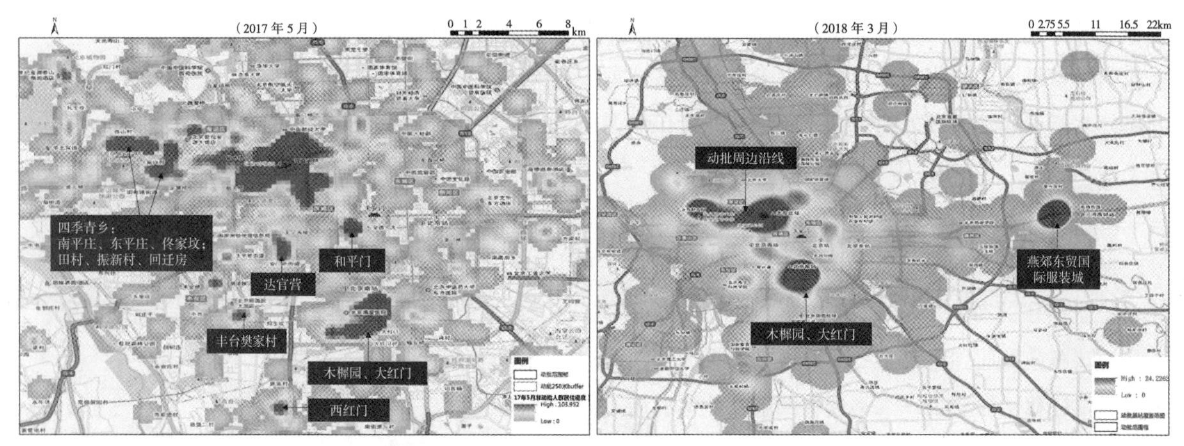

图 5-16　撤离动批的留京就业者现居住地分布图（两期大数据跟踪分析结果）

主动调节维持在合理的通勤时间和距离以内，故而批发市场疏解对城市整体职住格局和平衡程度影响不大。

3）影响因素：年轻人更有可能随功能疏解而离开

通过 2017 年 5 月与 2016 年 3 月的对比，分析不同年龄段的人群在就业迁移过程中的选择，发现除 55~59 岁就业者的首选是离开动批而留在城六区，其他年龄段的就业者均首选留在动批工作，占 50%~60% 左右。整体上，年龄越大的就业者离开北京的比例越小，同时选择离开动批而留在城六区的越多。尤其是 45 岁以上的就业者，随年龄增长选择离开动批而留在城六区的比例迅速升高（图 5-17）。可见，年轻人更有可能随功能疏解而离开，年龄较大的就业者普遍在北京有更强的经济实力和长期的社会关系积累，更有可能克服更换工作地的困难而继续留在北京城六区。

手机用户兴趣偏好标签信息也可以印证上面结论。通过分析，因疏解而离开北京的就业者比留在北京的就业者更多地关注火车票、打车软件、婚恋交友、社交网络、手机游戏、团购打折、网上购物等话题，整体符合年轻人、未婚、低收入等人群特征。离开动批但留在北京的人更多地关注机票、家居用品、教育、社会资源等话题，整体符合中年人、已婚已育、高收入等特征。

5.2.2.4　大红门地区批发市场案例分析

大红门地区批发市场（以下简称“大红门市场”）位于南三环至南四

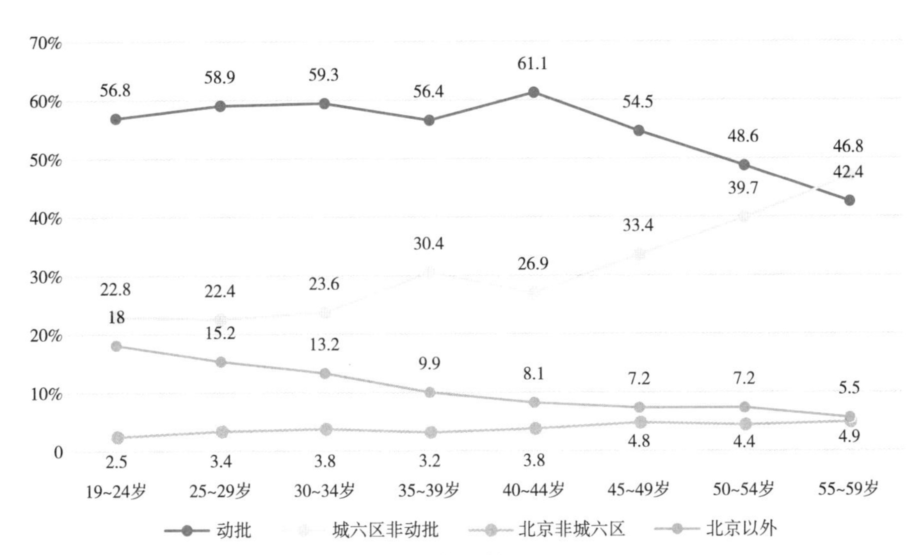

图 5-17　各年龄段动批原就业者在疏解背景下的工作地选择图

环区域商圈，是北京市南中轴的重要区段。大红门市场共包括约 49 家，总用地面积约为 6.7km^2，总建筑面积约为 157 万 m^2，其中有相关证件的 116 万 m^2，占 74%。现状专业市场总营业面积约 76 万 m^2，主要以成品服装、布艺、鞋帽及其辅料加工为主，并包含部分五金及小商品市场。主要分布于四环路以北、中轴路两侧，据不完全统计经营摊位数约 37387 个。大红门市场 2015 年以来处于疏解过程中，计划于 2020 年实现整体关门。

（1）整体影响：至 2018 年底就业人口降幅约 1/3

通过中国联通手机信令数据对比，识别出大红门市场 2016 年 10 月平均就业人口 12117 人，居住人口 14649 人，访客 21401 人。2018 年 10 月平均就业人口 8156 人，下降约 1/3；居住人口 13932 人，下降 5%，变化不大；访客 15090 人，下降 29.5%。与疏解过程中访客减少快于就业减少的动批地区不同，大红门市场的就业人口下降比例高于访客。推测与大红门市场并非单一产业市场有关，即动批疏解直接带来服装批发零售客户规模的大幅下降，而大红门市场商品种类较多，某一类商品市场的经营规模下降对其他类商品的客户影响不大。

（2）就业变化：约一半从业者仍留在北京就业

跟踪调查结果显示，2018 年 10 月，大红门市场原就业者可追踪到的人群中仍有约 52.5% 的人当时工作地在北京，与动物园批发市场的比例（51%）相似。留京者的主要工作所在地分布在丰台区（约占 52.5%）、大兴区（约占 15.7%）、朝阳区（约占 11.9%），显示出明显的向东、向南迁移趋势（图 5–18）。

结合动批和大红门的调查可以看到，疏解后相关就业人员留京的比例达到一半左右，显示北京对于批发产业从业人口仍有较强吸引力，对于相关产业的整体调控效果可能还需要持续的疏解工作和较长的时间周期才能显现。

（3）居住变化：较高比例的从业者居住地和工作地均不变

从 2016 年 10 月与 2018 年 10 月的对比来看（图 5–19、图 5–20），疏解前大红门市场就业者主要居住在市场周边以及相距不远的旧宫镇南街村，疏解后主要居住聚集区不变，聚集强度显著下降。在疏解整治促提升工作的影响下，原居住在南街村的从业者有较大比例迁出。由于大红门市场原 45 家上账市场采取了拆除 16 家、关停 21 家、8 家转型升级为商业综合体的疏解转型方式，原从业者职住均留在区域内及周边的比例仍然较高。

5.2.2.5 影响分析

（1）对直接影响人群的影响

总体而言，批发市场从业人员通勤时间不长，职住平衡度较高。虽然许多从业者在主观意愿上不希望发生稳定工作地的变迁以及个人的搬家，但实际结果表明，其通勤时间并未由于就业地改变而产生较大增长。相比

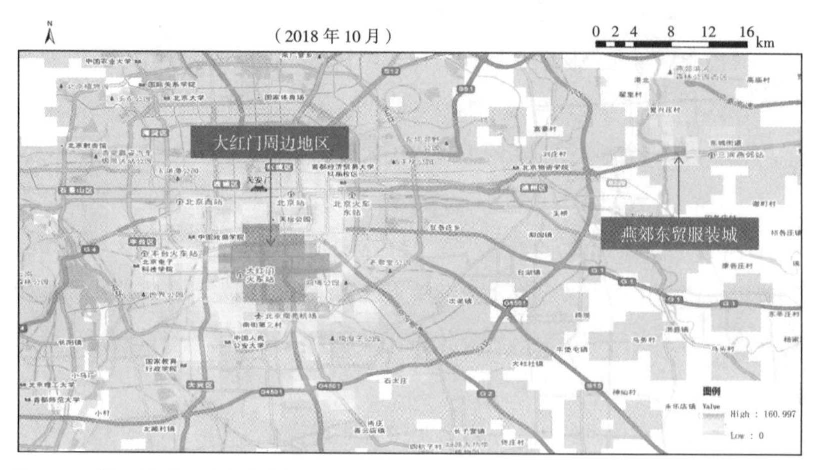

图 5–18 撤离大红门市场的就业者现主要工作地分布图

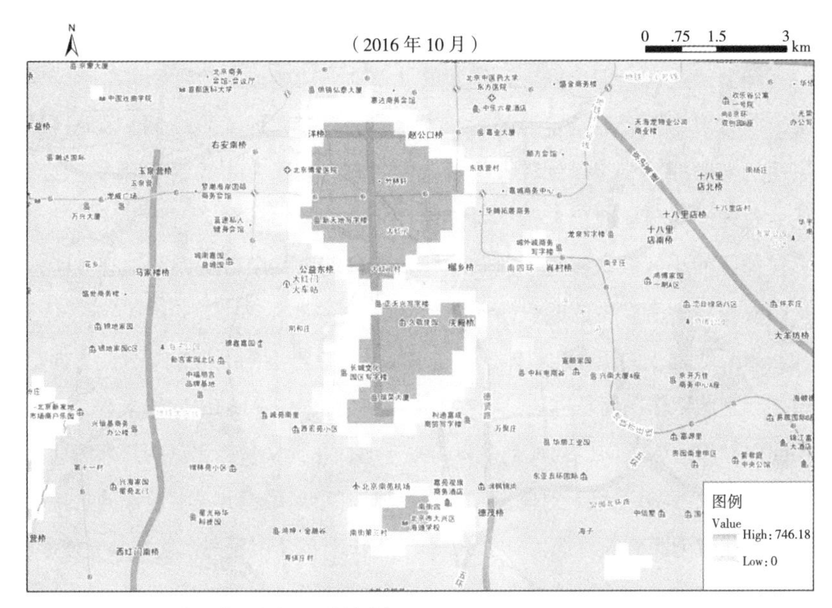

图 5-19　大红门市场原就业者主要居住地分布图

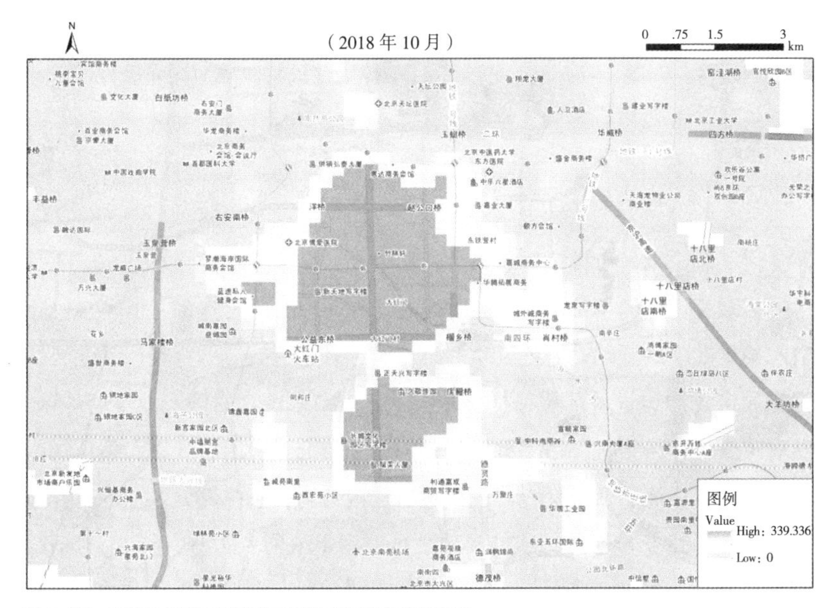

图 5-20　撤离大红门市场的就业者现主要居住地分布图

职住问题，对批发市场从业者而言更重要的是面临事业发展历程中的重要抉择，在津冀相关产业承接前景的不确定性面前，离开北京并不是一个容易的决定。

（2）对城市战略目标的影响

部分从业者会随市场搬迁到新的就业地，功能疏解的目标可以部分实现，同时市场搬迁后特定地区的交通需求会有较大程度的减少，因此区域层面的交通拥堵有望得到较大缓解。但由于北京强大的就业吸引力，多数从业者在面对疏解时仍希望尽可能留在北京或紧邻北京。因此市场搬迁虽然在局部的小区域内实现了疏解目标，但目前对整个市域以及中心城区的疏解战略意图所产生的成效尚未充分显现。

未来随着相关产业的整体迁移进展深化，在产业的区域重新分配方面是否能起到预期作用尚需进一步观察。从疏解后离京人员的去向地来看，政府层面引导的疏解去向地的确是主要的搬迁地，尤其是紧邻北京的燕郊等地由于靠近北京市场，可以依托原有的营销网络和市场渠道，又有政策的扶持引导，因此成为商户的首选（冯永恒 等，2020）。但新市场并未实现独立发展，而是显示出对北京的强依赖性和既有产业关系的延续，因此其后续可持续发展的动力仍未明晰。同时也应看到，离京去往相关产业发达的珠三角、长三角也是不少商户的选择，既有批发市场设施完善、商业模式成熟等均是商户考虑的因素。因此，在疏解北京非首都功能以促进京津冀协同发展方面，北京已基本完成“疏”，而津冀是否能有效“接”，才是未来的关键。

5.2.2.6 模式展望

（1）总结批发市场疏解的人员迁移模式，优化政策引导方向

被疏解市场的相关就业者去向同时受到地理临近效应、时间调整效应、空间集聚效应的影响。搬迁发生后，由于地理临近效应的存在，就业者优先在原市场周边进行区位选择，其次是北京市内既有的同产业集聚地区。随着疏解工作的推进，市场调节的影响也开始凸显。由于缺乏大型市场的带动，区域客流迅速下降，原就业者也逐渐撤离。其中部分人采取放弃态度（放弃本行业再就业，或放弃地理区位南下或回乡），而对政策有信心的另一部分人积极响应引导，及时抓住机遇，搬迁至津冀地区开始新的探索。在调整过程中，空间集聚效应的影响开始凸显，逐步形成新的产业格局，如服装批发产业形成了新（燕郊东贸）、老（大红门、日坛）市场并存的空间格局（冯永恒 等，2020）。本研究揭示了整个疏解过程中“人随业走”的变迁关系，对北京的市场疏解工作阶段性成效和特征进行了总结，为未

来优化政策引导方向提供了思路，也为其他城市具有类似特征的行业空间迁移提供了参考案例。

（2）应对北京中心城区就业岗位过度集聚还需其他措施

疏解后留在北京的就业者中有80%以上仍留在中心城区工作，显示疏解虽然改变了局部地区的产业功能和就业结构，但难以对中心城区产生整体上的“减压”效果。由于由内向外的“推力”和由外向内的“拉力”不匹配，就业岗位过度集聚在中心城区的状态并未得到显著改善。疏解和限制的措施只适用于“点状”施策，长期来看，只有不断加强中心城区外围地区的就业中心建设，提升外围地区的就业吸引力，才能真正使就业者从中心城区内部循环流动转为向中心城区外流动。

（3）警惕城市人口老龄化问题加剧

分析表明，由于批发市场从业者较多选择“住随职走”模式，市场疏解对城市整体职住关系影响不大。但疏解带来的其他社会问题仍值得关注。在疏解过程中年龄越大的从业者离开北京的可能性越低，这一现象不仅存在于批发市场，而是各行各业都会出现的年轻人由于本身的经济积累较弱而难以扎根大城市的现象。若长期持续下去可能导致老龄化进程加快、青年劳动力短缺、城市活力降低。未来应加大对鼓励发展行业的青年人才的吸引力度，同时加强对疏解过程中留京人员的就业引导和职业技能培训支持。

5.2.3 市属行政事业单位疏解：政策引导下的副中心开拓者

5.2.3.1 基本情况

新版北京城市总体规划提出，通过有序推动市级党政机关和市属行政事业单位搬迁，带动中心城区其他相关功能和人口疏解，到2035年承接中心城区40万~50万常住人口疏解。首批搬迁的行政事业单位包括北京市委、市政府、市人大、市政协以及市发改委、规自委、住建委、财政局等，已于2018年底完成搬迁，首批搬迁人员共计约1.5万人。

为了解行政事业单位搬迁过程中相关从业者的职住选择，本研究采用了大数据分析与问卷调查结合的方法。2017年8月开展第一期网络问卷调查“北京市级行政机关搬迁到城市副中心的职住选择意愿调查”，收集有效问卷2420份（其中政府部门公务员1412份，事业单位人员785份，其他下属单位人员 223 份）。2019 年 7 月开展第二期网络问卷调查“北京市级行政机关搬迁到城市副中心的职住变化调查”，调查对象为已搬迁人员，收集有效问卷 967 份（其中政府部门约 550 份，事业单位 386 份，其他下属单位 31 份）。两期问卷内容基本一致，主要是搬迁前意向调查与搬迁后实际情况调查的区别。经校核，两期问卷抽样人群的年龄、家庭构成、搬迁前职住分布等属性结构基本一致，与北京市属行政事业单位从业人员整体结构也具有较高的一致性，可以认为调查结果较好地反映了涉及搬迁的市属行政事业办公人员的真实情况。

5.2.3.2 人群画像

（1）三四十岁人群为主力，出行需求以日常通勤为主，85% 居住在中心城区

从第一期问卷结果来看，受访者年龄在 30 岁以下和 40 岁以上的各占 1/4，30~40 岁的人群约占 1/2，呈现典型的以中年人为主力的特征，其中 31~35 岁约占 27%，36~40 岁约占 22%。受访者婚育状态为已婚已育的占 69%，已婚未育占 13%，未婚占 14%。由此可见，处于家有学前或义务教育阶段子女的情况是最常见的。

出行调查反映，绝大部分受访者基本每天在单位，较少出差，经常出差的受访者仅占 7%，可见职住地间的日常通勤是市属行政办公人员最主要的出行需求。搬迁前，市属行政办公单位基本都位于中心城区，且以西城、海淀为主。问卷结果显示，3/4 的受访者居住在海淀、丰台、朝阳、西城 4 个区，居住在中心城区以外的仅占 15%，其中居住在通州区的仅占 2.2%。采用大数据分析搬迁前市属行政办公用地上就业人员的居住地分布，发现其居住模式主要有三种：①在就业地周边居住；②在“飞地”型家属区居住；③自主选择、分散居住（图 5–21）。

由结果可见，搬迁前市属行政办公人员的职住地均以中心城区，尤其是四环路以内为主，符合北京城市空间整体“北职南住”的重心偏向。行政中心搬迁到城市副中心的迁移距离较大，对大部分市属行政办公人员的日常通勤将产生较大影响。

（2）搬迁前单程平均通勤时间 50min，居住选择优先考虑配偶、孩子

从第一期问卷结果来看，搬迁前市属行政办公人员的单程通勤时间

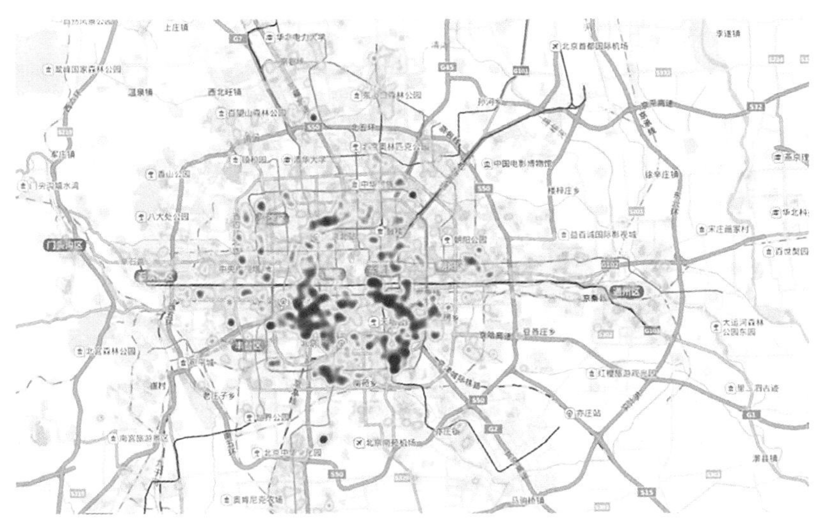

图 5-21 搬迁前市属行政办公人员居住地分布图

资料来源：中国联通手机信令数据

均值为 50min，中位数为 45min。已婚受访者中，通勤时间比配偶长的占 50%，基本相等的占 19.5%，比配偶短的占 30.5%。受访者填写的配偶单程通勤时间均值为 42.3min，比行政办公人员本人的平均通勤时间少 15%。已育受访者中，约一半的人需要经常接送孩子上下学，开车平均单程花费 22.7min，远低于行政办公人员本人的通勤时间，可见“学住平衡”已普遍成为比职住平衡更重要的居住地选择因素（表 5-3）。较多行政办公人员在选择居住地时会优先考虑孩子上学，其次是配偶上班方便，而自身的职住平衡则成为被牺牲的对象，这样的选择可能与行政办公人员急难工作多、照顾家庭的工作更多由配偶承担有关。

调查结果显示，对于已婚、已育者而言，职住决策不仅是个人需求的满足，更多的是以家庭整体为单位进行考量。

表 5-3 搬迁前市属行政办公人员相关通勤通学时间（单位：min）

	单程时间均值	单程时间中位数
现状通勤时间	50	45
已婚者的配偶现状通勤时间	42.3	40
已育者开车接送孩子的平均时间	22.7	20

5.2.3.3 职住选择

（1）迁居意愿：1/3 的人不搬家，1/2 的人视政策而定，住房是影响居住决策的最大因素

从第一期问卷结果来看，由于工作地迁移的影响，全部受访者中有 5.3% 的人表示不会搬家，而是计划更换工作。这一比例在 4 类人群中是最低的，反映出公务员的职业黏性较强，同时也可能与开展第一期问卷时搬迁相关的保障政策尚不明确有关。仅 13% 的受访者表示将随单位搬迁而搬到通州居住，34% 的人表示不考虑搬家，50% 的人表示待单位的相关政策明确后再决定。受访者选择不搬家的主要原因包括“经济原因限制”“方便孩子上学”“方便爱人通勤”“当前居住地周边环境好”“方便与亲友交往”等。这一结果与行政办公人员在通勤上优先考虑配偶、孩子的结论是一致的。而计划搬到通州者主要出于“缩短个人通勤时间”“方便孩子到通州就学”“认为通州发展前景好”“单身故居住地较灵活”等原因（图 5-22）。

对于尚未决策者而言，在“提供低于市场价的个人产权商品住房”前

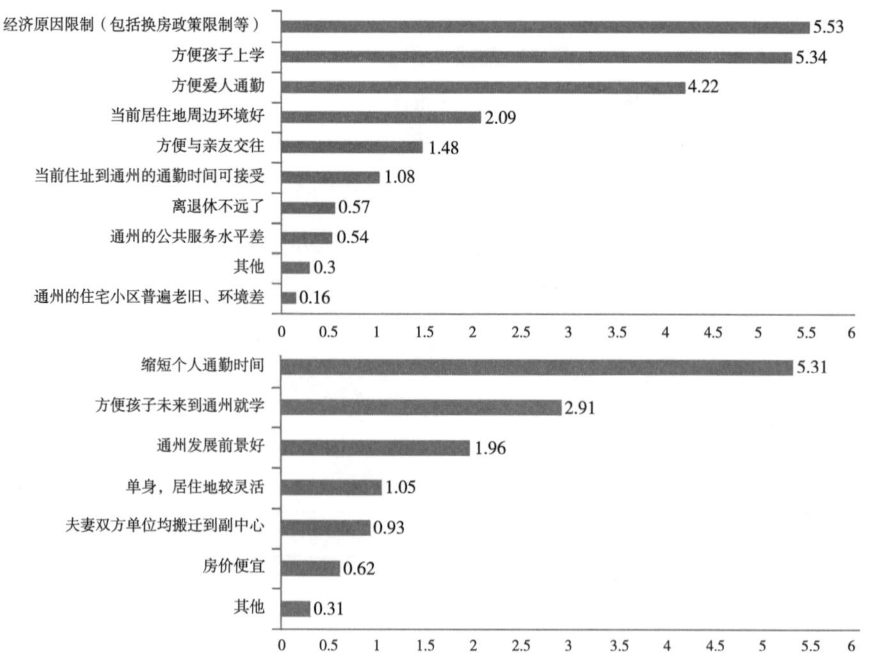

图 5-22 选择不搬家（上）和搬到通州（下）的受访者各项决策原因综合得分情况

提下，有 89% 的人都愿意搬到通州。其次是“以合理租金提供可供家庭长期居住的宿舍”，在此条件下有 38% 的人愿意搬家。在“保障孩子享受优质教育资源”的条件下，有 20% 的人愿意搬到通州。整体来看，住房是影响居住决策的最大因素，北京昂贵的房价、房租和严格的限购政策使得迁居的成本高于许多家庭的可承受范围。其次是子女就学和配偶通勤因素。从住房需求来看，当前 1/3 的受访者与配偶、子女同住，1/3 与配偶、子女、父母同住，住房形式上对两居室、三居室以上的多代家庭型住房需求较大。

（2）迁居实况：住房和子女就学保障政策使得居住迁移比例高于预期

第二期问卷受访者与第一期相比，现居住地位于中心城区的由 85% 降至 77%，位于通州区的比例由 2.2% 增至 9.5%，显示城市副中心作为市属行政功能疏解的集中承接地已经有效发挥了作用（图 5-23）。大数据分析也清晰地显示出相关人群居住地向城市副中心转移的特征。[1] 行政办公区周边而非配套成熟的城市副中心中心地区的居住增量更明显，表现出跨

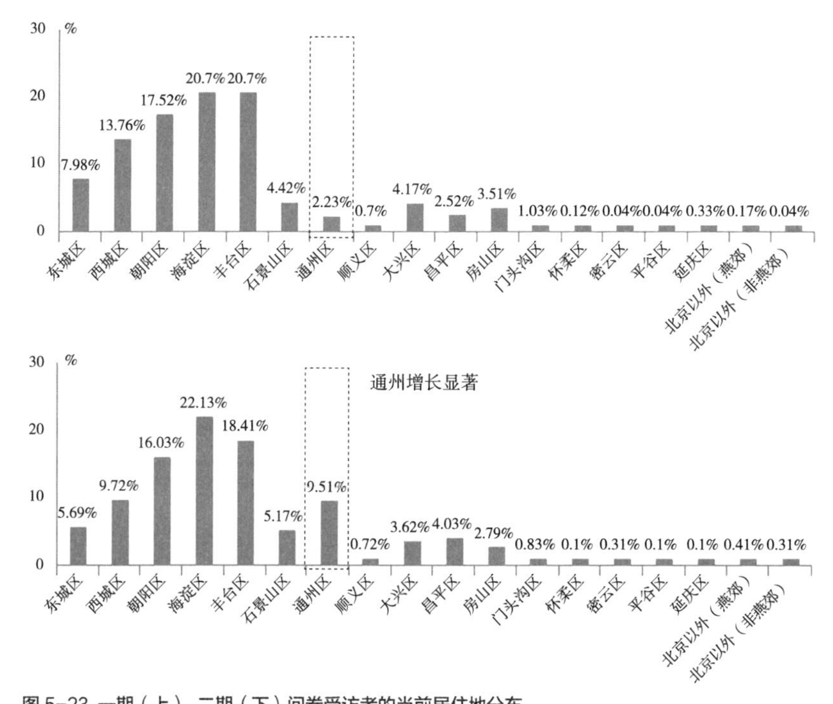

图 5-23 一期（上）、二期（下）问卷受访者的当前居住地分布

[1] 大数据显示搬迁前通州区就是相关人群主要的居住集聚区之一，这并非与问卷结果矛盾，而是因为大数据包含了行政中心搬迁后相关单位新招聘的、原本就住在通州区的新增就业者，以后勤保障人员居多。

越六环路的发展特征（图 5-24）。相关人群居住分布整体呈现“大分散、小集聚”和向“中心城区—副中心”东西向廊道集中的特点，判断与通往

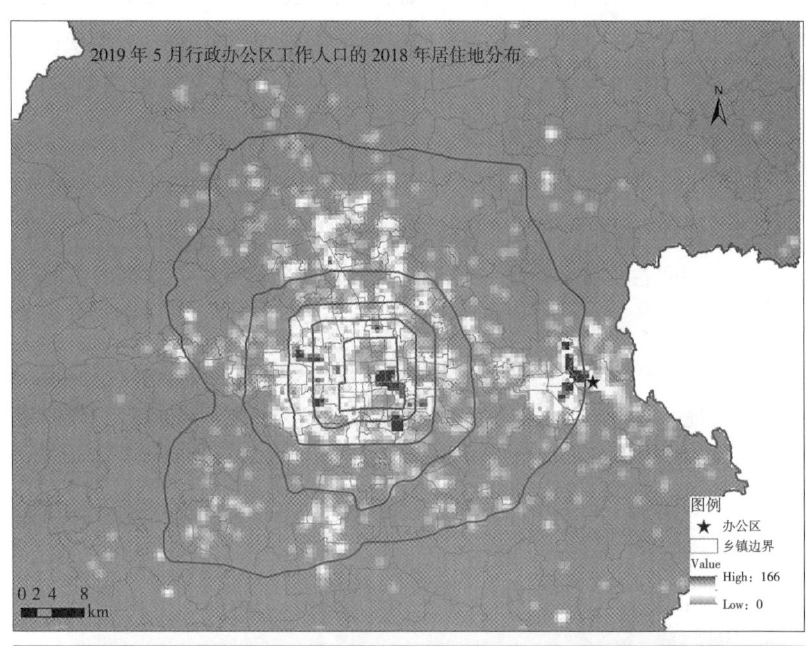

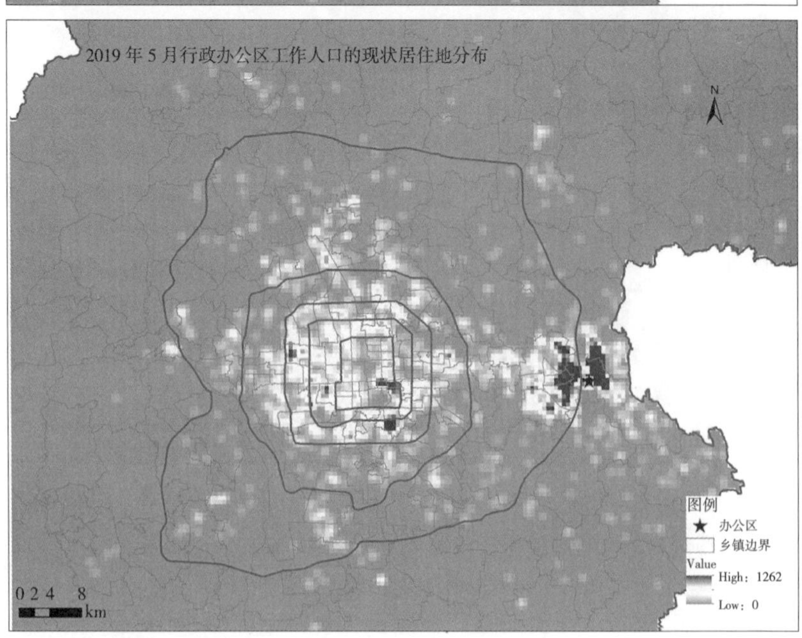

图 5-24 大数据分析副中心行政办公区就业人群的居住地分布变化

资料来源：中国联通手机信令数据

副中心的公共交通资源包括地铁 1 号线、6 号线和市郊铁路副中心线都在东西向交通廊道上有关。在北京站、北京西站周边出现明显的居住点状集聚现象，初步体现出市郊铁路因其速度优势而在长距离通勤中具有较强吸引力，成为影响居住选择的重要因素。

对比一、二期问卷意向选择和实际选择的差异，81.9% 的人表示实际搬迁选择与当初的意向一致，11.6% 的人表示原本打算搬家而实际上没搬，6.5% 的人表示原本不打算搬家而实际上已经搬了。在开展第二期问卷的时点即行政中心搬迁仅半年后，就有近 20% 的人作出了与意向不同的实际选择，反映出职住决策具有较强的随现实综合条件变化而改变的动态性。

对于实际选择搬家和不搬家的人群，各项主要影响因子的排序与意向选择整体一致，而权重得分有一定差异：选择不搬家人群中，实际情况与预想相比，因"经济原因限制"而不搬的得分显著下降，反映出因提供政策性宿舍等因素，实际搬家的经济成本小于预期。选择搬家人群中，因"缩短个人通勤时间""兼顾夫妻双方通勤""为了孩子上学"而搬家的得分提高,因"新址周边发展前景预期好"而搬家的得分则大幅降低，反映出控制家庭总通勤时间的重要性高于预期、行政办公人员子女在副中心上学的需求满足情况好于预期。但与此同时，新址周边城市建设进展仍与预期差距较大（图 5–25）。

（3）通勤时间：超 70% 的人实际通勤时间大于能忍受最长时间，工作以外的时间被压缩

根据一期问卷结果，在居住地均不改变的前提下，此次搬迁将使行政办公人员的平均通勤时间由 50min 增至 103.8min（增长 107.6%），远超其

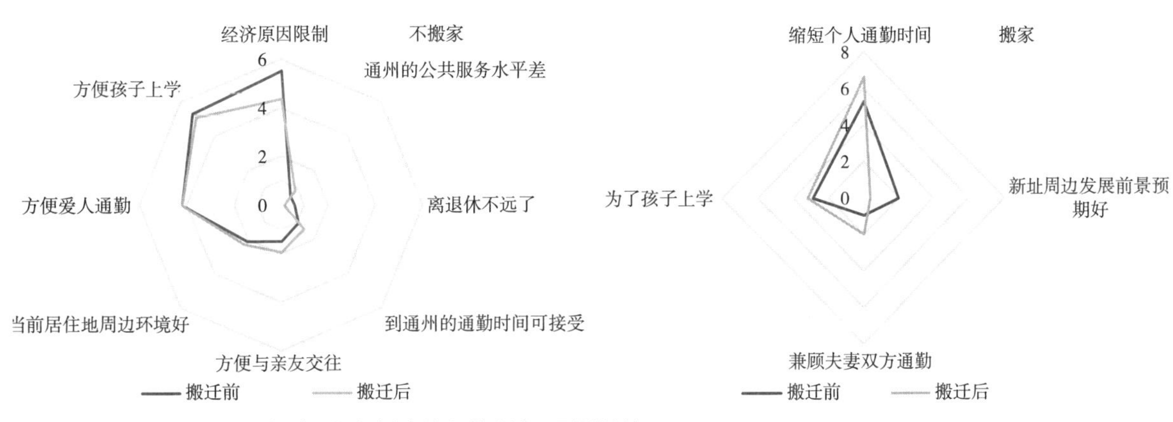

图 5–25　搬迁前后选择不搬家（左）和搬家（右）的人群各影响因子得分比较

能忍受的最长通勤时间均值66.7min。全部受访者中，77%的人如不搬家未来通勤时间将大于能忍受最长时间，必须作出职住调整。大数据显示，相关就业者平均通勤直线距离将从10km变为30km。

二期问卷受访人员的搬迁前平均单程通勤时间略低于一期受访人员，为45.4min，搬迁后实际增至92.3min（增长103.3%），与预期基本一致（表5-4）。搬迁前后，行政办公人员的理想通勤时间、实际通勤时间、能忍受最长通勤时间均值之比由1∶1.5∶2变为1∶3∶2，71%的人当前通勤时间大于能忍受最长时间。对于一个通勤群体而言，稳定状态下的实际通勤时间应介于理想通勤时间与能忍受最长时间之间。在本研究对象群体中约为30~60min，当前平均92.3min的单程通勤对于多数人而言是难以长期忍受、不可持续的。因此，可以判断现阶段属于职住动态调整过程中的“通勤痛苦期”，可以预见，未来会有更多人作出搬家的选择，以将通勤时间降至可忍受范围内。

表5-4 市属行政办公人员相关通勤时间变化

	搬迁前均值	搬迁后均值
单程通勤时间（一期问卷）	50.0min	103.8min（不搬家前提下）
单程通勤时间（二期问卷）	45.4min	92.3min
能忍受的最长通勤时间	66.7min	63.5min
理想单程通勤时间	34.3min	31.6min
工作日离家总时长	11.0h	12.5h
早晨离家时间	7:53	7:00
下班到家时间	18:53	19:32

从个人时间分配情况来看，搬迁后受访者工作日的离家总时长由11h增至12.5h，平均早晨离家时间提前53min，下班到家时间延后41min。工作日用于通勤的总时间平均增加93.8min，通勤时间在24h中的占比由7%提高到12.8%，而工作时间基本不变，因此受到压缩的主要是居家时间（图5-26）。除此以外，搬迁后上下班通勤途中无其他活动的人群比例由44%增至61%，接送子女上下学、接送爱人上下班、购物、休闲等活动比例均有较大幅度下降。可见，日常活动中的工作时长和通勤时长均属于较为刚性、难以压缩的时间，由此次工作地搬迁带来的通勤时间增加，主要对相关行政办公人员在工作以外的家庭活动和个人活

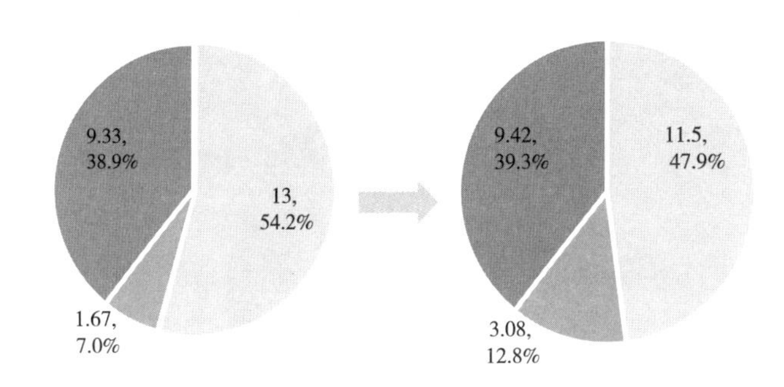

图 5-26 搬迁前后市属行政办公人员工作日 24h 时间分配变化（单位：h）

动时间造成挤压。从家庭整体任务分配的角度来看，一个人所承担的任务减少必然意味着另一个人的付出增加，当前的变化可能为行政办公人员的家人在照顾家庭方面增加高达 1.5h 的额外负担。

（4）通勤方式：地铁通勤占主流，新增定制班车、市郊铁路有效发挥作用

根据问卷调查结果，搬迁前行政办公人员通勤出行主要使用的交通工具是地铁（54%）、公交车（40%）、私家车（35%）、自行车（28%）等[1]。意向选择结果显示，搬迁后公交车、自行车、步行的通勤出行比例将大幅下降（公交车由 40% 降至 24%，自行车由 28% 降至 9%，步行由 16% 降至 5%），私家车出行比例基本不变，地铁出行比例由 54% 大幅增至 83%。这主要是由于对很多人而言，搬迁后的通勤距离过长，开车将会过于疲惫，故只能依靠轨道交通。

通勤交通方式的实际变化结果与意向选择基本一致。值得注意的是，乘坐公务员班车的比例显著高于预期（搬迁前 2%，预期搬迁后 15%，实际搬迁后 27%），反映为搬迁设置的公务员班车较好地满足了实际需求。此外，新开通的市郊铁路副中心线表现突出，达到了 17% 的占比，在吸引客流方面体现出快速增长特点（图 5-27）。整体来看，虽然搬迁后通勤距离大幅增长，但丰富的快速公共交通方式，包括地铁、市郊铁路、定制班车等，为相关人员通勤提供了便利，目前未出现显著的因搬迁导致私家车出行比例增加等对城市交通的负面影响。

[1] 该问题设置为多选题，以兼顾不同交通方式的可替代和组合使用情况。

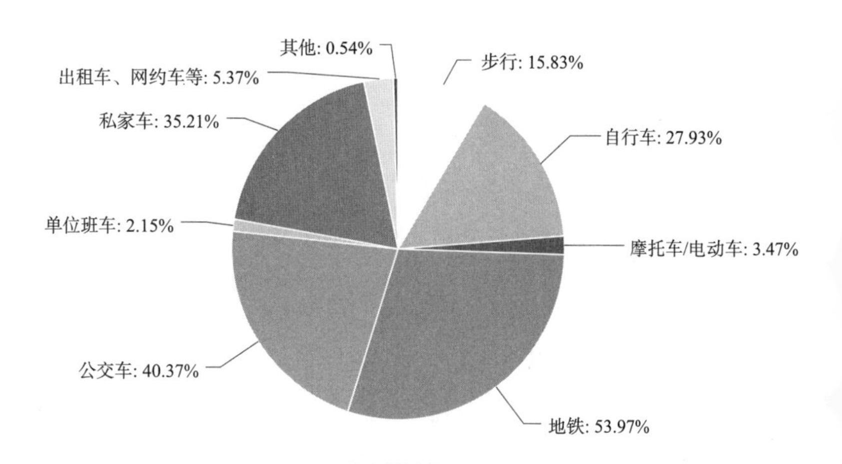

搬迁前

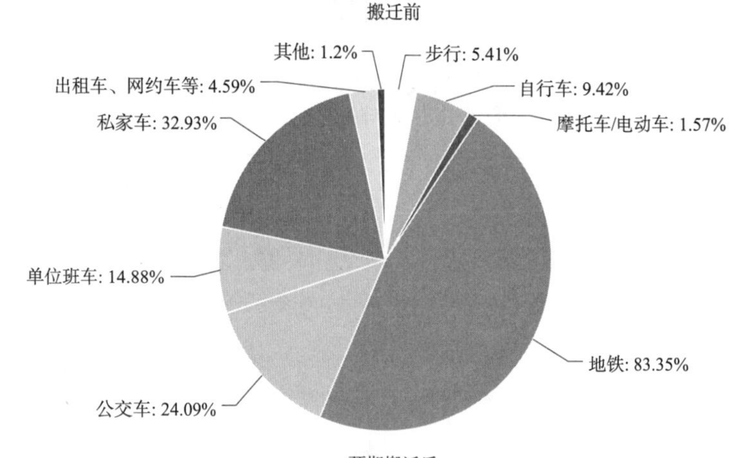

预期搬迁后

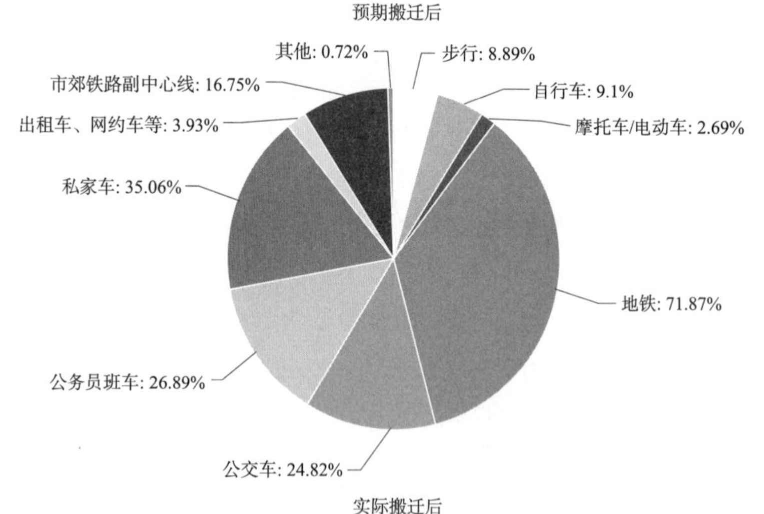

实际搬迁后

图 5-27 搬迁前后市属行政办公人员各种通勤方式占比变化

专栏：行政办公人员职住变化深度访谈

【案例一：双职工家庭 职住协调难度：★】

访谈时间：2020 年 1 月

访谈对象 A：男，妻子为首批搬迁的某政府部门公务员，本人就职于该政府部门下属事业单位（部分搬迁）。共同居住的家庭成员为妻子、大女儿（6 岁）、小女儿（3 岁）、岳父、岳母。

家庭迁居选择：原居住于西城区，现已搬迁至通州。

问：你们为什么决定要搬到通州？

答：当时的情况就是考虑我爱人上班和大女儿今年要上小学两个问题。我爱人单位搬到通州后是通勤了将近一年，每天身心疲惫地回来。所以我就觉得她这么跑下去人就跑废了，当时我就说，**为了你的身体健康，我们不顾一切，也要搬去通州。**

但是当时考虑到孩子上学这个问题还是纠结了一段时间。小学这个阶段我们其实看得没那么重，但是我有印象就是通州的基础教育是非常差的，好像是全市排名倒数第三。所以我就觉得这个落差太大了。孩子是在西城上的一个还不错的幼儿园，她幼儿园的同学全部留在城区上小学，没有一个去通州的。我当时觉得有点不是滋味，去通州了孩子很孤单的感觉。最后下决心就是因为我们想来想去，在西城想上好学校也很困难，这两年越来越困难了。关键我们除了老大还有老二，如果我们在西城的话，还得不断地操心，**选学校给家长带来的这种冲击和苦恼太大了**。我们俩归根结底不是那种非要削尖了脑袋去跟别人挤的人。

后来我了解到公务员孩子可以上的那个通州新建的小学还是比较让我们满意的，新招聘的老师都是名校毕业的硕士、博士。我觉得那些好学校的资深老师经验丰富，可能循循善诱，但是年轻的新的老师也有优点，他会比较愿意去创新，教孩子也很有干劲。后来我看孩子那个班主任老师的朋友圈，她也是从中心城区搬到通州来教书，也纠结了一阵。我们可能都是属于在同一个时期来进行选择，然后有些焦虑的一些人，但是到最后还是都选择去了。我想，人家作为老师，留在城区也会有很好的发展，但还是愿意付出很大的努力过来了。我们相比之下作决定还是容易的。**我这个总的来说就是家庭利益最大化的选择**。现在感觉孩子在通州学得还不错，是正确的选择。

问：请问你们家各家庭成员受到这次搬家的影响？

答：整体影响都是正面的。老人方面，现在老大早上跟我们一块儿去单位食堂吃饭，然后送去学校，下午放学接回来到食堂吃晚饭。老人在家自己带着老二，过去的话得管我们一大家子的饭，现在只管这个小的就行了，所以老人自己也觉得很释放，省了很多心。另外这个小区周围的环境也是让他很放松，因为比我们原来住的西城的小区的公共绿地、游乐场这些面积都要大。然后周围的人呢也都是同事，跟我们家对门也都认识。他们家一个三岁小孩儿，我们家一个三岁小孩儿，我们就经常不关门了，两家孩子来回跑来跑去玩儿。**老人是觉得自然环境、人文环境都比以前和谐。**

我们夫妻俩是陪孩子的时间变多了。我也搬过来上班以后，我们俩通勤都是从超过 40min 节约到 10min 以内。工作上，因为我们单位不是首批搬迁的，现在只有一小部分搬过来，我目前调过来之后的工作内容还是有变化，个人工作上有一些波动性，需要自我调整适应，对我来说是有一定影响。但是我觉得影响不会特别大，因为未来我们单位是要整体搬过来的。

孩子方面，我们比较满意的就是她学习的时间更多了。以前幼儿园离家不是很近，现在路上的时间也节省下来了，有更多的时间学习了，包括练钢琴什么的。但是生活配套还是没有原来多。**我觉得相比之下通州现在是一片文化的沙漠，这个跟城里还是有一个很难弥补的差距**，比如说看剧、看演唱会等。现在我们周末还回城里的房子，就是因为中心城区的课外教育资源或者说高端教育资源没法替代。孩子的钢琴课、声乐课在通州现在是不太可能会有知名机构、大师班的，这些实际上是对区位很敏感的。孩子的篮球课，我们在通州报班体验了一下，明显那些老师跟城里的相差比较大。我们原来在城里的老师一看就是特别精干的，都是体育教育系的科班出身，有科学教育的方法。所以现在没办法，还是保持每周末回来上课外班。

另外，孩子也想回来过周末，让我们带她去商场。比如她喜欢去王府井的哈姆雷斯，那里据说是全球最大的玩具店，各种各样的玩具都有。还有国贸那边有一些比较贵的游乐场，也就在朝阳区能开得起。**现在孩子牵引了整个家庭的需求**，作为家长我们自己看电影什么这些休闲娱乐要求其实不高，但是孩子只要去过朝阳的商场玩就不太可能再接受通州的，那你就得带孩子去朝阳的。副中心规划要承接中心城区 40 万～50 万人口，这些人都是享受过中心城区的高品质公共服务、高品质商业和人文环境的。所以不能光是靠行政命令把人搬过去，市场不能不培育，不能没有高端服务，要不然留不住这些人。

总的来说，搬家之后还是正面影响多，现在主要是周末的生活需求还需要回城区解决。通州的硬件设施建起来还是很快的，但整体的商业氛围、公共环境追赶起来很难。未来通州本身需要变得更有吸引力、有趣味、有魅力，这个需要久久为功。

【案例二：住变职也变 职住协调难度：★★★】

访谈时间：2020 年 1 月

访谈对象 B：女，首批搬迁的某政府部门公务员，丈夫原工作地为门头沟，现已换到通州。共同居住的家庭成员为丈夫、孩子（3 岁）、公婆。

家庭迁居选择：原居住于门头沟区，现已搬迁至通州。

问：你们为什么决定要搬到通州？

答：我们家原来住在门头沟，我爱人在门头沟上班，原来是他开车半小时，我坐公交车半个小时，通勤时间都是可接受的。搬迁之前我们单位组织来看这边的办公室，我从家过来一次单程 2h，来回 4h。**那时我的孩子很**

小才一岁不到，这样的话就照顾不到孩子，然后也会很累。所以当时我们家就决定换房，就在这边租房了。后来又搬到这边的公务员集体宿舍。

问：搬到通州之后您爱人的通勤问题怎么解决？

答：搬过来之后我的路上时间节省了，带孩子、照顾家里我能多承担一些。但是我爱人就太远了，他在门头沟一个镇政府工作，忙的时候常常晚上没办法回家。我回到家感觉一个人很累，家里有什么事情也没个商量的人，他有时一个礼拜回一天，也累得不怎么说话，**两个人沟通就会出问题，时间久了感情都受影响**，有段时间我们因为这个事情吵架比较多。后来觉得这样对我们家庭不太好，他就换工作了，换到通州这边一个职业学校做行政工作。这个学校有两个校区分别在通州和房山，两个校区间有班车，有时候需要去房山校区也有点累，但是这个时间是固定、可预期的，此外还有寒暑假，整体上还是比原来在政府要轻松，然后每天都能回家。**我们整个家庭在职住平衡方面还是改善了很多，家庭关系也好很多。**

问：请问你们家各家庭成员受到这次搬家的影响？

答：我爱人现在的工作是在人保局看招聘信息，然后自己去考的。原来也想，能不能找一个通州这边的镇政府调动过来？后来我们发现这个人事调动是很难的，缺乏支持政策。所以就自己想办法，他考了好多通州的事业单位，有的没考上，有的面试没有成功。最后他在这个学校没有当老师，做行政工作。本来他肯定希望事业上能有一个更好的发展，**但就是为了家，他也把事业上的追求放低了**，肯定不是按照他原本的理想的职业路径，可是我没感到他有什么抱怨，至少就是一家团聚的时间变多了，为了家庭作出改变，他也是满意的。

孩子爷爷、奶奶也都还算挺满意的。有一个问题就是老人觉得现在的生活便利性上不太好，超市买菜、带孩子逛公园不是那么方便。但是其实还行，原来是小区里面或者走出小区就有，现在稍微差一点，得走个十几二十分钟，但是现在也适应了，还是在可接受范围。

孩子的话现在马上要上幼儿园，离得不远，我可以上班的时候把他送过去，下班放学的时候再去接。住房也解决了，孩子也能就近上学，都挺好的。我感觉我要操心的事还不算多，不像有些同事孩子已经在中心城区上学上了一半了，他们要抉择搬不搬就很矛盾。

未来我个人觉得医疗、购物、课外辅导、文化活动这些方面能有一些配套就更好了，现在除了上班的地方，周边有点荒凉。我知道有医院、商场、交通枢纽都已经在盖了，我觉得整个副中心的发展，它是有规划、有步骤的，这些事情都已经在推进中了，挺好的。不知道这些配套都起来要等多久，三年还是五年，还是十年。我来了一年，感觉是在变化，刚来的时候没有共享单车，没有送快递的，现在快递、外卖、共享单车都有了，所以对未来还是很有信心、有期望的。**希望副中心有城市活力，吸引更多人，有生活氛围，这样才有归属感。**

【案例三：住难职也难 职住协调难度：★★★★★】

访谈时间：2020 年 1 月

访谈对象 C：男，首批搬迁的某政府部门公务员，妻子为西三环路附近某医院医生，怀孕中。本人现居住于通州于家务的自购房，妻子现居住于单位集体宿舍。

家庭迁居选择：已在通州购置自住型商品房，但家庭职住问题尚未解决。

问：当前你们家庭面临怎样的职住问题？

答：我 2015 年得知市政府要搬到通州的消息，**当时还未结婚，个人经济实力有限，考虑到以后要在通州工作，所以在通州购买了自住型商品房**。当时没有仔细考虑区位的问题，没想到位于于家务的自住型商品房距离行政办公区有 30km 路程，也没有公共交通，打车单程 46 元，费用和时间成本很高。此次在通州已有住房的不具备公务员宿舍分配资格，我认为政策考虑不够全面，**应该按住房的实际距离来，我认为我才是真正的刚需**，比很多朝阳、顺义的都住得远，通勤非常累。

与此同时，我爱人单位太远，怀着孕每天跑不现实，现在我们只能两地分居，她住在单位宿舍。我们也考虑过租房，但花费太高了，家庭收入无法负担，而且那样两个人上班都不近。长此以往肯定不行，她也找了通州的医院，有的要求北京户口、学历限制等，有的要求在不同院区轮岗，不是想来通州就能来的。我也有其他同事配偶特别想来，现在找不到机会。也听说过有的单位公务员自己想走，领导不放。**既然有的人愿意来，有的人不愿意来，能不能调剂一下，让真正想来的人能够来？**想来的人，吃点苦都不怕，但当前政策的弹性差了一些，也没有政策去解决配偶的问题。能不能更人性化一点，让公务员家庭有自主选择的机会？

就我个人而言，工作强度和压力都很大，有时候直接在住得近的同事家打地铺。我自认为对得起自己这份职业，但是对怀孕的妻子多有亏欠。希望住房、工作调动政策能够多考虑一下年轻人的真实需求，考虑的因素更加科学合理，让大家都能踏踏实实地在副中心工作、生活。

5.2.3.4 影响分析

（1）对直接影响人群的影响

通过上述分析发现，市属行政办公人员的职住平衡大多以家庭为单位进行考量和决策，其职住选择是多因子交叉作用的结果，其中能否以可支付的成本在通州获得可供家庭居住的住房是影响居住决策的最大因素。多数人的决策受相关保障政策影响较大，具有较强的随政策改变而改变的弹性。

当前有 85% 的市属行政办公人员家庭居住地在中心城区，行政中心的迁移使得相关人员面临以家庭为单位的重大职住决策。短期来看，根据当前的“子女、配偶优先”原则，不可避免地形成大量公务人员奔波在通勤路上的现状；长期来看，通过优化住房支持、子女就学支持等政策，可以有效促进部分行政办公人员家庭的整体随迁；与此同时，通过完善多方式的公共交通体系、促进东西向快速通勤廊道形成，将使得另一部分人的通勤时间回调至可接受范围内，从而实现由整体职住失衡到职住再平衡的转变。由于城市政府对住房、交通等领域的较高可控性和相关人群的政策敏感性，政府可以通过灵活调整政策加强对这一职住演变过程的调控，从而降低此次搬迁对相关人群的负面影响，更好地发挥行政办公功能率先疏解的示范带动作用。

（2）对城市战略目标的影响

市属行政办公功能的疏解，一方面可腾出约 0.4km^2 的市中心优质地段用地资源，为优化提升首都功能提供空间支撑，另一方面对于城市副中心的前期培育具有重要意义。虽然从问卷调查来看，第一批入驻的办公人员认为行政办公区的城市建设进展尚在起步阶段、与预期差距较大，但与有过类似行政中心迁移历程的城市相比（见本书第 6 章），北京城市副中心在吸引相关人员家庭迁居、相关配套设施建设等方面已呈现相对较快的发展速度，未来可充分发挥政策的引导调控作用，加速副中心综合城市功能的培育。

应对交通拥堵等“大城市病”方面，在近期的职住调整过渡阶段，将不可避免地产生交通流更加复杂、局部拥堵加剧的现象。长远来看，随着行政办公功能疏解带动其他相关功能和人口疏解的有效实施，辅之以“中心城区—城市副中心”交通走廊服务能力的改善提升，将得以在更加均衡的“一主一副”城市空间格局基础上，实现对城市整体交通和职住关系的有效改善。

专栏：近期影响预警——道路交通面临逾 5000 辆车的通行力缺口

行政中心搬迁前 85% 的从业者居住在中心城区，相关人员完成职住调整需要较长的时间周期，因此预计长距离通勤仍将维持一段时间。与此同时，新的交通设施建设也需要时间，因此在今后一段时期内需要由现状交通设施承载新增的通勤交通需求。主要的变化是通勤流由原来的分散化、多方向转为向“中心城区—城市副中心”廊道上汇集，因此初步判断未来早晚高峰时段相关交通廊道上轨道交通和道路交通都可能面临压力。

按照 6 万人的计划搬迁行政办公人员规模，考虑 0.8 作为来自中心城区方向通勤人员高峰小时的规模系数，即中心城区至副中心方向的交通廊道需满足早高峰 4.8 万人的客流承载需求。根据实际搬迁后的各种交通方式分担率调查结果，分别进行承载力测算如下。

[地铁供需测算]

按照0.7的分担率，需服务客流为3.36万人。现状中心城区至副中心方向地铁客流较少，按照当前6号线和八通线的单车运力、发车间隔、现状客流等测算，合计小时剩余运能为6.45万~6.57万人，可以服务新增通勤客流的需求。考虑到副中心至中心城区方向是现状拥堵线路，判断未来可能在轨道站点出入口、列车站台等不同方向乘客交汇处发生局部节点拥堵（表5-5）。

表5-5 现状地铁承载力供需测算表

	测算内容	八通线	6号线
地铁供需测算	发车间隔	2：50	2：30
	单车能力（人）	1460	1860
	线路小时运能（人）	30660	44640
	2016年7~8点最大断面量（四环路至通州、由西向东方向）（人）	4000~4500	5700~6200
	小时剩余运能（人）	26100~26700	38400~39000
	合计小时剩余运能（人）	64500~65700	

[公交车供需测算]

按照0.25（不计通勤班车）~0.52（公交车和通勤班车）的分担率，需服务客流为1.2万~2.5万人。在优化京通快速路公交专用道使用规则的前提下，京通快速路与广渠路公交专用道可额外供270~370辆公交车通行。目前来看基本可以满足150~313辆车的新增需求，但已接近饱和状态，将使车速大幅下降，且未来基本不再具备增量空间（表5-6）。

表5-6 现状公交车承载力供需测算表（单位：辆）

	单车能力	80
公交供需测算	公交车车辆需求	150~313
	京通快速路调整公交专用道时段后，京通快速路与广渠路公交专用道可额外提供公交能力	270~370

[小汽车供需测算]

按照 0.35 的分担率，需服务客流 1.68 万人，按照 1.36 的载客率，折算为 1.24 万辆车。当前中心城区与副中心之间主要通过京通快速路、广渠路、京哈高速公路、朝阳路、朝阳北路连通。这 5 条道路剩余通行能力为 6700~7200 辆小汽车，通行能力缺口达 5150~5650 辆车。当前仅有第一批单位 1.5 万人搬迁的情况下，测算新增通勤车辆约 3100 辆，尚能维持通行，但预计随着后续单位搬迁跟进，将造成道路严重拥堵局面。因此，需要针对接下来几年可能出现的道路交通拥堵，制定短期应急方案，同时有序推进新增设施的规划建设，逐步提升各种交通方式的承载能力（表 5-7）。

表 5-7 现状小汽车承载力供需测算表

<table>
<tr><td rowspan="8">小汽车供需测算</td><td>小汽车载客率</td><td colspan="2">1.36</td></tr>
<tr><td>小汽车需求（辆）</td><td colspan="2">12353</td></tr>
<tr><td>京通快速路</td><td rowspan="5">剩余能力（辆）</td><td rowspan="5">6700~7200</td></tr>
<tr><td>广渠路</td></tr>
<tr><td>京哈高速公路</td></tr>
<tr><td>朝阳路</td></tr>
<tr><td>朝阳北路</td></tr>
<tr><td>缺口（辆）</td><td colspan="2">5150~5650</td></tr>
</table>

5.2.3.5 模式展望

市级行政中心迁移带动新区开发在国内城市已有诸多实践经验可供参考，此次对于北京城市副中心而言，国家层面的战略部署、城市功能重组的历史性机遇、面向区域协同发展前沿界面的良好区位、市级行政资源的充分支持、相对充足的发展潜力空间等，都指向了一个难得的发展契机。我们需要认识到，作为示范带动工程的行政中心迁移是一个节点式、跳跃式的事件，而城市副中心发展却是一个递进式、渐变式的过程，必须科学认识城市发展规律，以 20 年以上的长远眼光来谋划历史性工程，明确不同阶段的规划建设重点，并形成合理预期。

未来应坚持人性化、精准化的政策支持，做好配套设施和城市环境建设，持续推进行政中心迁移涉及人员的家庭职住平衡。这既是为后续的其他搬迁单位提供样板，也是在城市副中心的前期培育阶段为长远发展树立起科学理念和合理路径。针对现阶段问题，进一步优化市属行政办公人员职住关系的具体措施包括以下几方面。

（1）在城市副中心为行政人员提供多种形式的居住及公共服务支持

住房保障是影响相关人员居住决策的最大因素，而两居室、三居室以上的多代家庭型住房需求是主力。应完善多元化住房保障措施，一方面通过公租房等满足部分人群需求，另一方面为商品住房置换等多类型的住房需求提供灵活的政策支持。此外，公共服务需求，尤其是子女接受基础教育的需求也是影响相关人员决策的重要因素，整体上“学住平衡”的实现应优先于职住平衡，因此完善公共服务保障措施也有利于提升迁居意愿。

（2）近期重点缓解道路交通拥堵，远期完善轨道交通体系

通过改善交通实现缩短通勤时间也是优化职住关系的重要手段。应着力提升城市副中心与中心城区及周边其他城区的便捷交通联系，促进以下多元目标的实现：提升区域整体吸引力，促进各种流的联系；提供在通州上班、在其他地区居住的解决方案，使部分短期内无法搬到通州居住的人员不至于离职，为长期的职住平衡决策提供过渡期；为行政人员配偶的出行提供可选择方案，提升家庭整体迁居的动力等。具体来说，针对近期需求，应加强应对京通廊道交通拥堵的措施考虑；远期着重规划和建设好地铁及区域快线，满足通勤者依靠轨道交通实现快速通勤的主流需求。

（3）加强产业发展引导及配偶就业支持

通州区在过去较长一段时间内是中心城区的“睡城”，但由于城市副中心建设的带动，其就业规模已开始快速增长，对周边区域的吸引力迅速提升。应把握行政中心示范搬迁的建设契机，推动商务服务、行政办公、文化旅游等重点产业发展，增加就业岗位，提高区域人口职住比，促进职住平衡发展。具体对于促进行政办公人员家庭职住平衡而言，由于调查发现双公务员、“双体制内”家庭较多，可考虑政府系统内部调动的政策支持。此外，从事信息技术、教育科研、金融业的行政人员配偶比例也较高，与副中心自身的区域产业定位和发展方向相吻合，推动城市副中心主导产业的发展也将有助于提高行政人员家庭随迁比例。

5.2.4 医疗机构疏解：内部机制与外部效应

5.2.4.1 基本情况——华北地区医疗资源高地，中心城区集聚特征明显

在华北地区，北京的医疗资源较丰富。根据统计年鉴资料，2018 年北京共有卫生机构 11100 个，其中医院 736 个、社区卫生服务中心（站）2079 个；卫生技术人员 281686 人；实有床位数 123508 张，其中医院床位数 116279 张；平均每千人常住人口中，执业（助理）医师数 5.08 人、注册护士数 5.74 人、医院床位数 5.40 张。与周边的天津、河北、内蒙古相比，北京市不仅医疗资源的数量更多，通常认知上，相当部分医院的诊疗水平也较高（图 5-28）。

在北京市域内，当前较有名的、水平较高的医院多分布在中心城区，诸如综合类的协和医院、301 医院，专科突出的积水潭医院、北京儿童医院等。从数量上看，2019 年中心城区拥有全市医院总量的 65%、三甲医院的 80%、执业（助理）医师的 64%、实有床位数的 65%，相比同期中心城区的常住人口占全市的 52%，建设用地占全市的 27%，医疗机构在中心城区的集聚程度更为突出（图 5-29）。

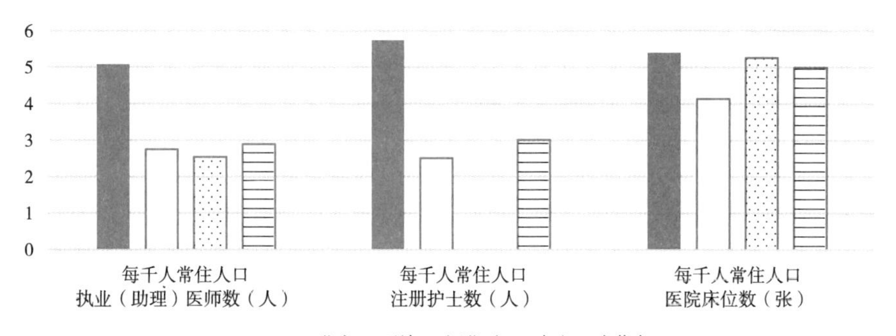

图 5-28 2018 年北京、天津、河北、内蒙古人均医疗资源比较[1]

[1] 《天津统计年鉴 2019》未计算千人指标，采用执业（助理）医师数、注册护士数、医院床位数与常住人口比值，分别为 43020/15596、39377/15596、64603/15596。《河北经济年鉴 2018》统计口径为每千人口医疗床位、每万人口执业（助理）医师数换算而来，未统计注册护士数。《内蒙古统计年鉴 2019》采用（执业医师 + 执业助理医师）、注册护师护士、医院床位与年末总人口比值，分别为（63263+10163）/25340、76435/25340、126378/25340。

图 5-29 北京等级医院分布示意图（全市、中心城区）

5.2.4.2 疏解策略——规模上控制扩张，布局上向外疏解，制度上加强协同

由于北京的医疗机构，尤其是三甲医院集聚在中心城区的比例远高于常住人口在中心城区的比例，在当前分级诊疗尚不完备的背景下，“去大医院看病”的习惯促成了大量居住在中心城区外的患者进入中心城区看病的现象。同时，许多外地来京看病的患者[1]的目标医院也在中心城区内，进一步带来了人流、车流向中心城区的汇聚。

这一现象在当前带来了 3 个主要问题：①中心城区内的部分大型医院，尤其是三甲医院接诊病人多，不堪重负，而数量更多的社区卫生服务中心（站）、门诊部及诊所每日接诊人数相对较少。②中心城区此类医院周边的交通拥堵现象严重，且长期难以缓解。③不同空间中医疗资源分布不均、诊疗水平不均的问题长期无法解决。

2015 年以来，京津冀协同发展的宏观政策提出了疏解部分教育、医疗、培训机构等社会公共服务功能的要求。北京对公共服务资源重新布局的思路可以总结为在中心城区、中心城区外和京津冀三个空间圈层强化均衡。其中，医疗功能的主要策略包括规模上控制增长，布局上向外疏解，制度上加强协同。

（1）规模上控制增长

《北京市“十三五”时期卫生计生事业发展规划》提出严格控制公立医院规模扩张，明确了“市办以上新建公立综合医院单体最大床位规模

[1] 如根据北京市医院管理局《2018 京医通就医数据报告》，2018 年京医通平台外地患者总挂号量 590.8 万人次，占总患者挂号量的 27.14%。外地患者中，有 27.6% 来自河北，8.6% 来自内蒙古，7.9% 来自河南。

不超过1500张，区办公立综合医院最大床位规模不超过900张”的要求。同时，随着部分医院向外疏解，在建设新院区的同时，中心城区内的原院区通常被要求缩减床位数。如北京友谊医院在顺义区后沙峪地区建设顺义院区，同步要求位于城区的老院区逐步缩小规模，开放的床位数量将从目前的1500张逐渐减少到1000张[1]；北京大学人民医院在潞县镇新建通州院区，也要求在通州院区登记开诊时，该院应同时将位于中心城区的院区床位数量缩减300张[2]。

（2）布局上向外疏解

《北京市人民政府关于组织开展“疏解整治促提升”专项行动（2017—2020年）的实施意见》提出“制定实施部分教育资源疏解、市属医疗卫生资源率先疏解促进协同发展工作方案，优化调整教育医疗资源布局”以及“推动市属医疗卫生资源优先向薄弱地区疏解，切实降低中心城区就诊数量”等思路。从目前已经明确的计划看，通过整体搬迁或者新建、扩建院区的方式纳入疏解计划的医院的新址都向外转移。如天坛医院、北京口腔医院从南二环内的天坛地区整体搬迁至南四环内的花乡地区，其他新建、扩建的院区也均在中心城区以外（表5-8、图5-30）。

表5-8　三类医疗机构疏解模式及典型医院案例表

类型		医院	位置和规模变化
整体搬迁		首都医科大学附属北京天坛医院	新院建在丰台区花乡桥东北角。总建筑面积近27万m^2，是现有建筑总面积的3倍。共设床位1650张，将天坛医院现有床位量提升近一倍
		首都医科大学附属北京口腔医院	新址位于丰台区花乡樊家村地区，北至首经贸，东至张新路，南至康辛路，西至规划绿地。项目总用地面积6.5万m^2
新建扩建院区	新建	北京大学人民医院通州院区新建	通州区潞县镇潞县村西。一期工程占地面积12万m^2，开放床位800张。在通州院区登记开诊时，该院应同时将位于中心城区的院区床位数量缩减300张

❶ 人民网．友谊医院顺义院区今天开建 预计2020年底竣工[EB/OL].（2016-12-28）/[2019-04-15]. http：//bj.people.com.cn/n2/2016/1228/c82840-29527070.html.

❷ 千龙网．北京大学人民医院将建通州院区[EB/OL].（2017-03-21）/[2019-04-15]. http：//beijing.qianlong.com/2017/0321/1517606.shtml.

续表

<table>
<tr><th colspan="2">类型</th><th>医院</th><th>位置和规模变化</th></tr>
<tr><td rowspan="5">新建扩建院区</td><td rowspan="3">新建</td><td>北京友谊医院顺义院区新建</td><td>位于顺义区后沙峪地区。总规模1500张床位，一期建设1000张床位。随着人口疏解，友谊医院位于城区的老院区也将逐步缩小规模，开放的床位数量将从目前的1500张逐渐减少到1000张</td></tr>
<tr><td>北京安贞医院通州院区新建</td><td>位于通州区宋庄镇。建设规模约38.5万m^2，设置床位1500张</td></tr>
<tr><td>北京中医医院垡头院区新建</td><td>位于王四营乡。建设规模约20万m^2，设置床位1000张</td></tr>
<tr><td rowspan="2">扩建</td><td>北京同仁医院经济技术开发区院区扩建</td><td>位于开发区西环南路。对原有的同仁医院开发区院区进行扩建，建设规模约15.2万m^2</td></tr>
<tr><td>北京中医药大学东直门医院东区二期</td><td>位于通州区翠屏西路。已有床位800张，将增至1200张。未来东直门医院将一院两区，主体迁到通州。东直门医院原院址将偏向科研、教学、保健、研究生部以及部分医疗功能</td></tr>
<tr><td rowspan="6">合作医院/医联体</td><td colspan="3">北京天坛医院（张家口）脑科中心</td></tr>
<tr><td colspan="3">北京积水潭医院张家口合作医院</td></tr>
<tr><td colspan="3">张家口市中医院北京中医医院合作医院</td></tr>
<tr><td colspan="3">北京同仁医院张家口合作医院</td></tr>
<tr><td colspan="3">北京回龙观医院张家口合作医院</td></tr>
<tr><td colspan="3">北京口腔医院张家口合作医院</td></tr>
</table>

资料来源： 本章参考文献 [9][10][12]~[16]

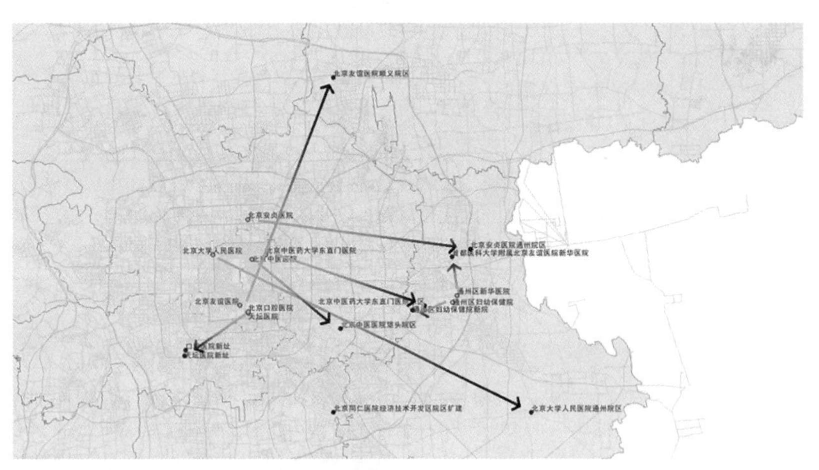

图 5-30　典型医疗机构疏解的空间布局示意图

（3）制度上加强协同

《北京市“十三五”时期卫生计生事业发展规划》提出在制度上探索跨区域医联体建设和医保协同机制建设。京津冀三地也签署了相关合作协议，如 2015 年《京津冀卫生计生事业协同发展合作协议》提出“加强基层卫生合作。探索大区域内社区卫生服务机构和乡镇卫生院交流合作平台，建立基层医务人员交流机制，共同提升社区和乡镇卫生机构服务水平，逐步缩小服务差距。加大对贫困地区倾斜扶持力度，鼓励优质医疗卫生资源与贫困县开展对口结对帮扶”，配套工作计划进一步提出“落实京津冀三地专业技术人员继续教育学分互认，推动管理干部和专业技术人员交流任职”。[1]

5.2.4.3 研究方法——一个全样本意向调查，一个天坛医院跟踪调查

《京津冀协同发展规划纲要》为北京市教育和医疗机构的疏解设定了三个节点，提出 2017 年疏解项目应取得实质性进展，2020 年已确定的项目要完成疏解任务，2030 年实现更加均衡的公共服务资源配置[2]。截至 2020 年初，天坛医院的整体搬迁已经完成，在经历 2018 年 10 月 ~2019 年 1 月的试运行后，进入了正式开诊。

为更深入地了解医院疏解过程中医务工作者的职住选择，本研究开展了一次针对有疏解计划医院医务人员的全样本意向调查工作，并在天坛医院完成搬迁后，开展了一次针对天坛医院医务人员的跟踪调查工作。两次调查的问题设置维持一致。结合搬迁前的意向和搬迁后的跟踪对比，可以更清晰地反映医务人员在疏解过程中的真实需求。

2017 年 12 月，“北京市医院搬迁职住选择意愿调查”问卷调查（下文称意向调查）针对有疏解计划医院的医务人员[3]发放问卷 690 份。去除无效答卷、没有疏解计划医院的职工的答卷和京外答卷后，有效答卷 661 份（表 5–9）。问卷包括四大部分：一是受访者就业情况，包括当前的工作情

---

[1] 千龙网 . 京津冀十大卫生计生合作规划发布 .（2015–09–24）/[2019–04–15]. http：//jingjinji.qianlong.com/2015/0924/220924.shtml.

[2] 人民网 . 北京高校疏解本科打头阵 到 2020 年基本完成疏解 [EB/OL].（2015–07–17）/[2019–04–15]. http：//house.people.com.cn/n/2015/0717/c164220–27318773.html.

[3] 本书下文所指医务人员，包括在相关医院工作的医疗、护理、相关技术人员和医院管理层。

况和由医院疏解而产生的工作预期、就业选择；二是居住情况，包括目前的居住位置、产权类型和伴随疏解产生的搬迁计划；三是通勤情况，包括当前的通勤时间、方式，以及预期疏解之后的通勤时间、方式变化；四是相关家庭情况、社会属性和保障诉求等。

表 5-9 问卷调查医院基本情况表

医院	回收答卷	答卷占比	现在地点	搬迁地点	疏解形式
首都儿科研究所附属儿童医院	377	57.0%	朝阳区雅宝路	通州区宋庄镇	建新院区
北京安贞医院	135	20.4%	朝阳区安贞路	通州区潞城镇	建新院区
北京口腔医院	61	9.2%	东城区天坛西里	丰台区花乡镇	整体搬迁
北京友谊医院	27	4.1%	西城区永安路	顺义区后沙峪镇	建新院区
北京天坛医院	6	0.9%	东城区天坛西里	丰台区花乡镇	整体搬迁
其他医院	55	8.4%	—	—	—
总计	661	100%	—	—	—

2019 年 9 月开展的“北京医院搬迁的职住影响调查”问卷调查（下文称跟踪调查）针对已经完成搬迁的天坛医院的医务人员发放问卷 463 份。去除无效答卷、非天坛医院职工答卷后，有效答卷 394 份。问卷结构保持一致，提问侧重实际变化：一是就业情况，包括搬迁前后工作量对比、搬迁后的就业态度；二是居住情况，包括目前的居住位置、伴随疏解产生的实际搬迁情况；三是通勤情况，包括当前的通勤时间、与搬迁前的对比；四是相关家庭情况、社会属性和保障诉求等。

5.2.4.4 人群画像

（1）意向调查

从年龄分布上看，各年龄段分布较为平均，能较好地提取各年龄段人群的不同需求。从工作类型比例上看，医生、护士各占约 1/3，药师和医技人员、行政人员和领导各占约 1/6，抽样比例较好；结合性别因素，药师和医技人员、行政人员和领导答题者的男女比例较均衡，护士答题者的女性占绝大部分，与实际性别比例基本吻合，医生答题者中女性占 3/4，略多于男性。

（2）跟踪调查

从年龄分布上看，各年龄段分布也相对均衡（图 5-31）。从工作类型比例上看，护士答题较多，约占 2/3，医师约占 1/6，抽样比例不如意向调查理想。性别比例上，女性答题者占绝大部分，或许与线上问卷通过社交 APP 传播的发放方式有关（图 5-32）。

5.2.4.5 职住选择

（1）工作计划：整体搬迁模式的高就业带动率得到验证

从意向调查的情况来看，各类型医院的职工整体选择差异不大。相比之下，不同的搬迁模式对职工的未来就业预期的影响更加明显（图 5-33、图 5-34）。整体搬迁能获得最高的就业带动比例，最好地维持工作队伍的整体稳定性。若采用扩建新院区的方式迁移职工，大约有 15% 左右的职工将选择跳槽到其他医院。

对比跟踪调查的情况，意向调查中整体搬迁的高带动率基本得到验证。

（2）工作性价比：近期“求稳为先”的特征明显，中长期变量大

意向调查反映出“求稳为先”的就业选择特征。大部分受访者决定跟随医院搬迁，且整体搬迁形式更为突出——即使其中多数人认为自己若更换工作工资将增长，甚至有不少人预期跟随医院搬迁会让工资降低（表 5-10）。

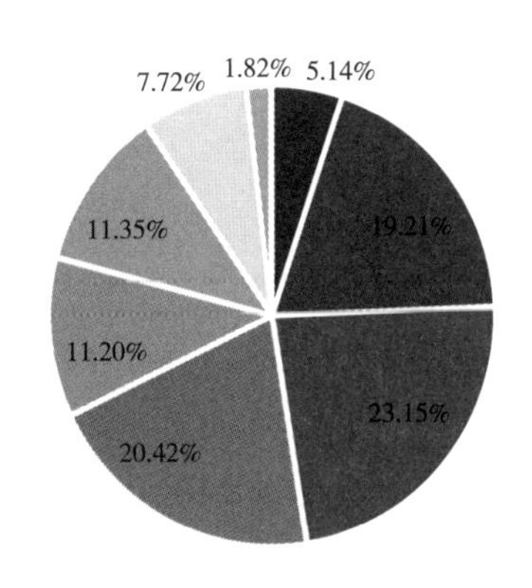

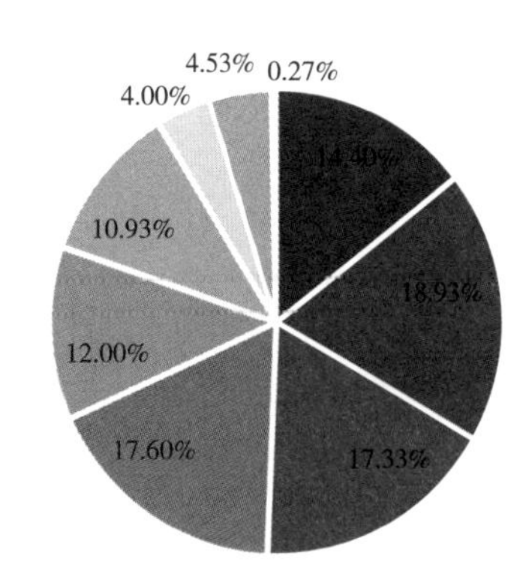

■ 20~24岁 ■ 25~29岁 ■ 30~34岁 ■ 35~39岁 ■ 40~44岁 ■ 45~49岁 ■ 50~54岁 ■ 55~59岁

■ 20~24岁 ■ 25~29岁 ■ 30~34岁 ■ 35~39岁 ■ 40~44岁 ■ 45~49岁 ■ 50~54岁 ■ 55~59岁

图 5-31 意向调查（左）和跟踪调查（右）答题者的年龄分布

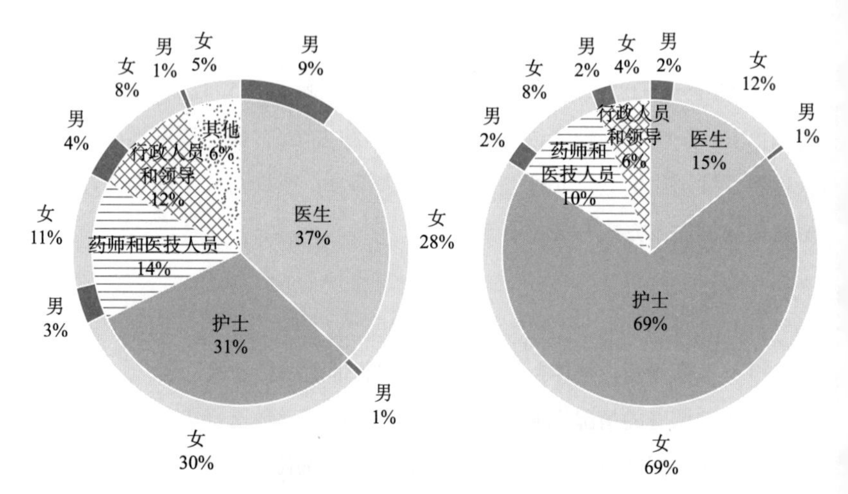

图 5-32 意向调查（左）和跟踪调查（右）答题者的职业和性别分布

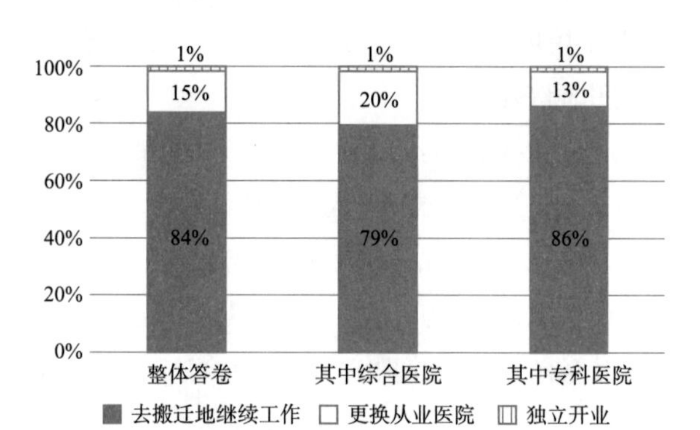

图 5-33 不同类型医院的工作计划对比

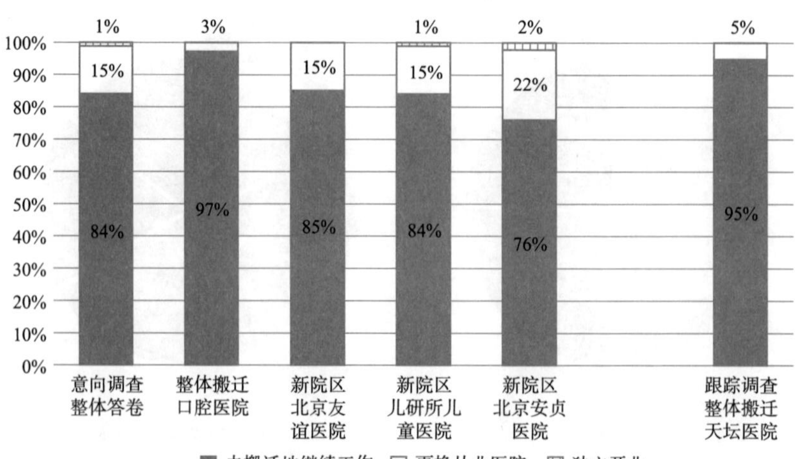

图 5-34 不同搬迁模式的工作计划对比

表 5-10　医务人员工作计划及预期收入对比

受访者及未来工作计划	收入预期		
	有所增加	基本持平	有所减少
所有受访者：　若更换从业医院或独立开业	53%	34%	13%
选择去搬迁地继续工作的受访者	29%	40%	31%
选择更换从业医院或独立开业的受访者	54%	32%	14%

结合跟踪调查的情况，实际搬迁后，大部分职工的工作量都有所增加，包括每日接诊患者数量和工作时长，但收入基本维持不变（有 10% 的答卷者标注搬迁后工资是搬迁前的 0~20%，初步判断为非真实情况）（图 5-35）。这一特征有可能使职工中长期的就业选择呈现更大的变数。

（3）迁居选择：将搬家付诸行动者大量增加，住房产权情况对搬家概率有明显影响

意向调查中，只有 27% 的答题者因医院疏解而产生了搬家计划（其中 23% 有计划、无购房行动，4% 有购房行动），大部分答题者并无搬家计划。但从跟踪调查来看，37% 的答题者实际开展了搬家行动，与意向调查相比，搬家人数大增（图 5-36）。

考察意向调查中搬家计划与答题者住房产权的情况，可以发现租住比例越高，搬家意向越高。即租住者更愿意跟着医院去新工作地，而居住

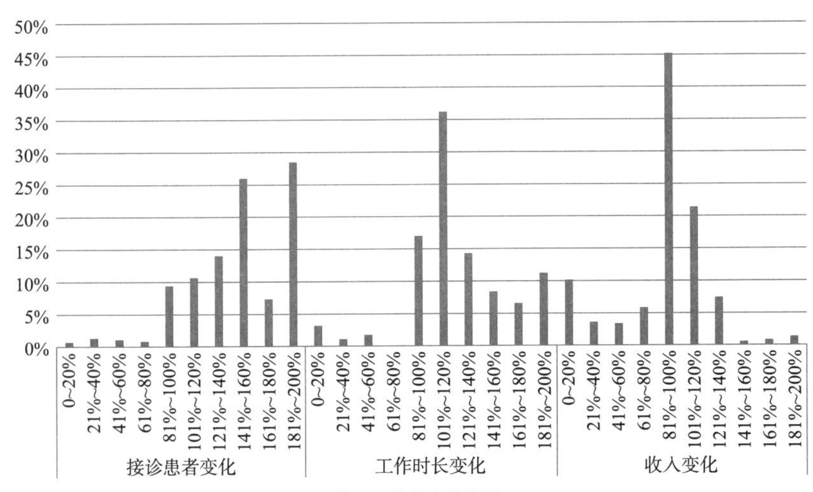

图 5-35　跟踪调查中与搬迁前相比的工作量、收入变化情况

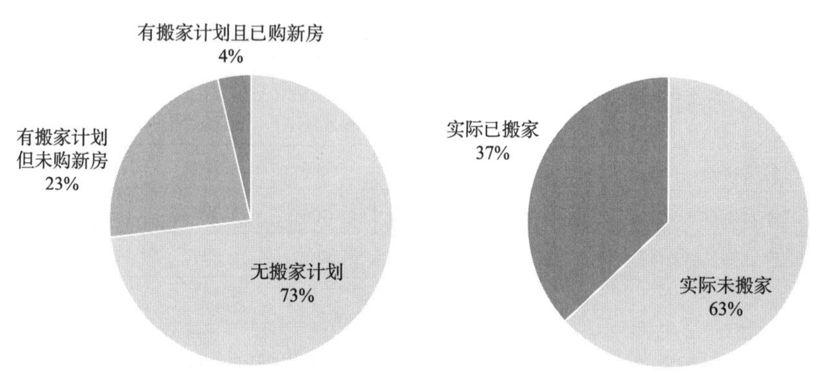

图 5-36　意向调查的搬家计划与跟踪调查的实际搬家情况对比

在有产权住房中的人换工作的比例更高（图 5-37、图 5-38）。将之对比跟踪调查的情况，“产权—搬家概率”之间较为明显的关系也能得到验证（图 5-39）。

（4）搬家趋势：整体呈现缩短职住距离趋势，微观居住决策因素多元

考察天坛医院职工搬家前、后与原、新院区的职住距离变化（图 5-40），大多数职工的职住距离随着搬家都有所减少。但由于天坛地区、花乡地区

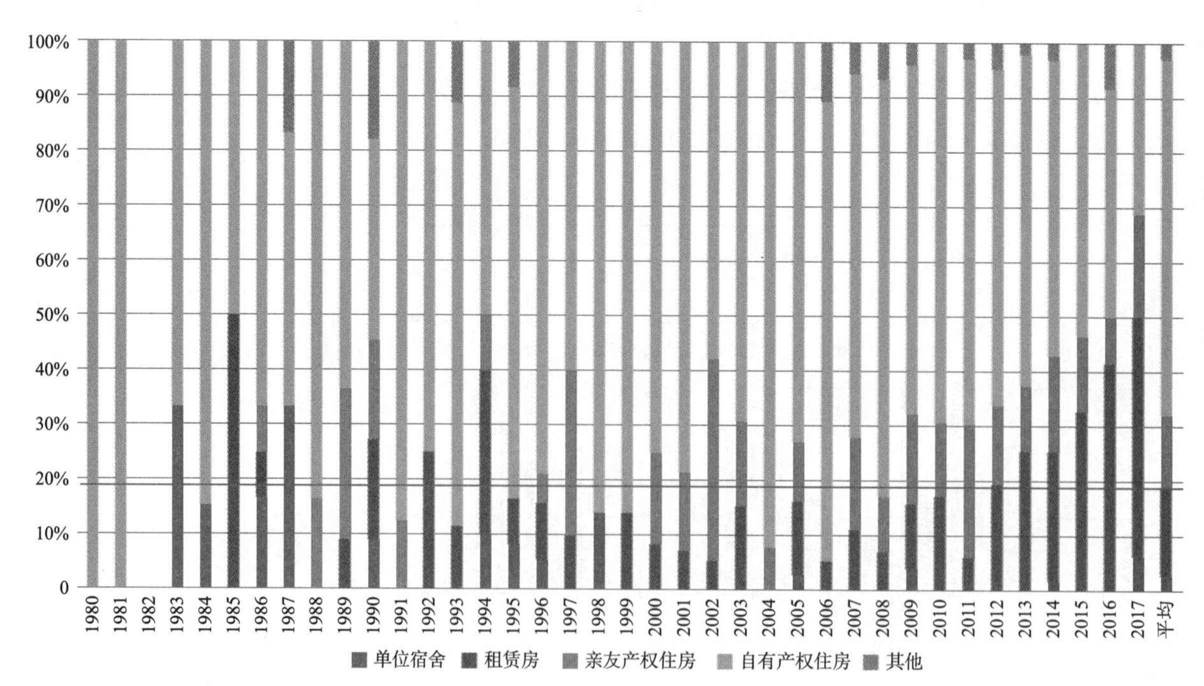

图 5-37　各年入职医务人员住房产权情况比较

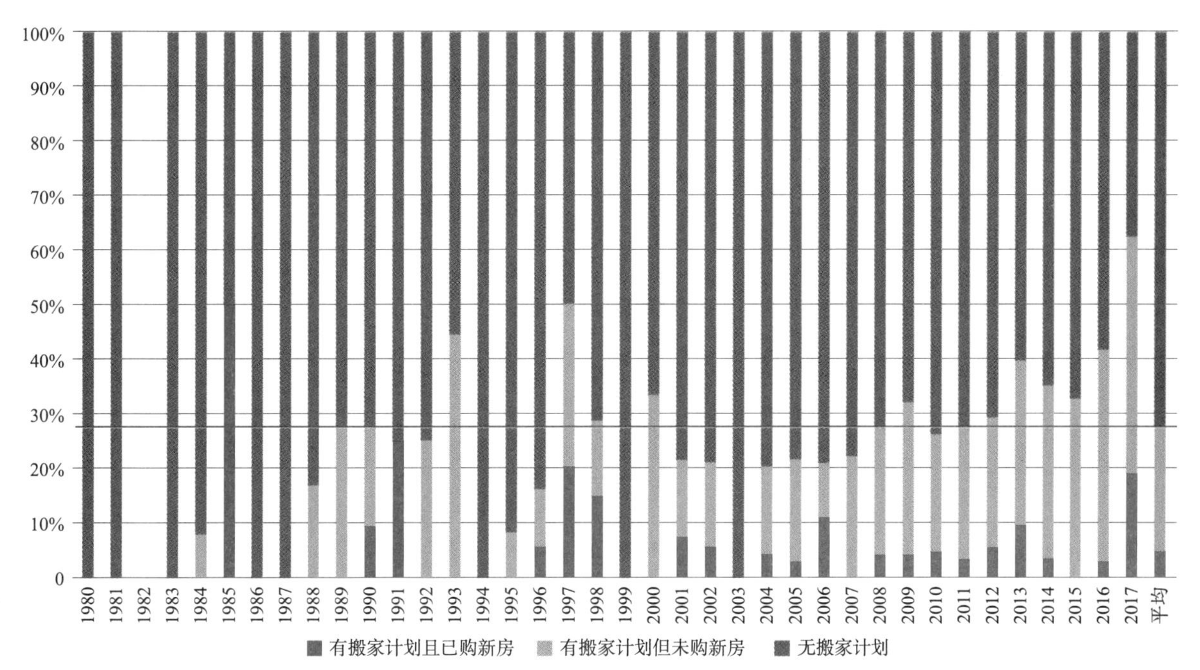

图 5-38　各年入职医务人员搬家计划比较

的空间距离并不远，周边交通都较为便捷，医院疏解带来的交通因素变化不明显。同时职工的搬家决策还受到居住环境、子女教育等多元因素影响（图 5-41、图 5-42），微观决策呈现出更多样的空间分布。

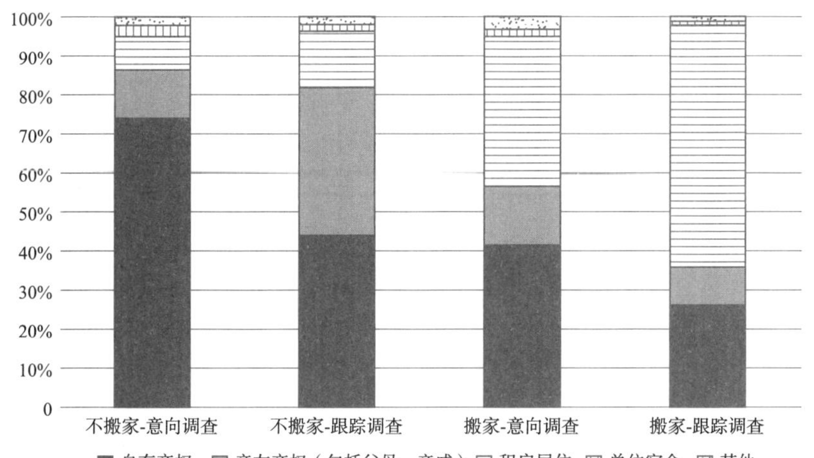

图 5-39　意向调查与跟踪调查中的搬家意愿（行动）与居住产权情况

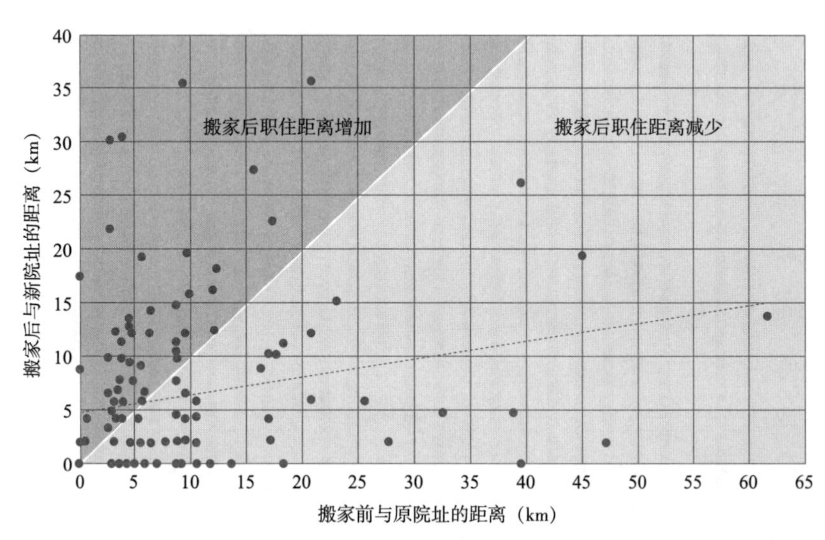

图 5-40 天坛医院搬迁及职工搬家前后职住距离变化示意图

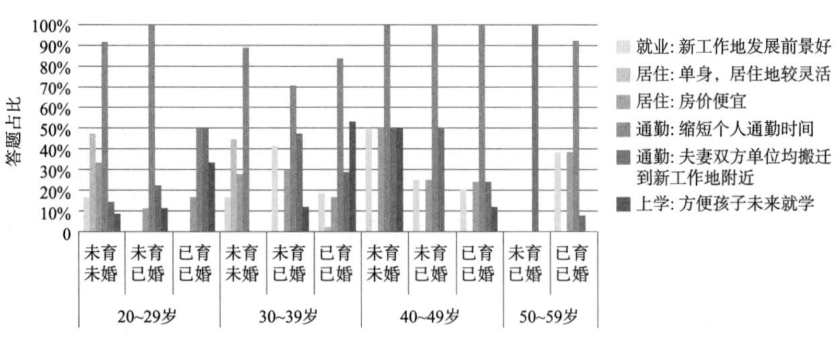

图 5-41 计划搬家者的主要考虑因素

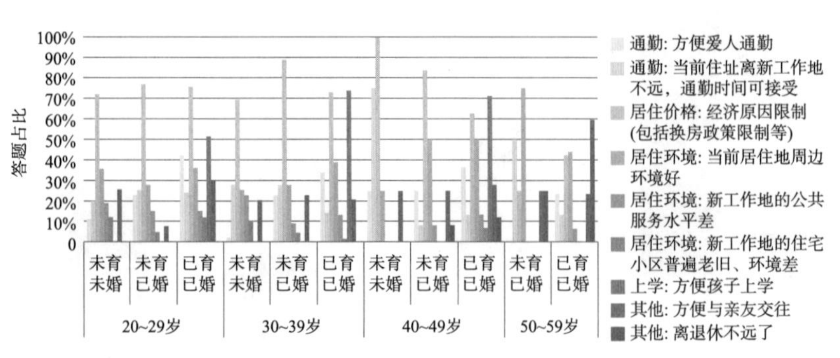

图 5-42 不搬家者的主要考虑因素

（5）通勤影响：预期通勤时间翻倍，实测时间变化不大

意向调查中的答题者大多判断医院搬迁后通勤时间将大幅提升。医院搬迁前，单程通勤在 30 ~ 70min 居多，平均通勤时间 52.9min，中位数 50min。答题者预判搬迁后通勤时间将翻倍，单程通勤 60 ~ 120min，平均通勤时间 101.6min，中位数 90min（图 5-43）。

由于存在对搬迁后通勤距离的偏高估计，加之过半的天坛医院职工都选择搬家以适应新的工作地，跟踪调查反映出的实际的搬迁前后通勤时间变化并不明显，平均通勤时长略有增加，从搬迁前的 52.9min 增加至搬迁后的 62.6min（图 5-44）。

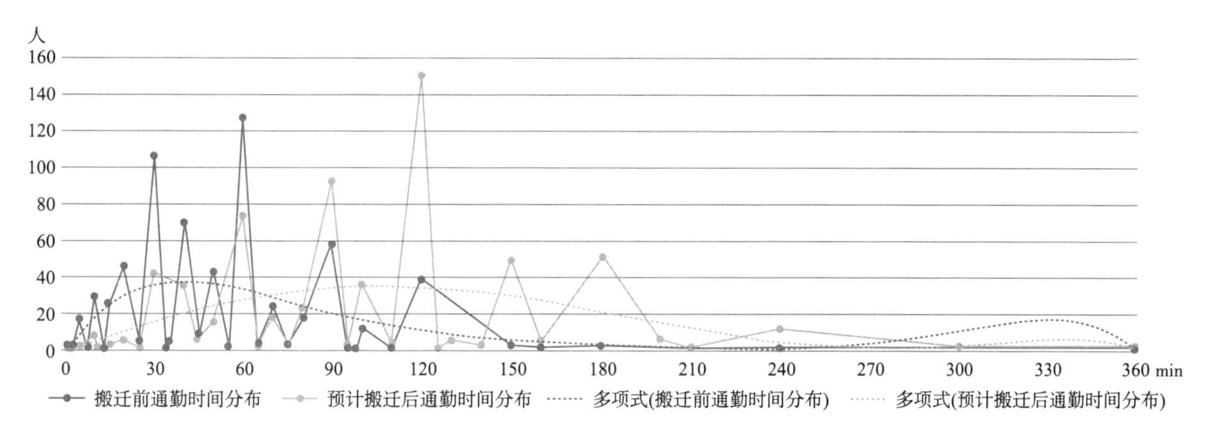

图 5-43 意向调查搬迁前和预计搬迁后通勤时间分布

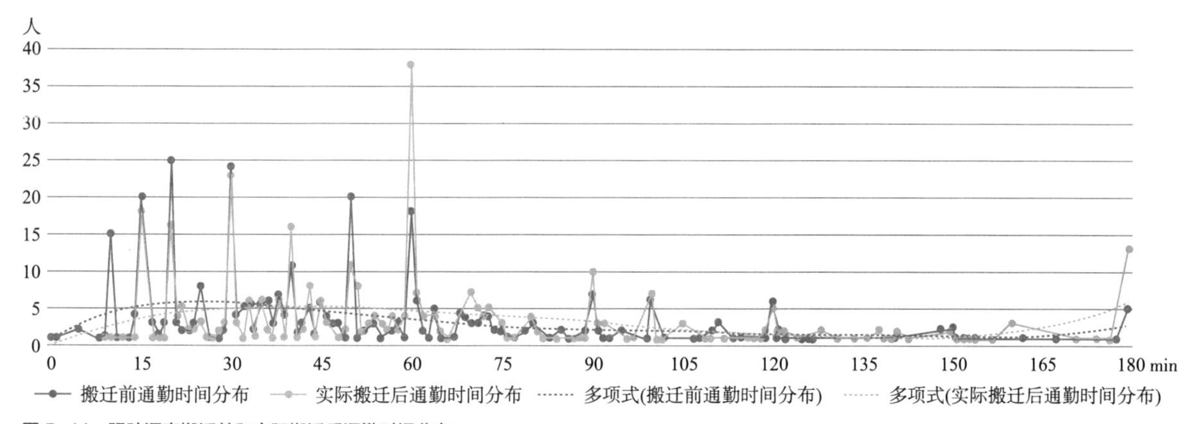

图 5-44 跟踪调查搬迁前和实际搬迁后通勤时间分布

（6）需求体系：实际搬迁后重要性排序有不同（意向调查：居住 > 办公保障 > 子女配偶 > 通勤，跟踪调查：通勤 > 居住 > 各类保障 > 子女配偶）

结合对具体诉求的分析，可以发现意向调查中答题者反映的需求关注度与跟踪调查的排序发生了一定的变化。从意向调查看，大多数人最关注居住问题的保障，其次为办公环境及补贴的提供，再次为对子女、配偶的就学、就业支持，最后为通勤方式的支持。但跟踪调查反映出，通勤的支持成为最迫切的领域，其次为居住问题保障，再次为办公环境及补贴的提供，最后为对子女、配偶的支持（图 5–45）。这种变化反映出真实搬迁之后就业者需求的缓急。

同时可见，与许多政策制定者的认识——只要提供好的工作硬件环境、一定的补贴、工会福利就可以让职工愿意跟随疏解搬家——不同，受访者对各类补贴的确有需求，但不论意向调查还是跟踪调查，都非决定性因素。住房因素的重要性明显，半数意向调查的答题者、七成跟踪调查的答题者提出只要解决住房问题，愿意立刻搬家。许多答题者表示，为了能在新工作地安心工作，需要“解决住房，可以不要产权，还要保证孩子享有优质教育资源”（图 5–46）。

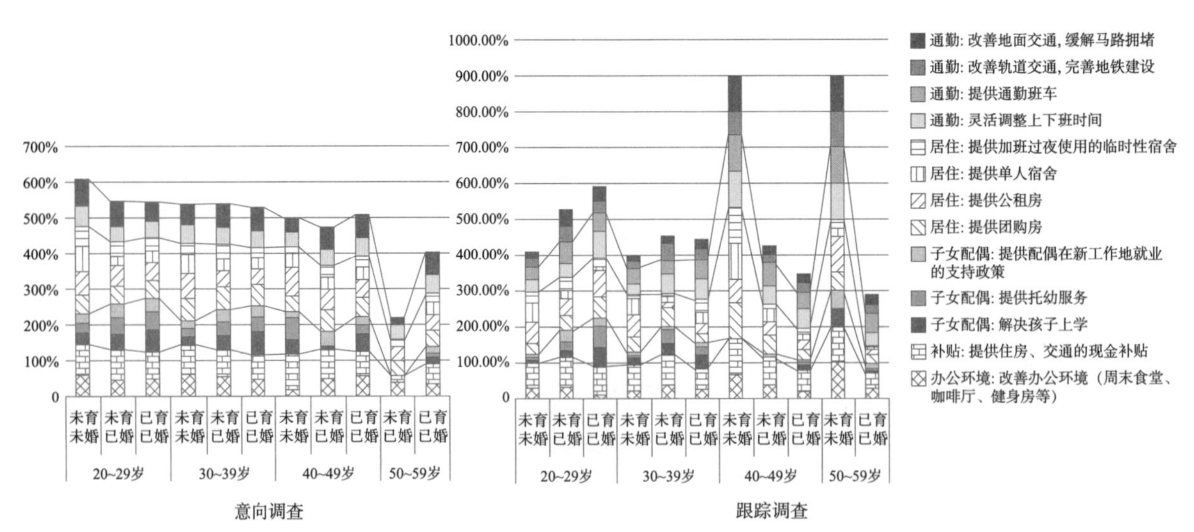

图 5–45　医院疏解医务人员保障诉求统计图

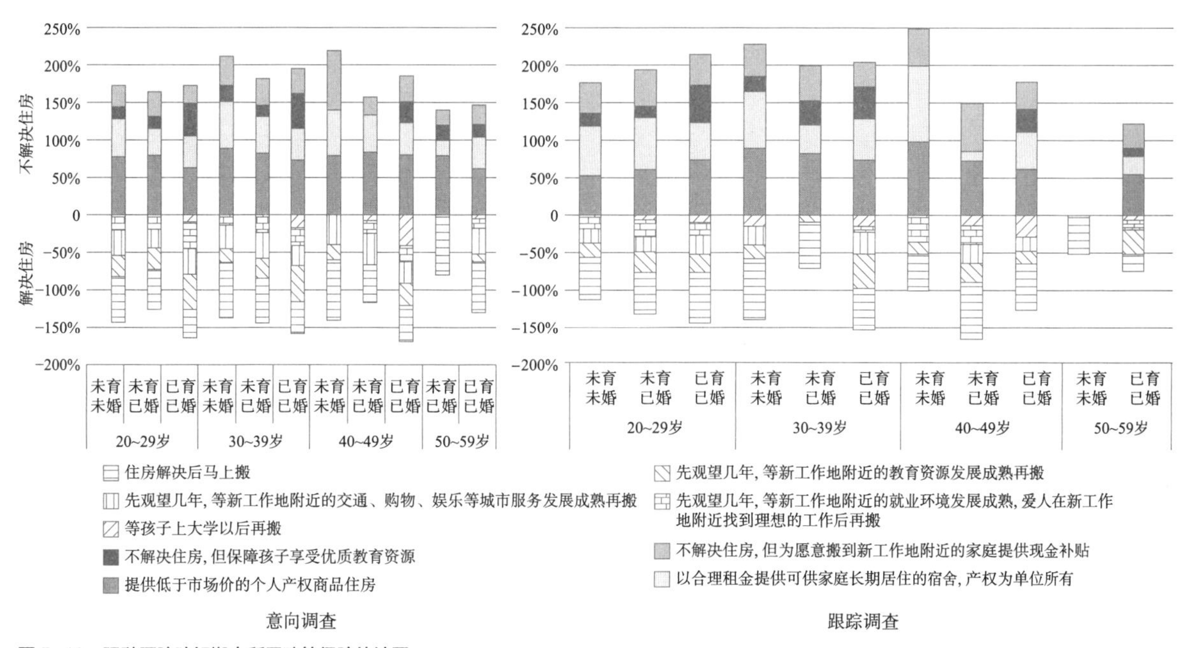

图 5-46 跟随医院疏解搬家所需政策保障统计图

5.2.4.6 影响分析

天坛医院在 2018 年 10 月启动搬迁，经试运行后，于 2019 年 1 月在新院址正式开诊。结合大数据对比原院址（天坛地区）与新原址（花乡地区）的不同圈层范围的常住人口、客流规模变化，可以反映出医院搬迁对新旧址的空间影响范围。

（1）常住人口变化

天坛医院原址附近，常住人口受影响的圈层集中在 250m、500m 半径范围，即院区范围内部和最邻近的周边（图 5-47），考虑其是主要受到住院患者的迁出以及配套服务功能转移的影响。新址附近的常住人口变化则集中在 250m 半径范围（图 5-48）。

（2）客流规模变化

客流规模受到影响的圈层大于常住人口。其中，天坛医院原址的 250m、500m、1000m 半径范围内的客流在疏解期间均有明显的降低（图 5-49）。新址受到影响的圈层范围较小，集中在了 250m 半径范围

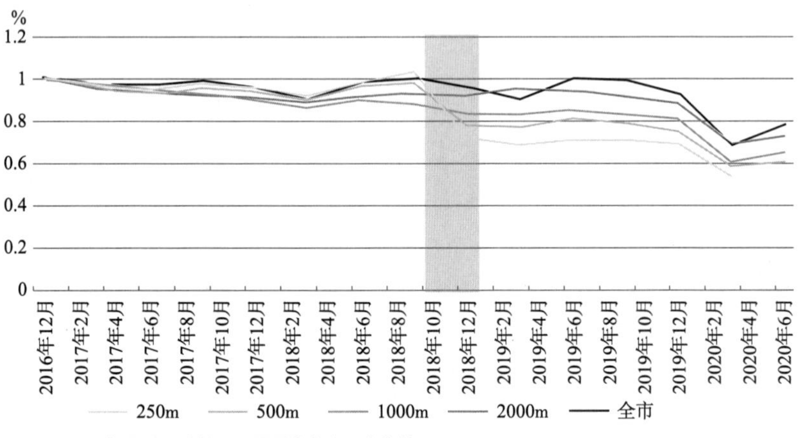

图 5-47 天坛医院原院址不同圈层常住人口变化情况

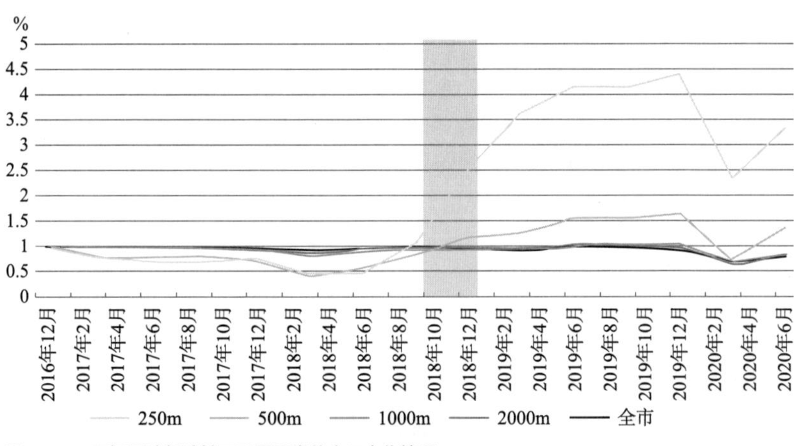

图 5-48 天坛医院新院址不同圈层常住人口变化情况

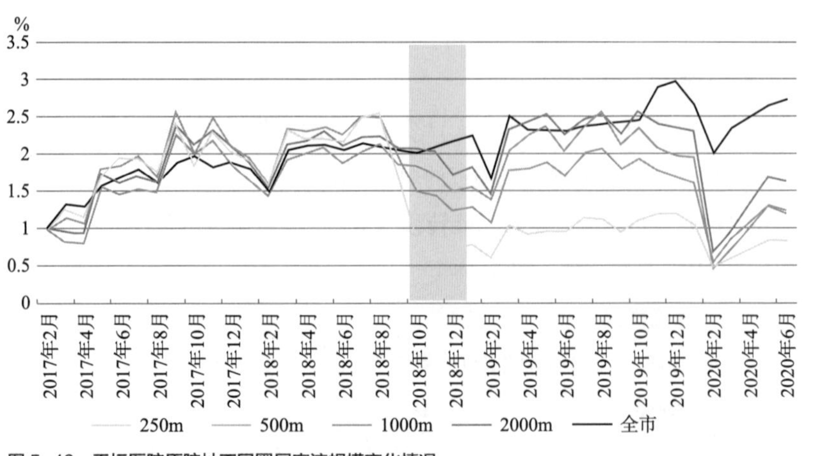

图 5-49 天坛医院原院址不同圈层客流规模变化情况

（图 5-50）。考虑是由于原址周边各类相关配套功能较成熟，因此受到影响的范围较大，而新址由于周边配套功能尚不健全，主要的客流增量集中在了医院内部。

（3）医院疏解的空间影响圈层示意

短期来看，疏解地周边的影响可达 1000m 半径以内，且影响较为明显，而承接地则集中在 250m 半径内，即医院新址周边（图 5-51）。随着时间推移，各类配套功能逐渐向承接地转移，或许会使承接地附近受影响的圈层范围有所扩大。

5.2.4.7 模式展望

（1）医疗功能疏解再认识：医疗机构在功能疏解中具备双重角色，既是被疏解的对象，也是带动功能疏解的前置要素

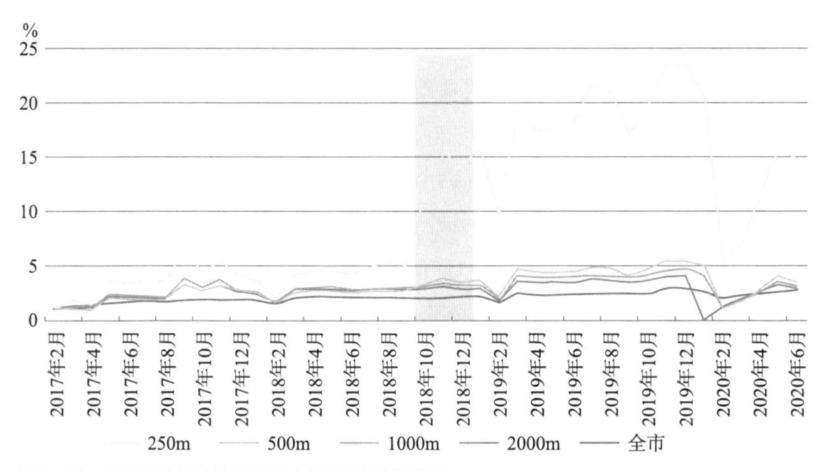

图 5-50 天坛医院新院址不同圈层客流规模变化情况

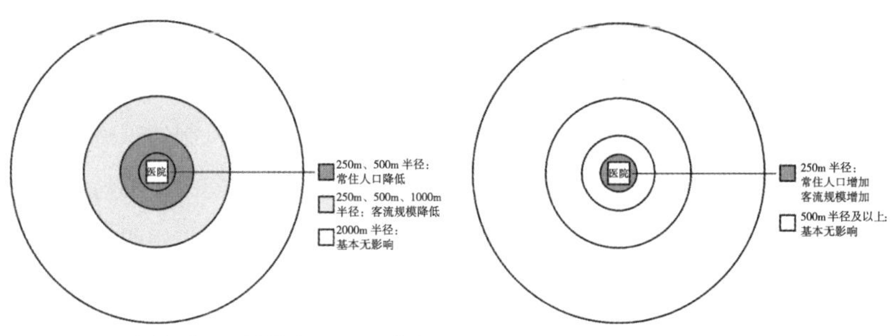

图 5-51 医院疏解地、承接地的圈层影响模式图

1）作为需要疏解的四类非首都功能之一

北京疏解中心城区的医疗机构等公共服务功能，首先是主动地缓解中心城区资源过于集聚的压力，并带动相关的常住人口的疏解、降低交通量。2015 年《京津冀协同发展规划纲要》将部分医疗功能列入四类重点疏解的非首都功能之一。《北京市人民政府关于组织开展“疏解整治促提升”专项行动（2017–2020 年）的实施意见》也在“疏解部分公共服务功能”任务中，提出“制定实施部分教育资源疏解、市属医疗卫生资源率先疏解促进协同发展工作方案，优化调整教育医疗资源布局……推动市属医疗卫生资源优先向薄弱地区疏解，切实降低中心城区就诊数量”的相关要求。

2）作为增强承接地吸引力的前置要素

在开发中提前布局教育、医疗等公共服务功能，有助于吸引人口和其他功能迁入，这是以公共服务为导向的开发（Service Oriented Development，SOD）的基本模式，也是北京增强中心城区以外地区，尤其是新城地区吸引力的重要思路。早在 2013 年，北京市政府工作报告即提出“要通过不懈努力，使城市副中心和新城的基础设施、公共服务、生态环境更具有吸引力，逐步发挥疏解中心城功能和人口的作用”。之后逐渐细化了科教、医疗、文体功能的范围，如 2014 年明确“增强城市副中心和新城承载能力……引进建设一批优质教育、医疗、文体等公共服务项目”，2016 年提出“切实增强新城承接能力……重点吸引科研、教育、医疗机构入驻，带动所在区域城市化和城乡一体化发展”等。

在这样的前提下，研判医院疏解的适合模式、做好承接地的周边配套、更充分地响应医院职工需求，有助于更好地推动医疗机构在原址的疏解、在承接地的有效运转。

（2）北京医疗资源的空间配置与功能的均衡

教育、医疗等公共服务功能的疏解在国内已有许多实践，但北京市成体系地将城市的诸多医疗资源进行空间上的重新布局和规模上的压缩调整，其工作也有其特殊性。其伴随着为市民服务的诊疗机制的重塑：市内推行分级诊疗、院前急救，区域建设京津冀医联体。空间的疏解与机制的重塑在宏观上将影响北京的医疗功能对城市乃至对区域的作用的发挥，在微观上则将影响医务人员的职住关系和患者的就医模式。未来应继续同步优化医疗资源布局和医务人员职住关系，具体措施包括以下几个方面。

1）重点疏解在中心城区形成堵点的医院，优化城市整体空间结构

医院疏解对原址周边的常住人口、客流降低有较明显的带动效果。近期可重点考虑疏解在中心城区内造成交通堵点的医院，尤其是位于二环路附近的数家医院，其周边交通面临着城市环线与医院交通量的双重叠加，部分医院还由于附近商圈、交通枢纽的存在，形成了更多的人流、车流量汇聚，拥堵情况长期存在，难以缓解。

2）多种手段提供居住供给，促进医务人员职住关系更加平衡

部分医院按照疏解计划，将从中心城区迁往顺义、通州等地，从三环内迁往六环路附近。这将极大地增加医务人员的通勤距离和时间，加剧职住分离。医务人员的主动搬家可以部分缓解这种长距离通勤问题，但以这种依赖市场化的方式推进职住平衡耗时长，且并不适用于所有职工。应结合医务人员的工作特征，在医院内、周边提供宿舍、周转房等多类型的居住供应，减少通勤距离和时间，也有助于医务人员更加精力充沛地投入工作。

3）患者就医的空间分配突出就近便利

结合分级诊疗制度的推行，本地居民的就医将从以往的“去大医院看病”变为“基层首诊、双向转诊、急慢分治、上下联动”的模式。各基层医疗卫生机构的规模和医务人员数量还应进一步与周边街道的人口规模加强匹配。城市三级医院对空间的依赖程度将相应有所降低，可以适当从中心城区内向平原多点转移。对于服务京外患者较多的医院，在疏解方向的选择中可同时考虑空间上向外和靠近区域性交通枢纽，如结合北京南站、大兴国际机场设置，既方便外地来京患者就医，也可减少进入中心城区的人流、车流。

5.2.5 高等院校疏解：多校区模式的通勤挑战

5.2.5.1 基本情况

《北京市“疏解整治促提升”专项行动2017年工作计划》中提出制定实施推动部分教育资源疏解、促进协同发展工作方案，加快疏解普通高等学校本科教育、职业教育，积极引导各类培训机构控制在京培训规模（图5-52）。2017年全市压缩培训机构31个，其中城六区压缩20个。加

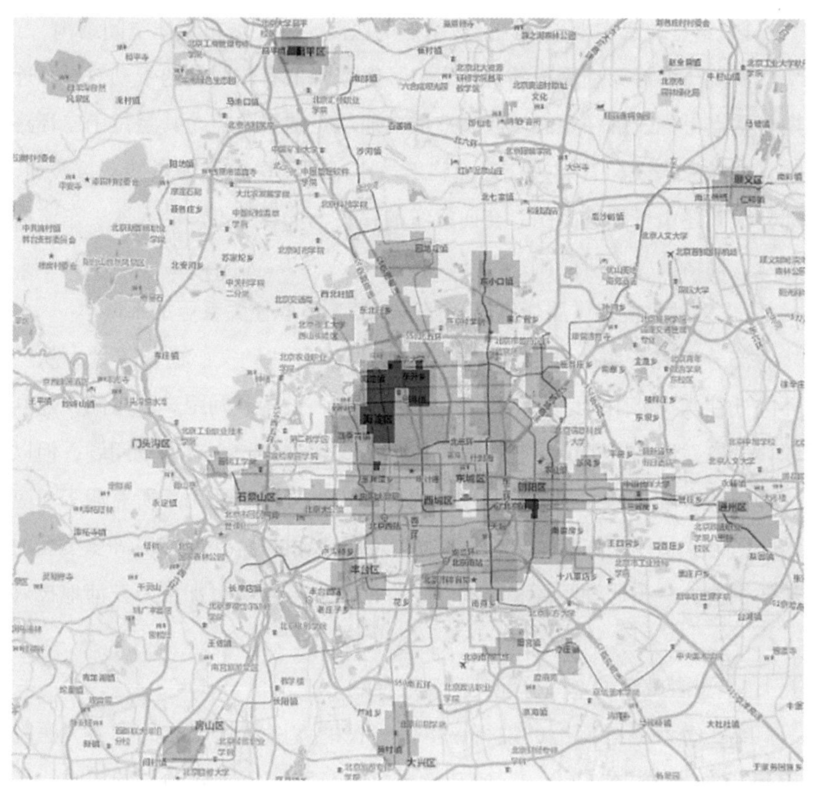

图 5-52 教育和培训机构分布热点地区

快优质教育资源在郊区布局发展，推动北京信息科技大学新校区、北京工商大学良乡校区二期新建工程和北京电影学院怀柔校区开工建设，建成北京城市学院顺义校区二期工程，支持部分中央属高等学校新入驻沙河、良乡高教园区。

针对高校疏解受影响人群的调查以网络调查为主，受访者为北京城市学院、北京电影学院、北京工商大学、北京航空航天大学、北京化工大学、北京建筑大学、北京理工大学、北京师范大学、北京信息科技大学、北京邮电大学、首都师范大学、首都经济贸易大学、中国科学院大学、中国矿业大学（北京）、中国人民大学、中央财经大学、中央民族大学、北京中医药大学等高校教职工（图 5-53）。共回收有效问卷 653 份。

5.2.5.2 人群画像

为研究高校教职工的个人属性是否对其职住关系产生影响，在问卷中

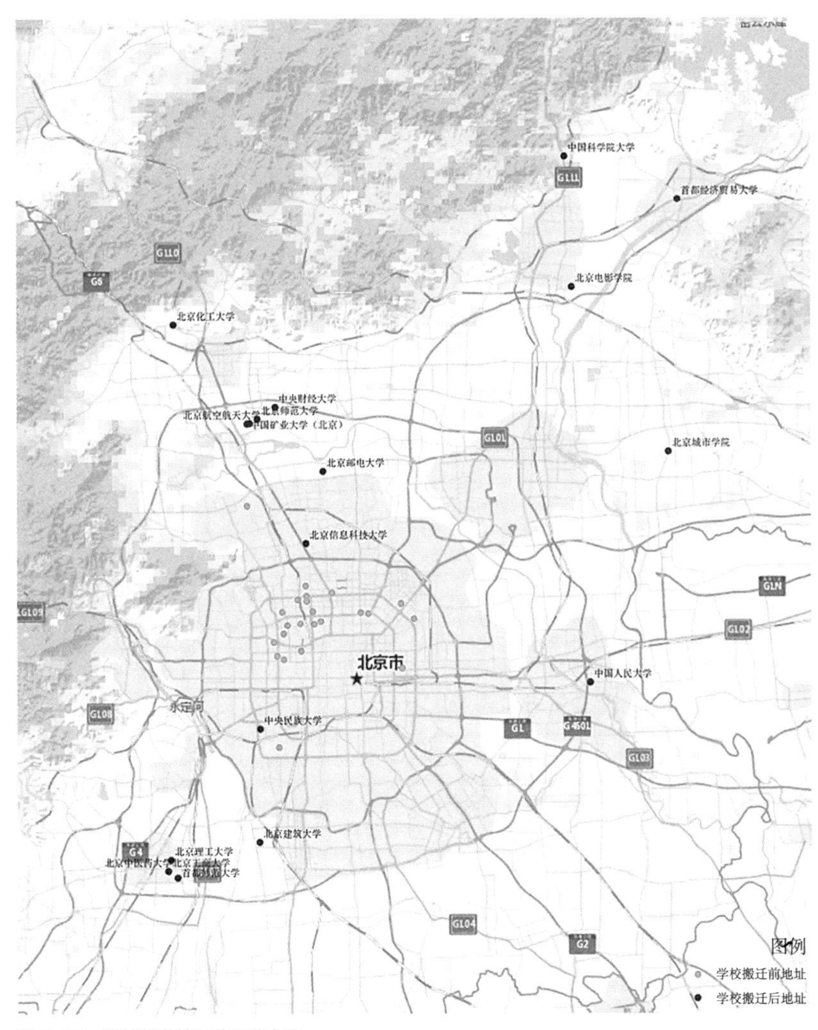

图 5-53 高校新老校区位置分布图

挖掘了教职工部分社会属性信息：①调查对象的男女比例为 1 : 1.4；②调查群体主要以 31~50 岁的中青年为主，占比 57.7%；③婚姻状态主要以已婚群体为主，占比 74.1%；④从岗位性质来看，教师所占比重最大，达到 44.9%；同时行政人员也较多，达到 28.3%；⑤家庭月总收入为 1 万 ~2 万元群体占比 46.7%；⑥在家庭支出中还房贷和教育孩子方面所占比重最大，比例分别为 40.7% 和 38.7%；⑦教育经历主要是以在国内取得最后的学位（没有在国外访学经历）为主，占样本总体 69.7%。

5.2.5.3 职住选择

（1）高校疏解前的职住关系现状特征

高校疏解前，教职工的居住地大多位于五环路以内（图 5-54）。从居

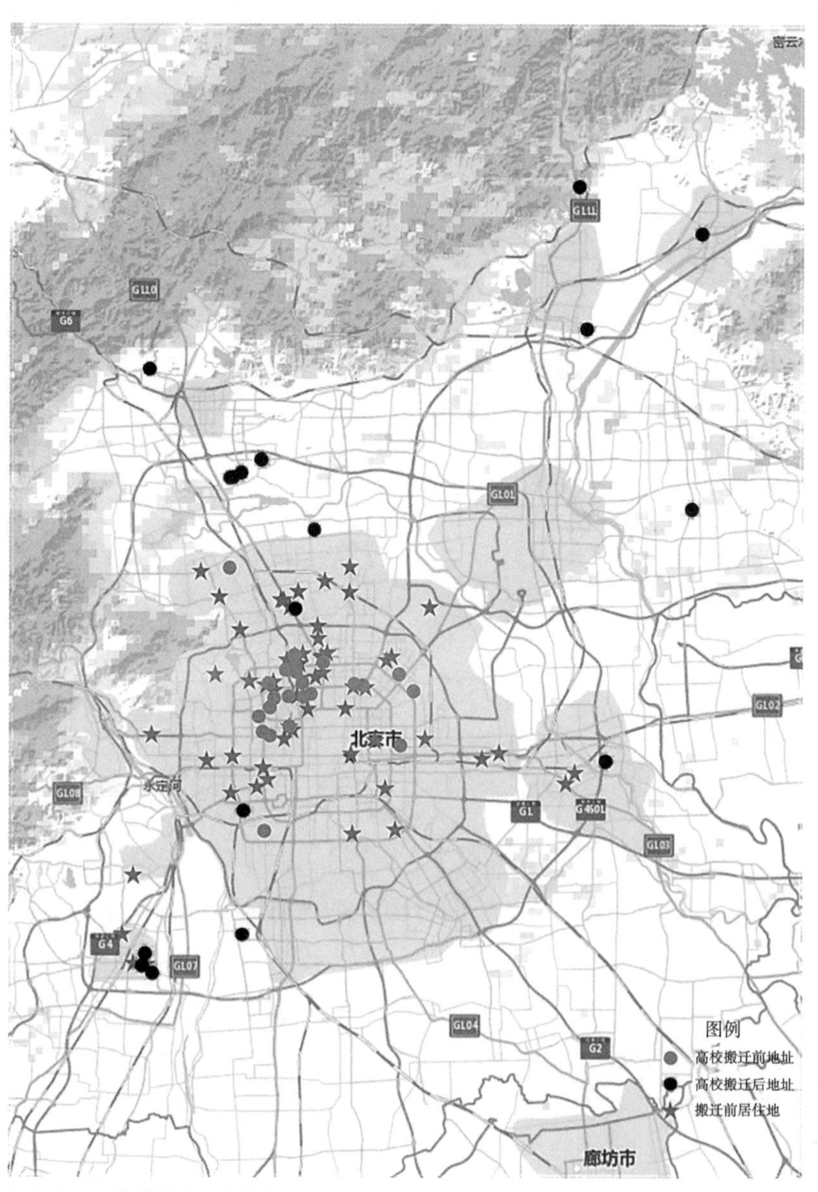

图 5-54 高校疏解前居住分布图

住结构来看，多数样本是以家庭居住为主，个人独住的比例较低，因此居住需求至少需要两居室。

高校疏解前，教职工去老校区的单程通勤时间均值为 39.1min。根据 2016 年对通勤时间做的调查，显示北京市居民的通勤时间平均为 41.9min，可以发现这一人群的通勤时间与北京市居民通勤的整体情况较为接近。高校疏解前，教职工多选择地铁和公交作为通勤工具（图 5–55）。

（2）高校疏解后的职住关系变化特征

1）多校区通勤普遍存在

按照搬迁（或建立分校区）后教职工在新校区和老校区上班的情况进行分类统计：只去新校区工作的教职工填写有效问卷 159 份（24%），只去老校区的有效问卷 149 份（23%），两个校区都去的有效问卷 345 份（53%）。因只去老校区教职工的通勤状况较功能疏解前不会产生较大差异，故在后续分析中较少利用该部分问卷信息。一半以上的调查对象在高校疏解后，需要同时在新、老校区开展工作。可见，高校建设多校区对很多教职工的通勤来说是个极大的挑战，需要同时顾及两个校区的通勤效率。

2）更换居住地的群体较少

77.2% 的受访者表示不会因高校疏解而选择搬家，其中仅去新校区工作的受访者中，有 72.3% 的人不会因学校搬迁而搬家。两个校区都去的受

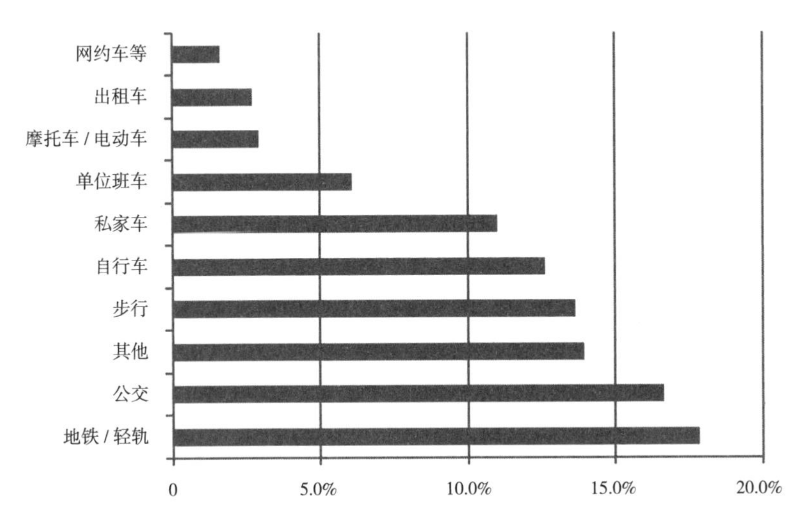

图 5–55　高校疏解前使用的通勤工具统计

访者中有 79.4% 的人不会因学校搬迁而搬家。仅去新校区的受访者搬迁意愿略高于新、老校区都去的受访者。在某种程度上，高校多校区的建校模式也阻碍了教职工选择变更居住地来提高通勤效率的可能性。总体而言，多数教职工不会因为学校搬迁而搬家，功能疏解可能只是增加了教职工的通勤距离。可以说短期内虽然实现了城区内的非首都功能疏解，但并没有实现城区人口的疏解，反而会加大交通压力。

搬迁后教职工居住地大多位于高校搬迁后地址附近（图 5-56）。如果"住随职走"这种选择普遍存在的话，实现职住平衡的可能性极高。但就目前的情势而言，举家搬迁的成本太高，并且涉及家庭周期等复杂因素，"住随职走"这种选择大规模实现的可能性极低。

3）通勤时间和通勤工具发生巨大变化

从统计问卷中相关通勤时间的信息（表 5-11）可知，在居住地不改变的前提下，学校搬迁后需要去新校区工作的教职工的单程通勤时间均值为 79.2min，是去老校区单程通勤时间的 2 倍。高校教职工能忍受的最长通勤时间为 67.5min，理想通勤时间均值为 30min。疏解后有 50% 的教职工的通勤时间超过 70min，职住失衡情况会进一步加剧。

对比教职工去新校区和去老校区使用的通勤工具发现，去老校区上班选择的交通工具的前三名是地铁、公交车、步行，占比分别为 17.8%、16.6% 和 12.6%。高校搬迁或建立新校区后，教职工去高校新校区使用的交通工具占比最大的是单位班车，较去老校区 6.1% 的使用率来说，这种增加凸显了长距离通勤对班车的依赖性。其次是地铁和私家车的比例较大，较去老校区工作而言，去新校区工作利用这两者的比例小幅增加。公交、自行车、步行这类通勤效率较低但绿色的出行方式的使用比例相对而言则有明显下降（图 5-57）。

5.2.5.4 影响分析

分析有搬家意愿（只去新校区工作并且有搬家意愿的 43 个样本和两个校区都去且有搬家意愿的 67 个样本）和没有搬家意愿（只去新校区工作但没有搬家意愿的 115 个样本和两个校区都去也没有搬家意愿的 274 个样本）的样本，对其原因进行比较如下（图 5-58、图 5-59，因设置是多选题，应答总数并非总的样本数）。

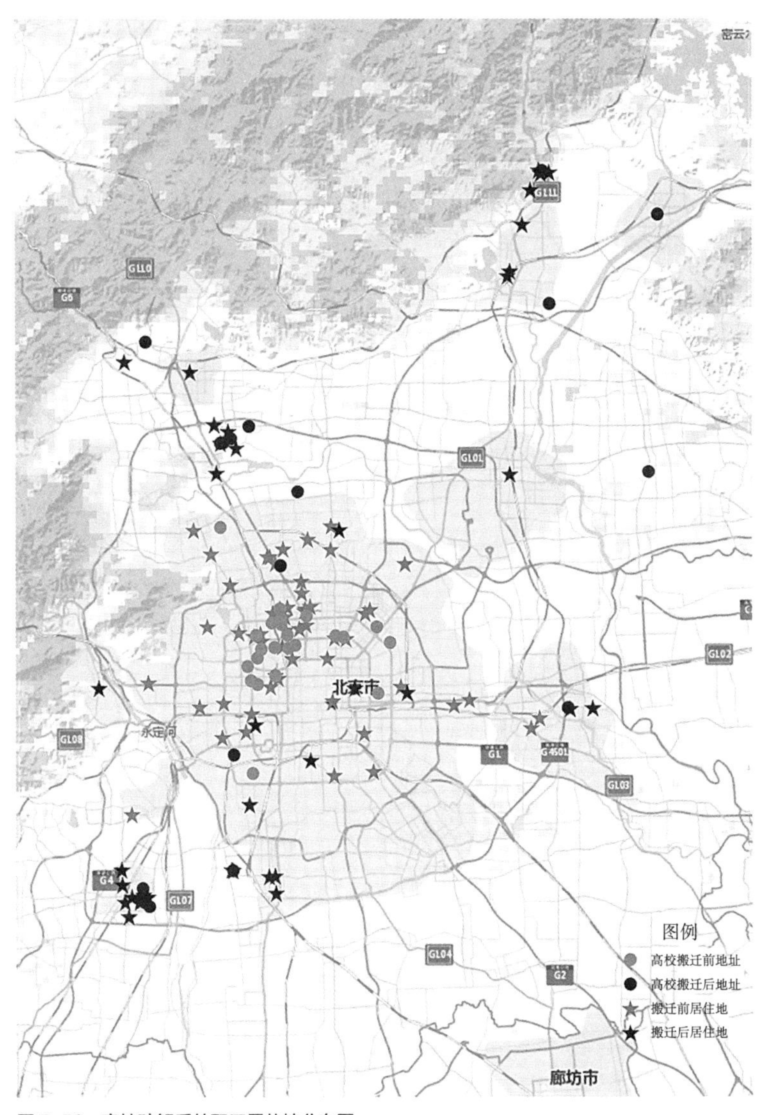

图 5-56 高校疏解后教职工居住地分布图

表 5-11 通勤时间统计表

	单程通勤时间均值（min）	单程通勤时间中位数（min）
去老校区上班	39.1	30
去新校区上班	79.2	70
能忍受的最长时间	67.5	60
理想的时间	29.53	30

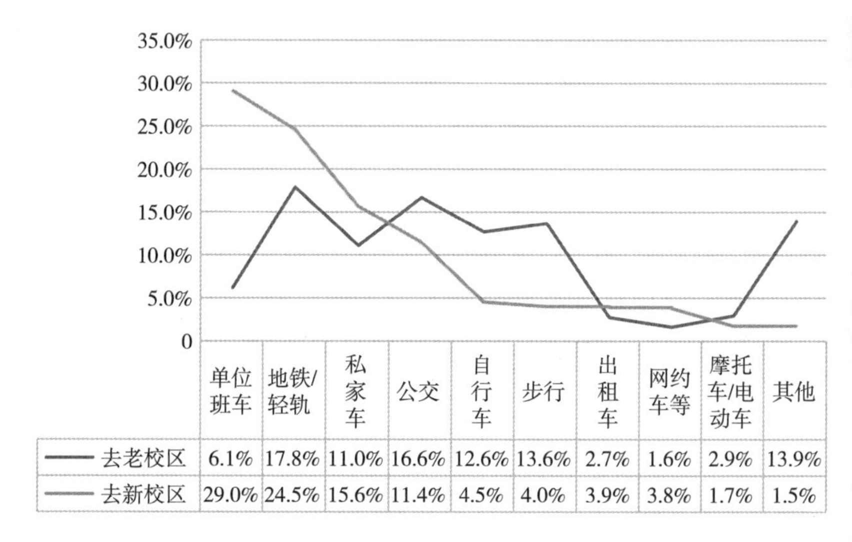

图 5-57 通勤工具统计图

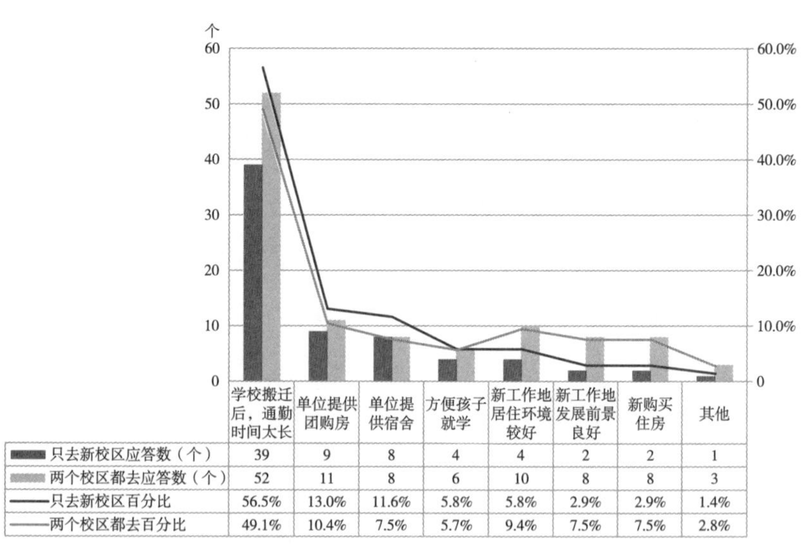

图 5-58 教职工选择搬家的原因统计

通勤时间的大幅增加是教职工选择搬家的最主要原因，几乎占到一半以上；而不考虑搬家的主要原因是单位搬迁后职住距离变得更近、经济原因限制，以及方便配偶通勤和子女上学。经济以及家庭等复杂的因素导致实现职住平衡较为困难。

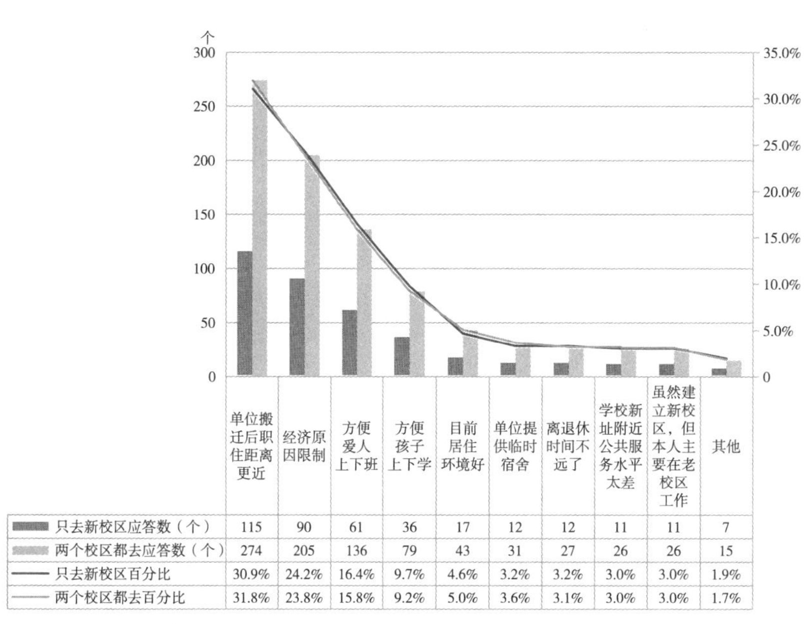

	单位搬迁后职住距离更近	经济原因限制	方便爱人上下班	方便孩子上下学	目前居住环境好	单位提供临时宿舍	离退休时间不远了	学校新址附近公共服务水平太差	虽然建立新校区，但本人主要在老校区工作	其他
只去新校区应答数（个）	115	90	61	36	17	12	12	11	11	7
两个校区都去应答数（个）	274	205	136	79	43	31	27	26	26	15
只去新校区百分比	30.9%	24.2%	16.4%	9.7%	4.6%	3.2%	3.2%	3.0%	3.0%	1.9%
两个校区都去百分比	31.8%	23.8%	15.8%	9.2%	5.0%	3.6%	3.1%	3.0%	3.0%	1.7%

图 5-59 教职工选择不搬家的原因统计

进一步通过交叉分析，分析住房状态、婚姻状况和家中是否有未成年学龄子女这三者与搬家与否的关系，可以发现，有自有产权住房的人群不搬家的比例大于搬家的比例。住租赁房和单位宿舍人群的搬家比例高于不搬家比例，住房状态对搬家与否的选择影响较大（图 5-60）。此外，搬迁后拥有自有产权住房的调查对象所占比例明显增加，由 24.3% 增加至 45.6%（图 5-61）。这可能是由于就业地发生改变使得部分教职工的购房能力能够更好地与购房供给相匹配。分析发现，婚姻状况以及家中是否有未成年学龄子女对选择是否搬家没有显著影响。

5.2.5.5 模式展望

（1）职住选择模式

总体而言，高校教职工大多“职走住不走”，76% 的教职工就业地发生一定的变化，而因学校搬迁选择搬家的比例仅占其中的 22.8%。因此高校疏解和搬迁可能会导致更大通勤问题的出现。

只去新校区的教职工搬迁意愿略高于新、老校区都去的教职工，表明高校多校区并存的建校模式对通过搬家来提高通勤效率起到了一定的

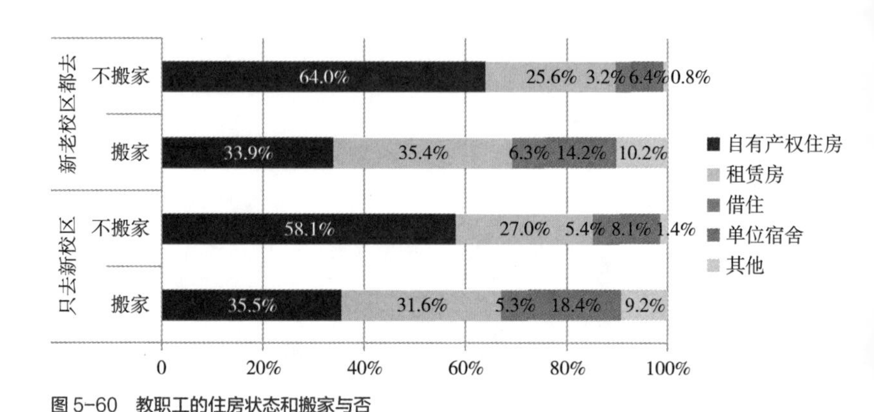

图 5-60　教职工的住房状态和搬家与否

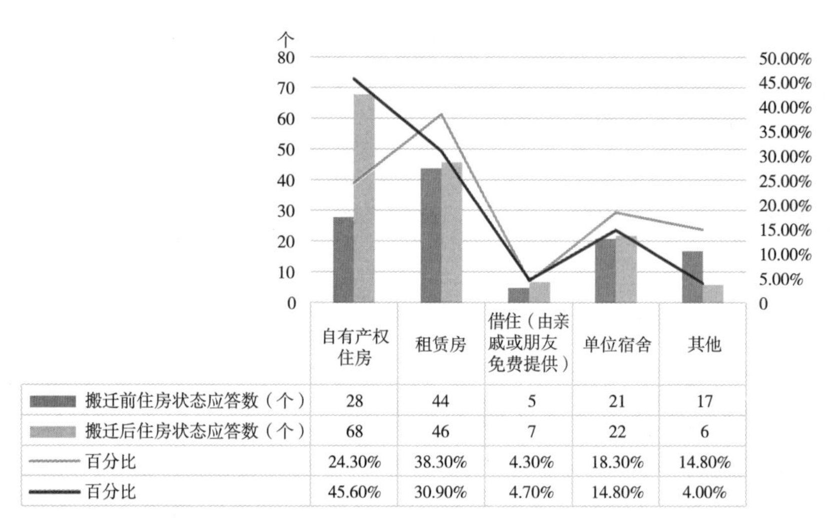

	自有产权住房	租赁房	借住（由亲戚或朋友免费提供）	单位宿舍	其他
搬迁前住房状态应答数（个）	28	44	5	21	17
搬迁后住房状态应答数（个）	68	46	7	22	6
百分比	24.30%	38.30%	4.30%	18.30%	14.80%
百分比	45.60%	30.90%	4.70%	14.80%	4.00%

图 5-61　教职工搬家前后的住房状态对比

阻碍作用。住房状态对教职工的职住选择影响较大，自有产权住房人群不搬家的比例高于搬家比例，居住在租赁房和单位宿舍人群的搬家比例高于不搬家比例。

（2）对城市战略目标的影响

将高校疏解至五环路以外实现了非首都功能疏解，但短期来看难以实现“人”的疏解。在居住地不改变的前提下，高校疏解后教职工的通勤时间翻倍增长，而长时间和长距离通勤较大规模增加会对城市交通造成更大的压力。考虑各方面因素后选择搬家的人群大多居住在新的工作地附近，如果这种情况普遍存在的话，功能和人的疏解都会达到预期目标，但个人、家庭等因素太过复杂，达成目标还需要更长的时间和更合理的组织模式。

（3）优化职住关系的方向

高校多校区建校模式从理想层面上来说可以优化职住关系，但实际情况中，很多教职工的工作需要在多个校区开展，校区之间的距离也较远，同时实现缩短去多个校区的通勤时间和通勤距离比较困难，“一住多职”模式有待进一步优化。

5.3 功能疏解——职住变化的模式与规律

5.3.1 四类典型人群职住画像对比

四类非首都功能相关从业者在非首都功能疏解要求下的职住关系变化特征对比总结如下（表5-12）。

表5-12 四类非首都功能疏解要求下职住关系变化特征表

	专业市场从业者	行政事业单位从业者	高等院校从业者	医疗机构从业者
就业选择	50%以上的从业者在市场疏解后仍留在北京，大多数留在中心城区继续从事相关行业	有部分从业者表现出离职意向，但确认离职者较少	部分高校搬迁后职工职住距离反而更近，离职率未有上升趋势	根据调查结果，年均离职率将从4%升至15%，可能大于实际离职率增幅
原居住地	居住地较集中，以市场周边和城乡结合部为主	85%的从业者家庭居住在城六区	居住较分散	居住较分散
通勤时间变化	疏解前平均30min，疏解后基本不变	疏解前平均50 min，疏解后翻倍	疏解前平均39 min，预期疏解后翻倍	疏解前平均53 min，预期疏解后翻倍，实测仅略有增加
通勤方式变化	以短途交通工具为主，无明显变化	对轨道交通、班车需求大幅增加	对班车、轨道交通需求大幅增加	对班车、轨道交通需求大幅增加
居住意向	住随职走，职住平衡度较高	较高比例随保障政策变化而变化	超过70%的人未计划搬家	27%的人有搬家意向，实际37%的人实施了搬家行动
人群偏好	年轻人更易随迁	以家庭为考量单位，子女教育、配偶通勤对居住决策影响较大	单位整体搬迁更能促进随迁，年轻人更易随迁	单位整体搬迁更能促进随迁，年轻人更易随迁

5.3.2 功能疏解与职住变化的关系总结

有序疏解非首都功能旨在调整区域经济结构和空间结构，着眼于更广阔的空间来谋划首都的未来，实现“人随功能走，人随产业走”，合理调控北京特别是城六区的人口密度，缓解“大城市病”。对于非首都功能疏解带动就业、居住人口空间分布变化的内在机理和作用机制，当前仍未形成系统性的认识，尤其缺乏对疏解过程中职住动态变化和反馈的解释性推演。本研究基于对四类特定人群调研获取的实证经验，从辨析不同人群职住调节模式的特征以及不同功能疏解对于城市宏观职住格局的影响，来认识功能疏解与职住变化的关系。

5.3.2.1 不同功能的疏解对应不同的“居住—就业—交通”模式

区域性专业市场从业人群呈现“住随职走”特征，职住平衡自我调节意愿较强，功能疏解可以推动其职、住共同迁移。

市属行政事业单位从业人群职住分离程度较高。由于在京工作生活的稳定性较强，其职住决策普遍考虑“家庭平衡”（综合考虑双方通勤以及子女就学需求，即便尚无子女也会提前考虑）而非“个人平衡”，并具有较强的政策依赖倾向。功能疏解后其职住空间组织将随住房保障政策、公共服务供给等的变化而变化，政策可引导和调控的空间较大。

高等院校从业者在功能疏解带来的多校区空间模式下，形成“一住多职”局面，无论是否随新校区建设而搬家，通勤负担都有所加重，这也导致职工的随迁意愿较低。这一空间模式依赖班车来维持多校区间的交通联系。

医疗机构从业者由于普遍工作时间长、强度大的行业特征，事实上无法接受过高的通勤时间，因此随单位搬迁而搬家的比例相对高于高校从业者。但由于其强调个人能力的职业特点，在意向调查中也呈现较高比例的“职随住走”，部分择业能力较强的医生可能选择离职。目前由于调查对象天坛医院的搬迁距离不远，这一现象尚不明显。但部分医院已有疏解到六环路以外的计划，可能使得这一问题在未来凸显。整体搬迁相对多院区的布局方式同样更利于促进职工随迁。

总体来看，就业选择上，由非首都功能疏解而导致的离职率上升现象在市场从业者、医生群体中较明显，公务员比例最低。居住选择上，专业市场从业者中居住地跟随就业地搬迁的比例较高，其他都较低。通勤状况上，从业者现状平均通勤时间为“市场＜高校＜行政事业单位＜医院”，疏解将显著加剧行政事业单位、高校从业者的通勤压力，医院次之，市场影响最小。可见，非首都功能疏解带来的职住变化因不同的承接地、不同的职业特点和不同的从业人员结构特征而异。应采取精细化、差异化的措施，合理引导不同群体的职住选择，以实现城市整体职住关系的优化。

5.3.2.2 不同功能的疏解对城市带来不同的成效和问题

区域性专业市场的疏解呈现“局部易走、整体难迁”现象，一个个市场的点状疏解可以有效带动局部地区相关从业人员和客流量的规模下降，但“业走人留”比例较高，对全市及城六区就业人口总量的影响有限。周边区域的交通拥堵在短期内可得到较大缓解，但未来引入新功能后对区域就业规模和交通的影响尚是未知数。

行政事业单位的疏解为市中心提供了宝贵的用地资源，但由于当前城市副中心在就业吸引力和公共服务水平等方面与中心城区差距较大，一部分从业者不愿搬家的事实可能导致整体职住分离状况加剧，加之大量公务活动到访的需要，可能出现“新增逆向通勤，形成双向拥堵”现象，增加短期东西向穿城交通流量的同时，对于减少中心城区向心通勤的作用也有限。长期来看，城市副中心建设需要强调综合吸引力的提升，多措并举鼓励居民家庭整体迁入。

高校的疏解尤其是学生群体的迁移对于降低中心城区人口密度有一定作用，但由于学生群体产生的城市交通出行量不大，对交通的改善作用有限。而教职工群体的多点就业模式将增加出行总量。目前，一些院校由单校区变为多校区，另一些整体搬迁的院校也尚未从原有用地退出，需要防止出现“外增内不减，徒增交通流”的现象。

医院的疏解可增强承接地的人口吸引力，对于实现降低中心城区人口密度的总体目标是有利的。医院疏解可减少原址周边的交通拥堵，但同时也将带来新址周边的区域交通问题。外围新址区域综合发展水平较低时会出现医生通过跳槽而留在中心城区现象，可能出现“局部堵点外移，优质资源内留”的情况。由于北京的优质医疗资源同时承担服务本地和全国的双重责任，需要在疏解的方式、结构、比例上深化研究，通过资源分配、空间优化、交通支撑等在对内和对外医疗服务之间寻求平衡。

各类功能的疏解各有不同成效，也伴随着不同的问题，处理好了，实施结果就能较好地体现疏解初衷。因此，是否能形成“功能疏解—职住空间—交通组织”的良好耦合关系，是非首都功能疏解能否取得预期成效的关键。

本章参考文献

[1] 施卫良，邹兵，金忠民，石晓冬，丁成日，王凯，赵燕菁，郑皓，林坚，石楠．面对存量和减量的总体规划 [J]. 城市规划，2014，38（11）：16-21.

[2] Horner M W. Extensions to the Concept of Excess Commuting[J]. Environment and Planning A，2002，34（3）：543-566.

[3] Ma K R，Banister D. Extended Excess Commuting：A Measure of the Jobs-housing Imbalance in Seoul[J]. Urban Studies，2006，43（43）：2099-2113.

[4] 王宏，崔东旭，张志伟．大城市功能外迁中双向通勤现象探析 [J]. 城市发展研究，2013，20（4）：149-152.

[5] 曾华翔，朱宪辰．行政规划促进居民职住平衡作用研究——基于 Alonso 城市空间结构模型 [J]. 技术经济与管理研究，2014（7）：99-102.

[6] 伍毅敏，杨明，李秀伟，王良．新市级行政中心效应下功能集聚和产业发展模式探析——基于 7 个城市的实证及对北京的启示 [J]. 城市发展研究，2020，27（2）：76-83.

[7] 人民网．北京高校疏解本科打头阵 到 2020 年基本完成疏解 [EB/OL].（2015-07-17）[2019-04-15]. http：//house.people.com.cn/n/2015/0717/c164220-27318773.html.

[8] 人民网．友谊医院顺义院区今天开建 预计 2020 年底竣工 [EB/OL].（2016-12-28）a/[2019-04-15]. http：//bj.people.com.cn/n2/2016/1228/c82840-29527070.html.

[9] 人民网．天坛医院新院 2017 年底竣工 面积是老院 3 倍 [EB/OL].（2016-04-09）b/[2019-04-15]. http：//bj.people.com.cn/n2/2016/0409/c82840-28110282.html.

[10] 千龙网．北京大学人民医院将建通州院区 [EB/OL].（2017-03-21）/[2019-04-15]. http：//beijing.qianlong.com/2017/0321/1517606.shtml.

[11] 千龙网．京津冀十大卫生计生合作规划发布．（2015-09-24）/[2019-04-15]. http：//jingjinji.qianlong.com/2015/0924/220924.shtml.

[12] 首都医科大学附属北京口腔医院．北京口腔医院迁建工程 - 建议书编制项目竞争性磋商 [EB/OL].（2017-09-01）/[2019-04-15]. http：//dentist.org.cn/yygk/article/15297.html.

[13] 北京大学新闻网．北京大学人民医院通州院区正式列入北京市整体医疗规划 [EB/OL].（2017-04-16）/[2019-04-15]. http：//bdxc.pku.edu.cn/xwzh/2017-04/16/content_297463.htm.

[14] 首都之窗．本市 7 个市属医院工程 2019 年内开建 [EB/OL].（2019-03-11）/[2019-04-15]. http：//www.beijing.gov.cn/fuwu/bmfw/wsfw/ggts/t1580202.htm.

[15] 凤凰资讯．实探通州三大医疗项目，副中心医疗水平即将腾飞！ [EB/OL].（2017-03-18）/[2019-04-15]. http：//news.ifeng.com/a/20170318/50795470_0.shtml.

[16] 张家口新闻网．京张医疗合作全方位提升张家口市医疗服务能力 [EB/OL].（2019-03-01）/[2019-04-15]. http：//www.zjknews.com/jiankang/zjk/201903/01/236108.html.

[17] 冯永恒，赵鹏军，伍毅敏，梁洁，张岩．基于手机信令数据的大城市功能疏解的人口流动影响研究——以北京动物园批发市场为例 [J]. 城市发展研究，2020，29（12）.

6

国际比较与发展规律

International Comparison and Development Rules

6.1 大都市区职住组织——国际经验与启示

当前我国许多特大城市正处在调整区域空间结构、建设现代化大都市区的关键阶段，人口与就业的空间分布关系是大都市区空间结构的重要影响因素，直接影响城市运转效率和居民生活舒适性。近期，北京、上海均在新版城市总体规划中提出优化人口空间分布、协调就业和居住的关系，视野从仅关注常住人口扩展到促进人口与就业的协调布局。为加深对大都市区范围内职住分布的规律性的认识，当前有必要从国际上发育成熟的大都市区寻找更多可借鉴的经验规律。伦敦、纽约、东京、巴黎作为世界范围内影响力较大、发育较成熟、规模和结构相对稳定的大都市区，其发展经验可以为我们提供参考。

6.1.1 同尺度圈层划分：大都市区对比的基础

大都市区的概念本身已包含对圈层结构的认识，即“核心城镇以及与这个核心具有密切社会经济联系的、具有一体化倾向的临接城镇与地区所组成的圈层式结构”（张京祥 等，2001）。学界对伦敦、纽约、东京、巴黎大都市区的研究范围已形成基本共识。参考既有的大都市区界定文献，确定本研究范围为：大伦敦及其周边 8 个郡或自治市镇、纽约大都市区统计区（MSA）、东京一都三县、法兰西岛地区。各大都市区总面积都约为 1.5 万 km^2 左右（表 6–1）。

表 6–1 四个大都市区整体职住数据

	伦敦大都市区	纽约大都市区	东京大都市区	巴黎大都市区
大都市区总面积（km^2）	14552	21482	13562	12012
居住人口（万人）	1496	2009	3592	1203
人口密度（万人/km^2）	0.103	0.094	0.265	0.100
就业岗位（万人）	769	933	1843	568
就业密度（万人/km^2）	0.053	0.043	0.136	0.047
职住比（就业岗位/居住人口）	0.51	0.46	0.51	0.47

既有研究认为，上述发育成熟的大都市区普遍在半径 15km 以内形成中枢职能聚集的中心地区，30km 以内形成中心地区与周边建设用地连绵布局地区（胡波 等，2015；郑德高 等，2019）；而中心地区内部高端生产性服务功能集聚的核心区域，如曼哈顿、东京都心 5 区等均在半径 5km 左右，北京首都功能核心区、上海规划中央活力区也是同一尺度（袁海琴，2007；刘磊，2008）。据此，本研究以各城市老城中心为原点，按照 5/15/30km 半径，分别拟合到乡镇一级的行政边界上，形成四个圈层划分（图 6–1）。其中，第一圈层（半径 0~5km）、第二圈层（半径 5~15km）为中心地区；第三圈层（半径 15~30km）、第四圈层（半径 30km 以外）为外围地区。四个大都市区的分圈层面积近似，可进行横向比较。

值得注意的是，许多国际比较研究囿于行政边界的限制而未能将具有共同劳动力、住房市场的相邻区域纳入同尺度对比。例如，与曼哈顿一河之隔的新泽西州哈德逊郡 2015 年有 27% 的就业人口（8.6 万人）在曼哈顿工作，如仅以纽约市行政范围作为分析对象而忽略哈德逊郡，对区域职住结构的分析会存在偏差。本研究采用圈层划分法优化了这一问题，将哈德逊郡也归入纽约大都市区的第二圈层。

数据来源方面，当前世界各国的国家级统计数据和地方统计数据均存在不同程度的差异。为避免不同层级统计数据混用而产生的误差，本研究采用国家统计局发布的区域和城市统计数据开展分析[1]。鉴于日本的统计数

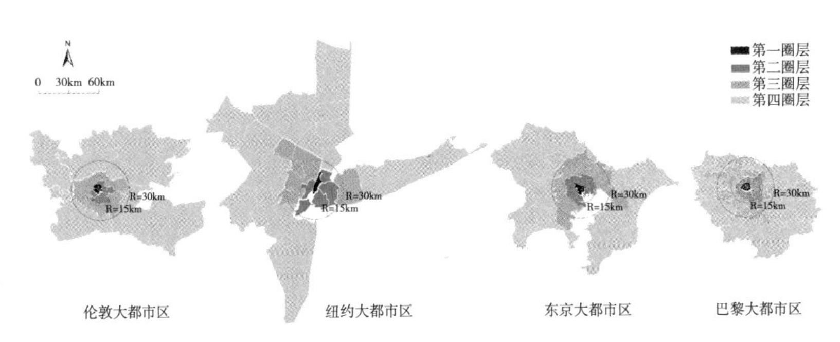

图 6–1 伦敦、纽约、东京、巴黎大都市区圈层划分

[1] 居住人口数据：英国国家统计局 2015 年人口统计，美国人口普查局 2015 年人口统计，东京都、千叶县、埼玉县、神奈川县 2014 年统计年鉴，法国国家统计局 2014 年人口统计。
就业岗位数据：英国国家统计局 2015 年就业统计，美国劳工统计局 2015 年就业和工资季度普查，东京都、千叶县、埼玉县、神奈川县 2014 年统计年鉴，法国国家统计局 2014 年就业统计。以上均采用雇员（Employee Jobs）口径。
通勤数据：2011 年英国人口普查，2006 年全美社区调查，2008 年东京大都市区第 5 次交通调查、2013 年日本住宅·土地统计调查，2008 年法国全国交通出行调查。

据纵向一致性较高，东京大都市区采用了地方年鉴数据。

6.1.2 四个大都市区人口就业圈层分布现状与演变

6.1.2.1 居住人口

（1）中心地区人口分布形态多样化，外围地区人口密度快速下降

伦敦、纽约、巴黎大都市区现状总居住人口规模在1200万~2000万不等，但其人口密度均为约1000人/km^2，反映出西方大都市区在发育成熟状态下的人口密度具有一致性。相比之下，东京大都市区的人口规模和人口密度都更大，呈现出人口密集型的发展特征。

美国学者柏图（2003）计算了全球57个大城市的人口密度梯度变化，得出大部分城市符合单中心城市模型中的人口密度负指数距离衰减规律，而整体集中规划、土地利用管制严格、特殊自然地理条件等因素可使人口分布偏离该规律。从本研究涉及的四个大都市区来看，第一、二圈层人口密度衰减的特征各异（图6–2），分为剧烈下降型（巴黎、纽约）、密度接近型（伦敦）以及不降反增型（东京）。第三、四圈层人口密度则普遍大幅下降，第三圈层人口密度为第二圈层的1/5~1/2，第四圈层为第三圈层的1/10~1/5。

人口规模相近、发展阶段类似的大都市区呈现出不同的人口圈层分布模式，说明人口分布具有地域特殊性，不同模式之间不存在时间上的必然演进关系和优劣之分。

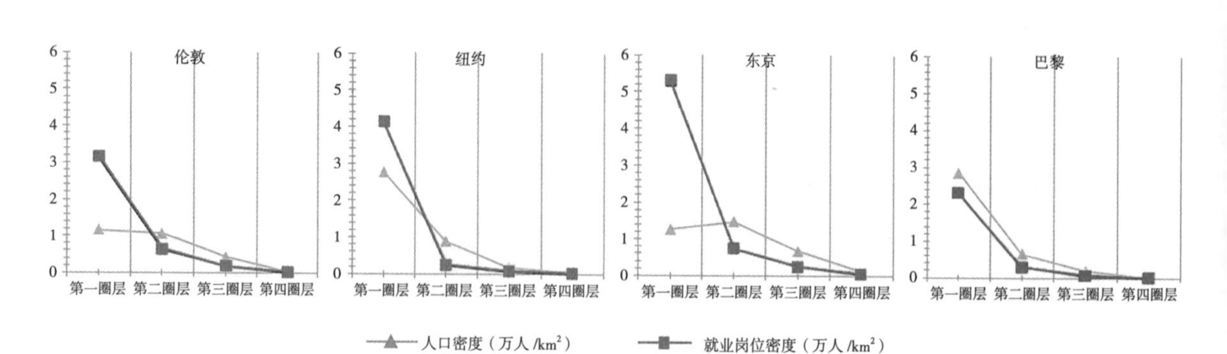

图6–2 各大都市区分圈层人口就业密度

（2）第一圈层人口密度先降后升，次级人口集聚中心普遍出现在半径30km、50km附近

二战后至今，伦敦、纽约、巴黎大都市区第一圈层人口密度均经历了先降后升的过程，拐点都出现在20世纪80~90年代前后（图6-3）。东京受战争影响较大，首先经历了一段人口恢复期，在人口分布演变进程上比其他城市晚10年左右，此后也遵循先降后升的规律。可见，伴随着“郊区化—再城市化”的进程，第一圈层人口先向外扩散再重新聚集，是大都市区发展过程中的普遍现象。

虽然各大都市区均经历了人口向外扩散的历程，但其扩散形态并不是低密度、均匀化的无序扩散。既有研究提出，最近几十年大都市区在人口郊区化进程中采取了多中心聚集的形式（Anas A，1998），即伴随着人口、功能的疏解和外围的新城新区建设，在外围圈层形成了一些次级人口集聚中心。当前伦敦、巴黎均在半径30km、50km左右形成了若干人口较为密集的次中心；纽约虽然整体分散化蔓延严重，但外围人口密度相对较高的城镇点也大多在这两个圈层附近；东京大都市区现状人口密集区已相接连片，次中心不明显，但在40年前人口总规模为2700万时也可以辨识出类似结构（图6-4）。这一现象揭示了在大城市扩展形成大都市区的过程中，规划建设外围次中心的适宜距离。既有研究中关于大

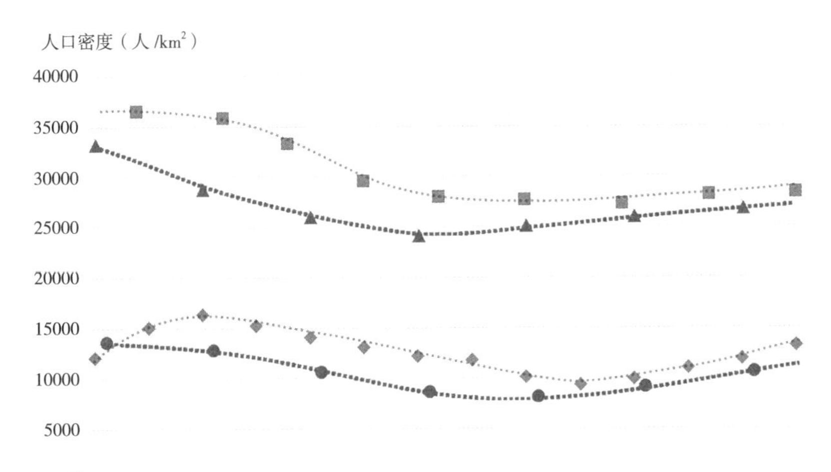

图6-3 大都市区第一圈层居住人口密度演变

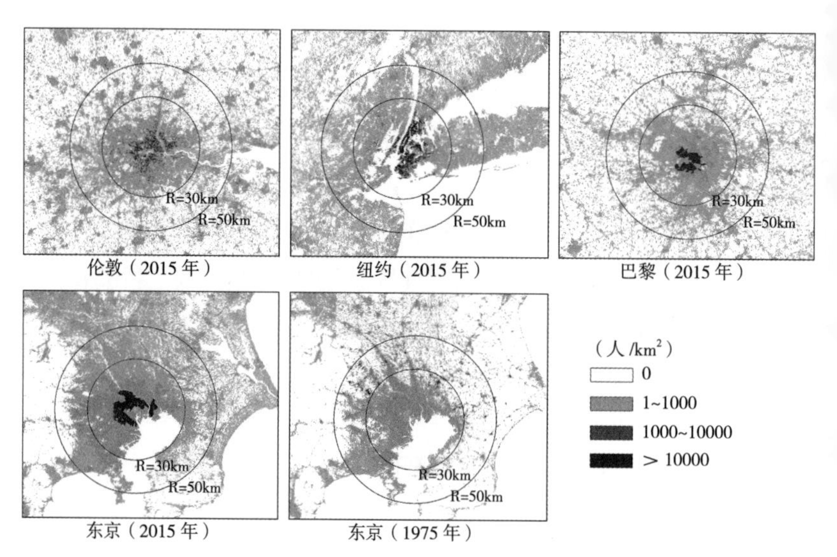

图 6-4　大都市区人口密度分布图

资料来源：笔者根据欧盟 GHSL 数据自绘

都市区极限通勤半径稳定在短轴半径 30km、长轴半径 50km 的结论（李伟 等，2018）与此一致。

6.1.2.2　就业岗位

（1）就业呈现强单中心结构，新城规划对外围地区发展促进作用显著

不同于人口分布形态的多样化，各大都市区现状就业岗位分布均呈现小范围集聚、密度圈层递减的特征。其中纽约的就业集中度最高，第二圈层就业密度仅为第一圈层的 1/17，其他大都市区为 1/8~1/5 不等（图 6–2）。四个全球公认的领先大都市区均呈现就业强单中心结构，表明一个高密度开发、就业集聚的核心地区是城市发挥全球影响力与控制力的重要空间载体。

在第二、三、四圈层，伦敦、东京的就业密度均较大幅度高于纽约、巴黎。结合人口、就业分布来看，伦敦、东京与纽约、巴黎形成了两种不同的大都市区“中心—外围”结构。伦敦、东京人口和就业规模的中心地区 / 外围地区比分别为 25/75 和 40/60 左右，外围地区占比较高，且人口的空间扩散程度显著高于就业，形成外围—中心向心通勤的强互动关系；纽约、巴黎则呈现单中心极化严重的特点，中心地区人口和就业规模约占 50% 或更高（表 6–2）。

表 6-2 大都市区中心地区居住人口、就业岗位的占比

	中心地区人口占比（%）	中心地区就业占比（%）
伦敦大都市区	23.2	40.1
纽约大都市区	45.7	47.6
东京大都市区	25.4	43.8
巴黎大都市区	56.1	67.4

这一发展结果与伦敦、东京历史上在多轮规划中通过政府力量持续推动新城建设、促进人口和功能的区域再配置有关。相比之下，纽约区域规划由于存在分散化扩张而非集中式疏解导向、缺乏规划实施协调等问题，未能有效促进大都市区外围地区发展（田莉，2012），而巴黎由于新城距离较近、国家多中心规划政策失败等原因，反而使得相对单中心化逐渐增强（卢多维克·阿尔贝 等，2008）。可见，合理的多中心规划和有效的实施策略对于塑造相对均衡、协同发展的大都市区“中心—外围”关系有重要作用。

（2）外围地区次中心提升与中心地区内部分化并行

当前，大伦敦 2036“城镇中心网络”、巴黎大区 2030“极化—平衡发展”、东京 2040“广域据点”等规划策略均致力于促进大都市区外围地区已有的次中心形成影响辐射能力更强的区域级中心。大伦敦规划定义了主要位于外伦敦地区的“大都市区级中心”：具有重要的就业、城市服务与休闲功能以及良好的可达性；腹地可扩展至周边多个市镇及东南英格兰地区的一部分；通常应包含至少 10 万 m^2 建筑面积的零售和休闲服务空间，且较高比例的商品是服务于高端需求的而非生活便利品。巴黎确定了需要重点加密的副中心，明确住宅密度和就业岗位提升的具体目标，配置大型区域设施，通过集约紧凑化发展培育区域中心（陈建滨，2016）。东京强调进一步发展环状首都圈结构，形成位于区域交流关键节点地区、高级别城市功能集中的“广域据点”（伍毅敏，2019）。

与此同时，大都市区中心地区继续向拥有更高服务水平和影响力的国际商务交流中枢发展，并出现内部就业中心分化、增多的现象（图 6-5）。例如，伦敦形成了老金融城、西敏寺、金丝雀码头等高密度就业区，北京中心城区也已形成以中关村、金融街、CBD 为三大主要就业中心的清晰结构。这些就业中心已在汇集国际高端要素、统筹指挥全球经济活动上发挥作用。

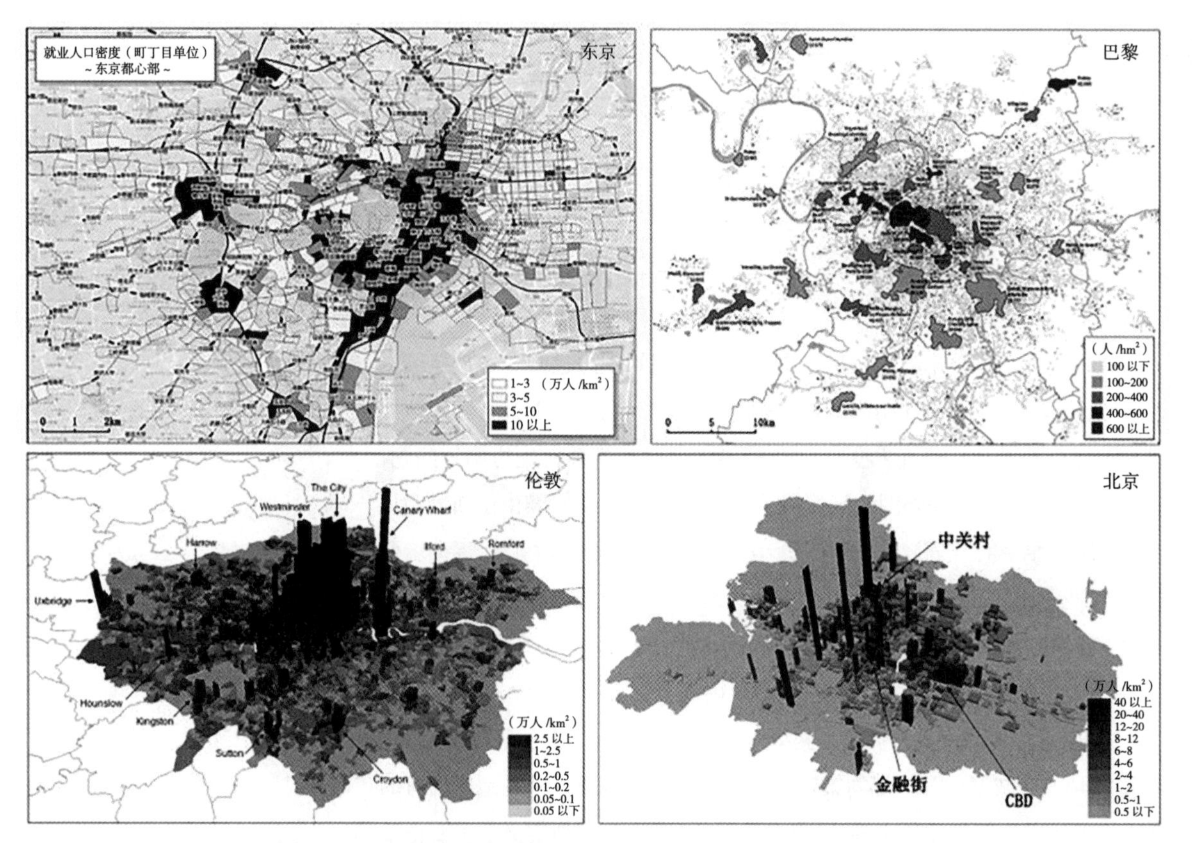

图 6-5　从就业密度可见大都市区中心地区内部形成多个就业中心

数据来源：日本总务省统计局平成 26 年经济普查、巴黎城市规划院 2010 年普查结果分析、伦敦市经济 2013 年度报告、北京市第三次经济普查

可以看到，大都市区就业宏观尺度的单中心和中观尺度的多中心是并存的，当前广泛讨论的疏解或平衡发展策略不应被理解为限制中心、发展外围，相反，国际上较为领先的大都市区都在追求中心强化与外围提升的并行。未来大都市区范围内就业分布的演化趋势将是向中心地区多个专门化的高端产业功能区和外围的区域综合服务中心集中。

6.1.3　典型职住空间组织模式归纳

6.1.3.1　发育成熟的大都市区整体职住比稳定在 0.5 左右

关于职住平衡的经典理论认为，若划定的区域范围内就业岗位与居住人口中的劳动力数量大致相等，居民基本都在区域内工作生活，可认为这个范围整体是职住平衡的（孟晓晨 等，2009）。此时大都市区整体的职住比可以反映工作人口占全部居住人口的比例关系，职住比越高，意味着劳动年龄人口占比高、劳动参与率高、失业率低等。

当前伦敦（0.51）、纽约（0.46）、东京（0.51）、巴黎（0.47）大都市区职住比均在0.5左右，反映了大都市区发育成熟状态下职住比的合理值。以东京大都市区为例，最近30年其虽然经历了泡沫经济破灭、产业人口重新向心聚集、少子和老龄化趋势加剧等经济社会变化，但职住比始终维持在0.5左右（图6–6）。

6.1.3.2 呈现圈层梯度平衡、内外各自平衡两种职住组织模式

分圈层职住比可以反映出各圈层当前容纳的人口和就业是“职多住少”还是“住多职少”，进而反映与其他圈层的职住对接补充关系（沈忱 等，2019；杨明 等，2019）。按照整体职住比约为0.5的职住规模平衡标准，“就业强单中心”结构下的各大都市区现状第一圈层职住比均大于0.5，就业高度集聚，居住供给较少。伦敦、东京、巴黎第二圈层职住比均在0.5左右，自身职住规模供给基本能够平衡（图6–7）。此时，由于第一圈层居住供给短缺，势必有大量就业者到第二圈层寻求居住空间，使得第二圈层部分就业者被“挤出”到更外围圈层寻求居住空间，从而形成“圈层梯度平衡”局面。巴黎的职住比梯度递减一直传导到第四圈层，即越到外围越是“睡

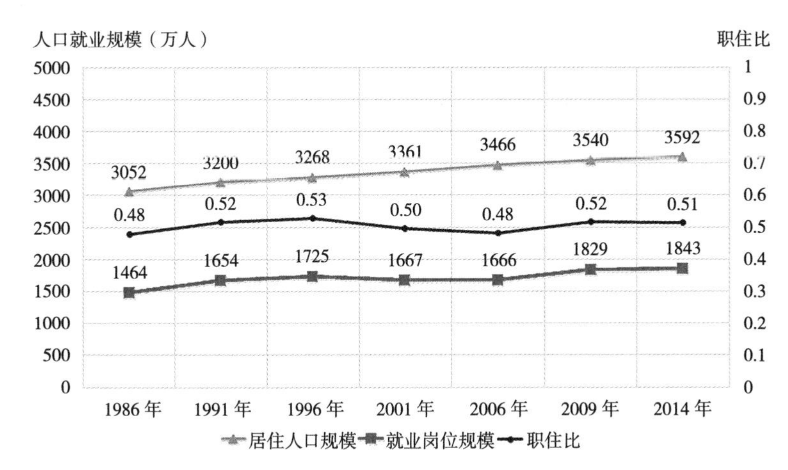

图6–6 东京都市圈居住人口、就业岗位及职住比演变

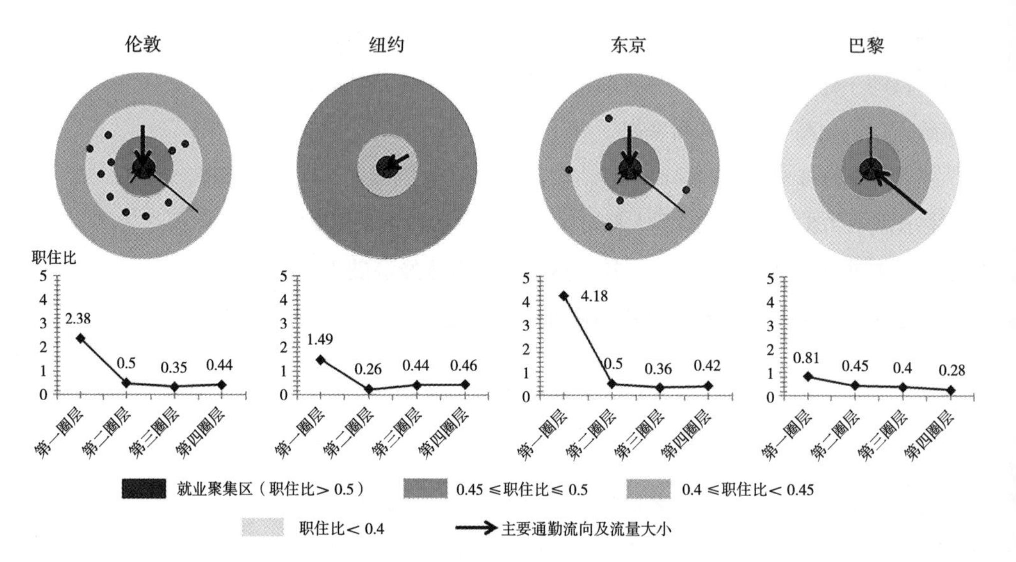

图 6-7 大都市区分圈层职住组织模式总结

城”；而伦敦、东京半径 30km 以外地区的独立性增强，可见其通过有效培育外围地区就业次中心，使得第四圈层居民对中心地区就业岗位的依赖度下降。富田和晓（2001）观察到东京大都市区的实践中的这一演变历程——随着新城建设完善，远郊到东京区部的通勤率有所下降（图 6-8）。

而纽约大都市区呈现与以上不同的“内外各自平衡”模式，现状第二圈层职住比仅为 0.26，显示纽约在第二圈层供给了大量居住空间，基本可

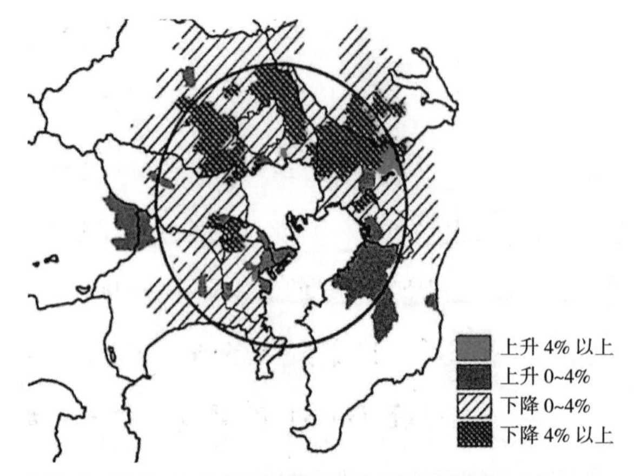

图 6-8 1995~2005 年以东京都区部为目的地的通勤率变化

资料来源：富田和晓，藤井正 . 新版图说大都市圈 [M]. 中国建筑工业出版社，2015.

以承载第一圈层溢出的居住需求，为一、二圈层形成较好的职住匹配关系提供了支撑条件。其三、四圈层职住比接近0.5，显示外围地区自身能够维持职住匹配的近似平衡。

上述职住组织模式在居民通勤时间上也有所反映（表6–3）。纽约大都市区的“内外各自平衡”模式对应较低的三、四圈层居民通勤时间，显示居民就近工作的比例较高。而“圈层梯度平衡”模式的伦敦、东京、巴黎主要由外围圈层居民承受长距离通勤。

表6–3　各圈层居民单程平均通勤时间（单位：min）

<table>
<tr><th></th><th>第一圈层</th><th>第二圈层</th><th>第三圈层</th><th>第四圈层</th><th>大都市区整体</th></tr>
<tr><td>伦敦（2010年）</td><td colspan="2">37</td><td>39</td><td>25</td><td>27</td></tr>
<tr><td>纽约（2006年）</td><td>30</td><td>41.5</td><td>31</td><td>29</td><td>33</td></tr>
<tr><td>东京（2013年）</td><td>31.4</td><td>43.1</td><td>50.8</td><td>38.8</td><td>45.2</td></tr>
<tr><td>巴黎（2008年）</td><td>31</td><td>33</td><td colspan="2">36</td><td>34</td></tr>
</table>

6.1.3.3　圈层梯度平衡格局下，大容量轨道交通建设有利于提升通勤效率

纽约与伦敦、巴黎大都市区整体的平均通勤时间相近，显示不同职住空间组织模式只要结合适宜的交通方式，都可以妥善组织通勤，不需要追求职住空间上的绝对平衡。具体来说，纽约大都市区整体公共交通通勤分担率仅为26%，而大伦敦、东京大都市区、巴黎大都市区公共交通通勤分担率分别达到48%、55%、42%，显示公共交通是解决“圈层梯度平衡”模式下的通勤问题的关键。以东京为例，通过建设大范围、多层次、放射型的轨道交通网络来支撑整个大都市区内大量、长途的通勤需求，有效提升了整体通勤效率（石晓冬 等，2018）。

6.1.4　对北京的启示

6.1.4.1　认识核心区人口先扩散、再集聚的发展规律，促进30km圈层新城发挥集聚人口作用

北京市域面积16410km²，与前述的国外大都市区在同一尺度，可以借鉴其发展经验。在新版北京城市总体规划强调非首都功能疏解和中心城区

人口减量的背景下，其人口分布变化可参考伦敦和东京相同阶段的发展轨迹，即第一圈层人口密度下降，与第二圈层人口密度差距缩小，第二圈层人口密度有反超可能性。与此同时，也要认识到，长期来看第一圈层人口和功能的再集聚是普遍性规律。

当前北京中心城区以外已形成一定规模的人口次中心，包括昌平、顺义、房山新城等，均分布在半径 30km 圈层，与国际经验一致。巴黎的发展经验显示，新城距离过近可能加剧单中心化，北京也需要警惕该现象的发生，防止 20km 以内的通州西部、亦庄、大兴新城与中心城区连片发展。因此，高标准规划建设半径 30km 左右的北京城市副中心及同圈层新城，促进形成人口集聚能力强的区域级中心，将有利于控制中心城区蔓延式发展，并发挥其辐射周边的作用。同时，50km 圈层远郊新城包括怀柔、密云、大兴国际机场临空经济区等的远期发展潜力也值得关注（图 6-9）。

6.1.4.2 合理引导中心强化，培育新城特色化产业和优质公共服务

与其他大都市区就业在小范围内高度集聚不同，当前北京大都市区的就业密度沿圈层下降较为平缓。根据 2013 年第三次经济普查统计，北京大都市区第一圈层就业岗位密度仅为第二圈层的 2.4 倍，相较国外大都市区 5 倍以上的级差，其中心集聚的强度存在差距。这一现状特征与北京第一圈层的土地利用性质以居住用地为主、历史文化保护街区较多、建筑高

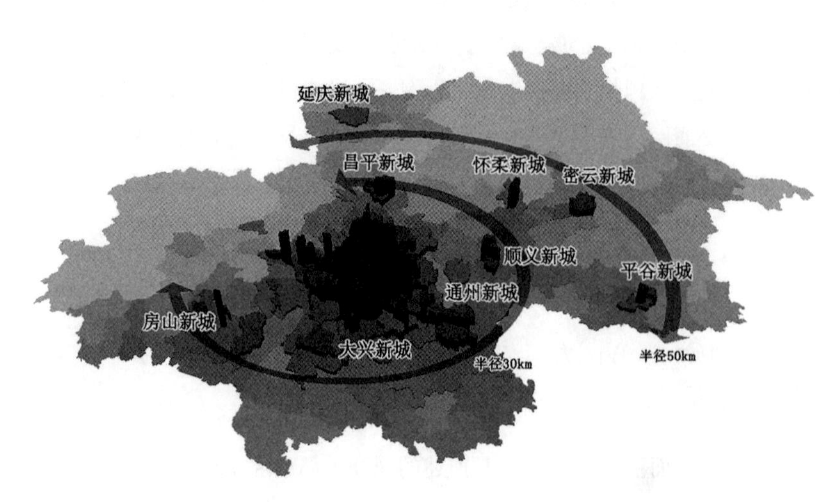

图 6-9 北京现状分街道人口密度分布图

度控制严格等因素有关。这使得北京现状就业岗位分布较为分散，也造成了居民的通勤起止地分布广泛，通勤交通流向复杂，难以高效组织。

从国际经验来看，一个集约紧凑、就业密集的核心地区是大都市区持续发展的动力来源，在功能疏解重组的过程中，城市中心不是变弱而是更强。未来北京中心城区应更多考虑如何整合提升既有高端产业功能区、吸引汇聚全球高端生产要素、参与国际竞争，城市基础设施应预留足够的承载力。

同时，北京大都市区的外围新城在产业培育上还有很大的提升空间。以其与伦敦的对比为例，当前外伦敦的大都市区级中心呈现“产业差异化发展 + 公共服务完善”的特点，不同中心分别吸引了总部管理咨询、信息技术等产业集聚，而生活性服务业就业密度与内伦敦基本达到同一水平。相较之下，在功能疏解重组的契机下，北京各新城尚需进一步形成差异化的主导产业，促进产业专业化集聚（图 6-10），提高公共服务水平，提升综合吸引力。

6.1.4.3　兼顾“职住空间近接”与“提升通勤时效”

国外大都市区呈现的两种典型职住组织模式各有优势：“内外各自平衡”模式下大都市区的职住空间分布相对近接，可以有效减少外围圈层居民的向心通勤；“圈层梯度平衡”模式下大容量快速公共交通的建设使得

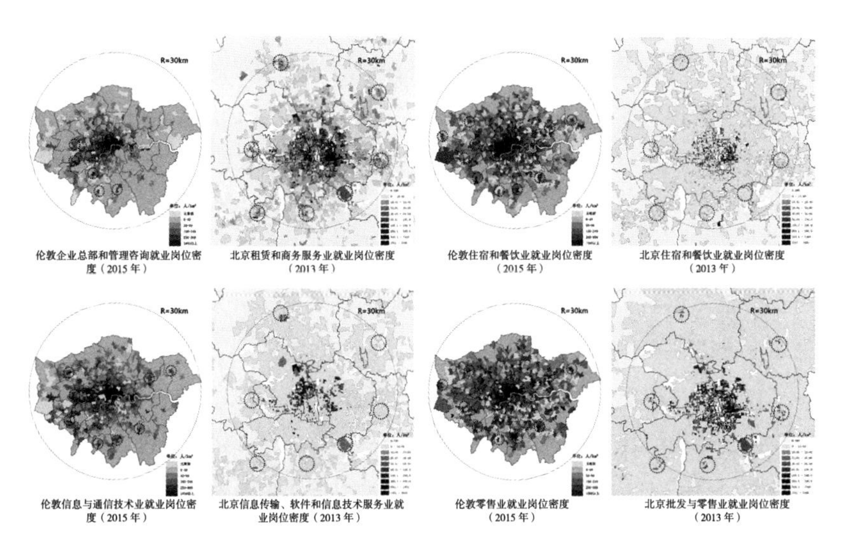

图 6-10　伦敦、北京部分行业就业密度分布比较

数据来源：伦敦市经济 2016 年度报告、北京市第三次经济普查

区域间时空距离被拉近，基于通勤时间的职住平衡得以在更大空间范围内实现。当前对职住平衡的认识应从静态的规模平衡和空间近接，转向动态的空间—时间双维度平衡。

针对北京当前就业分布相对分散、通勤交通难以高效组织的特点，未来的改进方向应是对两种职住组织模式的兼收并蓄。一方面，吸收“内外各自平衡”模式的空间组织优势，推动中心城区增加居住供给、中心城区外提升就业吸引力，促进职住空间形成合理配比和精准对接，减少跨圈层通勤；另一方面，北京的中心—外围互动关系比较紧密，空间上的就近平衡不可能完全实现，也需要吸收“圈层梯度平衡”模式的时间效率优势，加强区域快线、地铁快线等大容量轨道交通对通勤的支撑作用，优化城市功能和公共交通的耦合关系，促进通勤时耗的降低。

6.2 功能疏解下的职住组织——典型城市的得与失

6.2.1 东京：动态演变的职住问题

6.2.1.1 东京职住问题的动态认识

伴随日本经济在二战后的复苏，人口和各种功能迅速向东京区部集中，导致诸多“大城市病”，交通拥堵、职住不平衡现象突出。由于日本经历了泡沫经济及其破裂的阶段，其首都圈的规划思路经历了从抑制城市功能大规模集聚以缓解“一极集中”现象，到逐步引导郊外开发、促进功能分散、加强首都圈及周边地区联系，再到鼓励东京核心区域再开发，并面对人口“都心回归”现象再次纠正“一极集中”的过程；东京周边新城新区的建设导向，也由早期以居住为主的卫星城发展到以就业为主的业务核城市，直至当前功能复合的小型地块整体开发的新方向，从多种角度推进“职住近接”的目标。

在这个过程中，对东京职住问题的认识也具有动态的特点。例如，职住与通勤结构的演变机制。东京内部就业场所的向心集中与居住场所的离心分散，带来以向心通勤为主，加上大量中、短距离通勤形成的复杂结构。这种结构随着建成区的蔓延而不断扩大，也促成了东京区部周边以居住为主的卫星城的发展。例如，根据 1975 年日本人口普查情况，东京主要的工作岗位集中在千代田、中央、港口（即所谓的市中心 3 区）或山手线周边。而人口分布不断蔓延扩大，以东京都市区 50km 半径范围为例，1935 年时，占东京市总人口 1% 以上的周边市町村仅有横滨、八王子两个市；到 1975 年，占东京市总人口 1% 以上的周边市町村已有 45 个市，其中绝大部分属于白天"人口流出"，即以居住功能为主（渡边良雄，1981）。

东京职住结构除了伴随着人口代际更替，还产生了自发的变化。年轻人的聚集带来东京市内人口的自然增长。一方面，这些年轻人因生育产生向近郊区的迁移，促进了近郊就业岗位的增加；另一方面，他们的第二代产生的通学、通勤流的向心的方向性较弱，逐渐改变了原有的通勤模式。且由于这种变化的自发性，即使在经济增长停滞期，虽然流入东京的人口增量减少，这种变化仍在持续（渡边良雄，1978）。

6.2.1.2 东京职住情况的近期变化

从白天人口和夜间人口[1]变化来看，东京区部的夜间人口在 20 世纪 70 年代后经历了一段时间的减少，对应着东京都市区居住人口向周边卫星城分散的阶段，2000 年之后，人口的"都心回归"逐渐显现。但区部的白天人口一直呈现上升走势，表明就业向城市中心区的集中趋势一直延续，并随着人口的"都心回归"进一步集聚（图 6-11）。从各区的昼夜间人口比和因就业、就学产生的人口流动方向也可看出，人口和产业向东京"都心六区"[2]高度集聚（图 6-12、图 6-13），其中千代田区的昼夜间人口比更是达到 1460%。

6.2.1.3 "一极集中"背景下东京促进职住均衡的新课题

在新一轮人口集聚的背景下，东京的职住问题也面临着新的课题，例如对女性居民和就业者的关注。2018 年日本全部年龄段女性就业率超过了 50%。东京也显现出对女性就业者的强吸引力，2019 年东京都迁入人口超过 6 万人，其中男性约 2.7 万人，女性则有约 3.3 万人。尤其是知识密集

[1] 根据日本人口调查，白天人口是在本行政单元常住人口基础上，加上其他地区前来上班、上学的人口（流入人口），减去前往其他地区上班、上学的人口（流出人口）所得，夜间工作、上学者也计算在内。

[2] 即空间上位于东京区部中心、山手线内的六个行政区，包括千代田区、港区、涉谷区、中央区、文京区和新宿区。

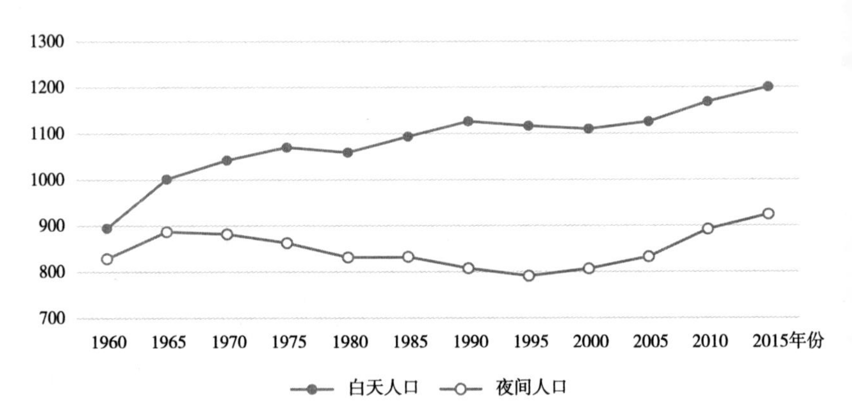

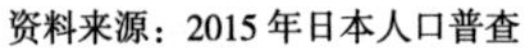

图 6-11 东京区部白天人口与夜间人口变化（万人）

资料来源：2015 年日本人口普查

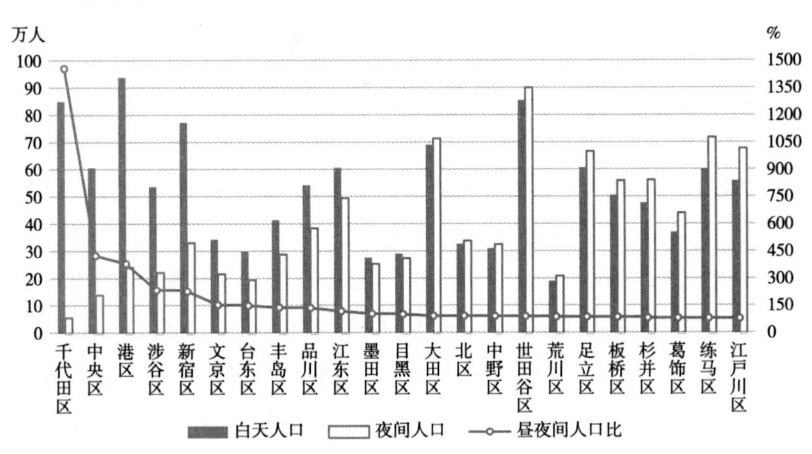

图 6-12 东京区部各区昼夜间人口比

资料来源：2015 年日本人口普查

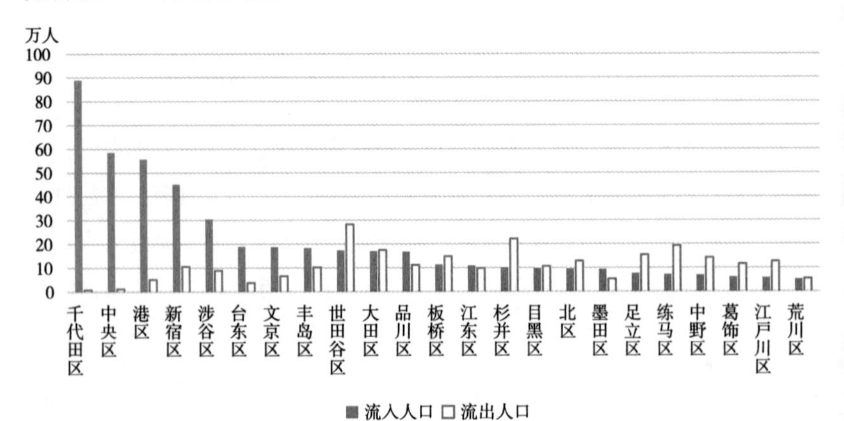

图 6-13 2015 年东京区部各区人口因就业、就学流动情况（万人）

资料来源：2015 年日本人口普查

型的产业，如策划、设计类的工作对女性就业者具有较大的吸引力。由此带来了更多基于女性就业者的住房需求，其与以往的以家庭中丈夫通勤为主的居住选择有所不同。

同时，通信和交通手段的更新，既促进了企业在东京的进一步集聚，也促进了对新的“独立工作”的模式探索。产业在东京的进一步集聚伴随着京阪神等地区的原有产业迁出。其原因既有交通的便捷使两地差旅可以做到当日往返，逐渐地不需要在两地设置机构，也由于大阪原本制造业发达，与东京以知识密集型产业为主相比，在集聚效应上有一定差距。但是，随着东京都市圈内人口和产业进一步集中，日本国内和东京都市圈内的经济差距也在拉大。除已有的“地方创生”政策外，也有学者开始讨论新的工作和生活方式，如“不被雇佣的工作方式”（work beyond employment）通过采用个体经营等独立的工作方式吸引年轻人定居在地方，通过平衡就业和居住的方式提升地区活力。由此也能看出，改善大都市区的职住问题与提升周边地方活力存在一定的表里关系（日本劳动研究杂志，2020）。

6.2.2 世宗：韩国新行政中心

6.2.2.1 韩国行政中心迁移的背景

韩国首尔同北京一样，既是国家首都，又是人口和功能过度聚集的特大型城市。2012 年首尔市行政面积 605.28km^2，人口 1044 万人，占全国人口的 20% 以上。首尔市集中了韩国各种企业总数的 29.7%，国内生产总值的 28.8%，金融、机关、商店总数的 41.6%，批发零售额的 37.4%。以首尔为中心的首都圈（包括首尔、仁川、京畿道，总面积 11686km^2）位于韩国偏北部，只占韩国 1/10 的土地面积，却集中了韩国 47% 的人口、50% 以上的经济力量，与欠发达的中、南、西、东部相比差异悬殊。

为了缓解首尔过度集聚发展导致的“大城市病”，推动区域均衡发展，以及基于军事（国家行政机构分散并南移，以增加战略纵深）和政治（执政党在竞选总统期间对中部选民的承诺）的考虑，2003 年 12 月韩国国会通过《新行政首都特别法》，决定将韩国行政首都从首尔迁往韩国中部地区（后来具体设在世宗特别自治市，以下简称为“世宗市”，图 6-14），并于 2007 年 7 月开始工程建设。

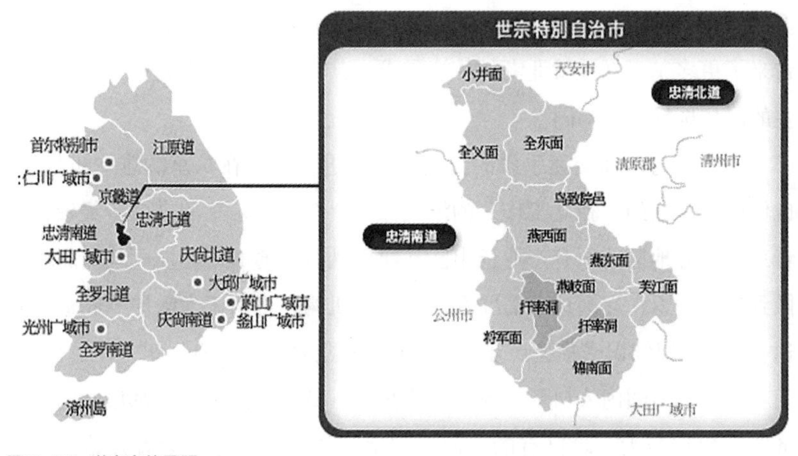

图 6-14 世宗市位置图

资料来源：www.sejong.go.kr

6.2.2.2 世宗市建设总体情况

世宗市位于忠清南道的东北部，面积 465km^2，2012 年常住人口 12 万人。韩国政府计划投资 22.5 万亿韩元（约 1285 亿元人民币），2030 年将世宗市建成人口 50 万人的行政中心复合城市。“行政中心复合城市建设项目”从 2011 年开始推进中央行政机关分阶段迁至世宗，依据 2010 年 12 月制定的《世宗特别自治市设立相关特别法》，在 2011 年 7 月 1 日由中央直辖的自治团体——世宗特别自治市开始运作（表 6-4）。

在中央行政职能分工上，韩国中央部门中包括青瓦台（总统）和国会在内的外交、统一、法务、国防、行政安全、女性等部门留在首尔，其他部门在 2014 年之前完成行政首都迁移至世宗市的工作，包括 16 个中央行政机关和 20 个相关附属部门的 1 万名公务员，以及 16 个国家级各类研究

表 6-4 世宗市各阶段基本发展情况

发展阶段	主要特征及工作重点	开发方向	主要功能	目标人口
初期2011~2015年	1.对核心设施建设投资优惠政策的制定、实施 2.以“行政中心城市”建设为目标 3.与周边城市关系处理，重点“相融共生发展城市”	以财政预算、投资为中心	重要行政，文化、国际交流，城市行政（初步体现行政功能）	15万人

续表

发展阶段	主要特征及工作重点	开发方向	主要功能	目标人口
成熟期2016~2020年	1.已形成规模，城市功能开始正常运转 2.解决预定地区和追加范围地区的差距问题 3.减少城市内部的差距	吸引民间资本	大学、医疗福利、尖端科学、城市行政（自足功能扩大）	30万人
完成期2021~2030年	1.进入长期的城市完善阶段 2.开始逐渐地把幸福厅的权限移交至世宗市 3.开始起到地域中心城市作用	城市功能完备	进一步完善	50万人

资料来源：Sim Gyoeon，Cho Gyeonghun，Min Beomsik，Chang Cheolsun，Eun Jongeul，Kang Useok. Inauguration of Sejong Metropolitan Autonomous City and Middle and Long Term Prospects[J]. Urban Information Service，2012，365：3–17.

机构约 3000 多人（表 6–5）。除计划中的迁移机构外，其他一些中央行政机构也迁至世宗市，最终迁移行政机构数量进一步增加。

表 6–5 中央行政机关迁入世宗市（2012~2014 年）

迁入时间	中央行政机关	相关部门	人员数（人）
2012年	总理办公室、计划财政部、公平交易委员会、农林水产食品部、国土海洋部、环境部	租税审判院、中央土地征收委员会、航空铁路事故调查委员会、中央海洋安全审判院、北韩人权委员会、中央环境矛盾协调委员会	4139
2013年	教育科学技术部、文化体育观光部、知识经济部、保健福利部、雇佣劳动部、国家功臣处	教员吁请审查委员会、海外文化宣传院、经济自由区计划团、地域化发展特区计划团、贸易委员会、电气委员会、矿业登记项目所、研究开发特区规划团、中央劳动委员会、最低工资委员会、产业灾害补偿保险再审查委员会、表彰审查委员会	4116
2014年	法制处、国民权益委员会、国税厅、消防防灾厅	韩国政策广播院、邮政事业本部	2197
总计	16个	20个	10452
注：此外还有16个国家级各类研究机构，人数为3353人。			

资料来源：Sim Gyoeon，Cho Gyeonghun，Min Beomsik，Chang Cheolsun，Eun Jongeul，Kang Useok. Inauguration of Sejong Metropolitan Autonomous City and Middle and Long Term Prospects[J]. Urban Information Service，2012，365：3–17.

6.2.2.3 行政中心迁移对人口、职住和行政效率的影响

（1）人口变动：世宗市对分散首都圈人口和促进均衡发展作用有限

韩国行政中心迁移带动约 1.4 万个国家机构就业岗位从首尔迁往世宗，对世宗市及其周边地区、首尔市及首都圈的人口变动产生直接影响。根据李浩俊（Lee Hojun，2017）基于 2006~2016 年人口资料的分析，随着 2012 年迁移工作的启动，世宗市及其周边地区、首尔市及首都圈的人口在行政中心迁移酝酿、执行前后几年发生如下变化。

① 2012 年启动后，世宗市人口呈现激增的趋势。2014~2015 年，世宗市人口增加了 35%（5.5 万人），是十年间的最大增量。2016 年，世宗市人口 24.3 万人，是世宗市 2030 年规划人口（50 万人）的 48.6%（图 6–15）。

②世宗市人口的增长源于对周边地区的虹吸效应，分散首都圈人口和促进国土均衡发展的作用不明显，未达到预期效果。2012~2016 年的五年间，世宗市的纯迁入人口中有 30.3%（4.3 万人）是从首都圈地区迁出，69.7%（9.9 万人）是从非首都圈迁入。迁出地是首都圈的情况中，世宗市启动后的 2012、2013、2014 年各有 35.5%、50.7%、33.9%，占据了较高比重，但从 2014 年起，随着从非首都圈地区纯迁入的人口数大幅增加，首都圈的纯迁入占比下降到整体的约 25%。与之相反的是，从非首都圈地区纯迁入的人口比重渐渐增加，其中大部分是从与世宗市邻近的大田、忠北、忠南地区迁入的人口，带来虹吸和衰退效应。考察世宗市周边人口迁

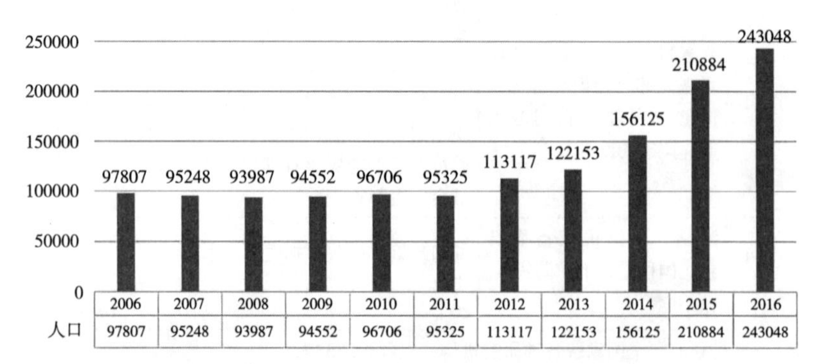

	2006	2007	2008	2009	2010	2011	2012	2013	2014	2015	2016
人口	97807	95248	93987	94552	96706	95325	113117	122153	156125	210884	243048

图 6–15 世宗市人口数量变化

资料来源：Lee Hojun，Lee Sugie，Park Sunjoo，The Impact of Sejong City on the Population Migration in the Adjacent Municipalities and the Capital Region：Focused on the Shift–share Analysis Using the 2006–2016 Population Migration Dat[J]. Journal of Korea Planning Association，2017，53（2）：85–105.

入的规模,10km半径以内地区人口迁入最多,2012~2016年净迁入1.6万人,10~20km半径、20~30km半径分别为0.13万人、0.02万人。

③世宗市启动后首都圈人口增长仍高于全国平均水平，增长规模远远大于向世宗市迁入的人口，但增长率有所下降。与此同时，2006~2016年十年间，首都圈的人口每年持续增长，从2006年的2370万人增加到2016年的2559万人，增加了约7.9%，比全国人口增加率（5.5%）更高。十年间首都圈中首尔市人口减少了2.5%，但京畿道与仁川分别大幅增加了16.6%、12.1%。比较世宗市启动前后首都圈人口的增长率，2007~2009年为0.8%~1.06%，但从2011年起至2016年降至0.42%~0.58%，可以说世宗市启动对首都圈的人口增长有一定的影响。

（2）职住和行政效率：交通时间和沟通成本急剧增加

①新旧行政中心之间产生大量的“城际”通勤。世宗市距离首尔市超过120km，由于总统府、国会、外交、统一、法务、国防、行政安全、女性等部门仍然留驻首尔，两个行政中心的并存造成很多政府人员和办理手续的国民在两市之间长途跋涉，浪费了极大的精力。“国家公务员有一半正在KTX（韩国高速列车）上”[1]；世宗市迁移政策2012年实施以来，世宗市公务员仅首尔出差费高达1300亿韩元[2]。同时，一些公务员家庭留在首尔，每天驱车2h到世宗上班，“在世宗市的一个月，来回奔波以致无法工作”[3]，通勤成本过高迫使部分公务员离职。

②行政组织地域分散造成行政低效率。分都以来，韩国每年都会反复出现各种指责行政低效相关问题的声音，公务员对行政低效的不满以及问题反映似乎都日渐白热化(Joon-young Hur,2015)。行政分散部署带来的“沟通交流成本增加”是世宗市迁移这一环境变化中面对的中心问题和行政管理低效率的主要原因。“沟通交流成本增加”不仅源于世宗市本身基础设施的不足，也是在机构之间不对称的权力关系，以及公职社会的阶级文化与重视面对面的文化等脉络中发生的现象。虽然政府提出了相应对策，但对数字沟通方式的不信任和抵触，最终导致大部分公务员仍继续沿袭惯例。

[1] Joon-young Hur, Min-young Kwon, Wonhyuk Cho. Administrative Inefficiency of Geographically Dispersed Central Government Bodies: Case study on Sejong-City in Korea Using Grounded Theory[J]. Korean Public Administration Review, 2015（9）: 127-159.

[2] 同上。

[3] 同上。

6.2.3 拉·德方斯：经验与教训并存

6.2.3.1 拉·德方斯的发展经验

巴黎从20世纪50年代开始着力进行城市功能疏解，先后在距主中心10km圈层上设立了凡尔赛、费力斯、罗吉、克雷泰、圣—丹尼斯、保比尼、勒—保吉脱、罗西、拉·德方斯9个副中心，在距主中心30km左右建设了5座功能完善的新城。其中拉·德方斯已成长为世界级的CBD，承载了国际商务金融、跨国公司总部办公、商业服务等重要功能（图6–16）。

以拉·德方斯为代表的巴黎功能疏解和新区建设历程具有以下成功经验。

（1）通过法律和经济手段引导功能疏解

巴黎注重通过法律和经济手段引导功能疏解，并取得了较好的效果，包括1955年宣布不再批准市区的新增工业项目，1958年宣布现有市区工业企业改扩建占地规模不得超过现有面积的10%，1959年宣布禁止在市区建造1万m^2以上的办公大楼，20世纪60年代对市内企业开征“拥挤税”。而与此同时，市区迁出的占地500m^2以上的工厂可享受60%的拆迁补偿费用，市区迁出的各类机构均可享受15%~20%的投资津贴（袁朱，2006）。

（2）建立合理的开发机制

为建设拉·德方斯新区，法国政府成立了一个区域开发公司（EPAD）

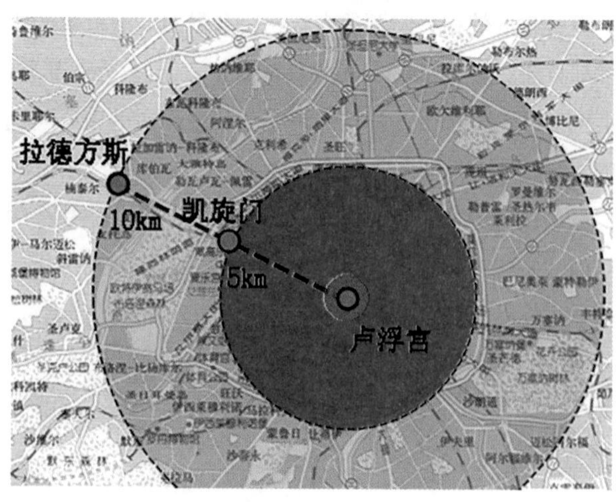

图6–16 拉·德方斯位置示意图

来负责其规划与实施。EPAD 综合了土地管理、规划编制、建筑管理、市政公共设施建设等全方位的职能，在土地收购、基础设施建设与出售上有较大的自主权，从而在当地政府、国家机关和私人开发商之间建立起投资的桥梁，保证了新区的开发建设速度，并迅速吸引了大批企业入驻（陈一新，2003）。

6.2.3.2 拉·德方斯的问题与反思

（1）功能单一、缺乏配套、与周边环境不融合造成职住不平衡

2000 年前后，拉·德方斯成为欧洲最大的 CBD，集中了 2500 家企业和 15 万个就业岗位。但拉·德方斯也并非完美的新区发展样本。由于其规划以满足企业办公为主，对服务配套和居住环境关注不足，导致其虽然在承接高端金融功能和相关就业人员上表现出色，但在职住平衡发展上却不尽如人意。住房错配是典型的问题之一，新区就业人口中高级白领、企业高管占 32%，而周边面积 150m^2 以上的大户型住宅却不足 1%，无法满足周边就业人群的需求（李明烨，2012）。职住分离造成了潮汐式的通勤人流，使得拉·德方斯成为巴黎交通负担最重的地区之一。与此同时，当地居民的日常活动与办公区域基本无交集。新区的商业休闲设施体量巨大、过于集中，而面向居民的小型零售商业很少，办公楼底层亦无商业，夜间尤其缺乏活力（图 6–17）。

（2）制定更新规划，促进功能混合，提升公共空间活力

针对这些问题，2006 年巴黎编制了《拉·德方斯更新规划》，旨在促进城市与人的和谐发展，方便人们的工作、生活、休闲、通行等各项活动。规划丰富了新区的定位，由单纯以商务办公为主改为集商务、居住、教学、休闲、娱乐、旅游为一体。规划在新区增加了 10 万 m^2 的住宅供应，增设了大量小型零售商店，改善了上班族的购物、休闲和居住条件，促进了职住平衡。此外，规划将一些原有的封闭快速路打开，加强这些道路与周边路网的衔接，增设人行步道、过街天桥和电梯等，鼓励步行和自行车交通，以方便人们的生活出行和提升公共空间可达性（李明烨，2012）。

从拉·德方斯的经验、教训与更新措施可以看到，新区发展不仅要围绕实现功能疏解的主要目的，也需要从职住统筹、区域协调、空间活力等多方面共同努力，不应片面追求产业发展而造成“有业无城”，而应将塑造宜居宜业、以人为本的和谐城区作为长期坚持的战略目标。

图 6-17 拉·德方斯以办公楼为主，建筑尺度较大
资料来源：www.ipola.ru/post445568897

6.2.4 莫斯科：前景不明的“首都联邦区”

6.2.4.1 莫斯科扩容的背景

作为知名的国际大都市，莫斯科 2019 年有 1250 万居民，占俄罗斯总人口的 1/10，城市扩容前面积为 1070km^2，2012 年扩容后面积增至 2510km^2。

莫斯科长期以来被交通拥堵等“大城市病”所困扰，常常在全球最拥堵城市排行榜中“名列前茅”。例如，美国 Inrix 交通数据分析公司发布的 2016 年全球交通拥堵排行榜显示，莫斯科交通拥堵程度仅次于洛杉矶，位居全球第二。莫斯科的城市空间结构是典型的单中心环形扩张结构，三环路以内集中了 62% 的就业岗位和仅 7% 的居住人口（韩林飞 等，2013）。绝大部分重要国家机关、部委以及莫斯科市政府各部门都聚集在红场和小环路周边，各大金融机构、企业单位也都位于市中心，由此带来严重的潮汐交通。此外，由于拥车成本低、公共交通体系相对薄弱等因素，市民开车出行的比例较高，从而使得路面交通拥堵问题突出。

为减轻交通拥堵和市中心功能过于集中的压力，2011 年 6 月，时任总统梅德韦杰夫在圣彼得堡国际经济论坛上提出了扩大莫斯科面积、将联邦行政机关从莫斯科市中心迁往新区的建议，以使莫斯科市突破原有区划限制而成为“首都联邦区”。按照要求，由莫斯科市政府、莫斯科州政府与有关联邦机关联合制定关于莫斯科市扩容的建议，兼顾将立法和执法机关搬迁以及建设和发展国际金融中心的计划。经选址考察，确定将位于莫斯科西南方向 $1440km^2$ 的扇形土地划入莫斯科区划范围，该区域以农林用地和零散居民点为主，共有23.5万居民。此次区划变化于2012年7月1日起正式执行。

6.2.4.2 莫斯科扩容的规划方案

按照规划，莫斯科市新扩容的地区将划分为三个功能区带：靠近莫斯科的地区将进行部分城市化，建设行政和商业中心；中间地带将在保护自然和农业景观的基础上，建立以科技、教育、医药、文化等创新产业为主导的生态友好的建设组团；外围是旅游休闲区，将通过建立国家公园和特别自然保护区来保护自然环境（图6–18）。

2012年2月，莫斯科市为扩容地区的规划和城市设计举办了国际竞赛，由英国JTP建筑事务所等组成的团队获奖。规划新区人口170万人，就业岗位80万个，在距莫斯科主中心20~50km圈层上设立联邦城、创新城、科学城、物流城4个新城。其中联邦城距主中心25km，规划以联邦政府行政办公、新金融中心、大学城等功能为主（图6–19、图6–20）。

莫斯科扩容地区的规划设计具有以下特色。

①维系建成区、自然和乡村景观的平衡，重视环境友好。规划认为新区的最大优势是生态环境良好。考虑到实际环境条件和面向未来的城市化路径，明确新区以中、低层建筑和游憩区的发展为主。新区确立了保护环境和森林地区的要求，并规划新增4个大型公园。

②建立多个职能中心，疏导主中心功能，借助交通网络实现串联。统筹规划旧城区与新区的功能，设置多个职能中心板块，使新区形成“整体分散、各自紧凑”的多组团布局。重视“旧莫斯科”与“新莫斯科”的联系与平衡，规划建立径向公路系统，确保多中心系统的各个组成部分与莫斯科中心地区在辐射方向上的功能和空间一体化考虑。

③发展小微及高科技企业，改善职住关系。在新区倡导发展节能环保及有竞争力的高新科技和劳动密集型产业，鼓励小微企业发展，并有目的地将其安排在靠近原莫斯科市边缘地带“睡城”的区位，以期促进职住均衡发展。

图 6-18　莫斯科新增地区（Troitsky 和 Novomoskovsky 两个区）

资料来源：https：//stroi.mos.ru/uploads/user_files/presentations/bofill.pdf

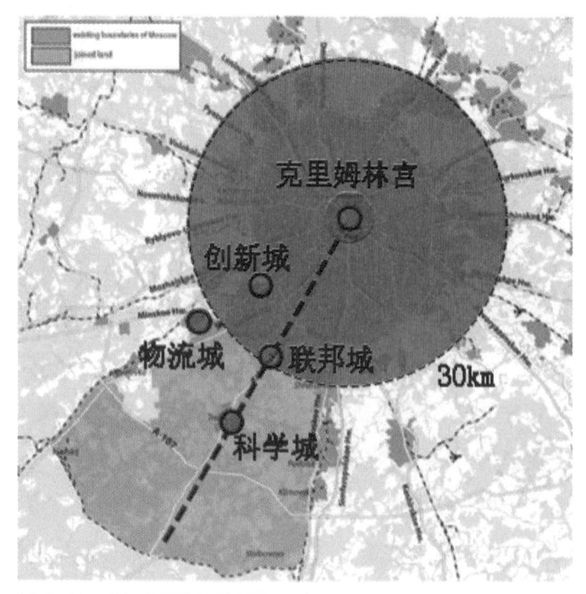

图 6-19　获奖方案的新城布局

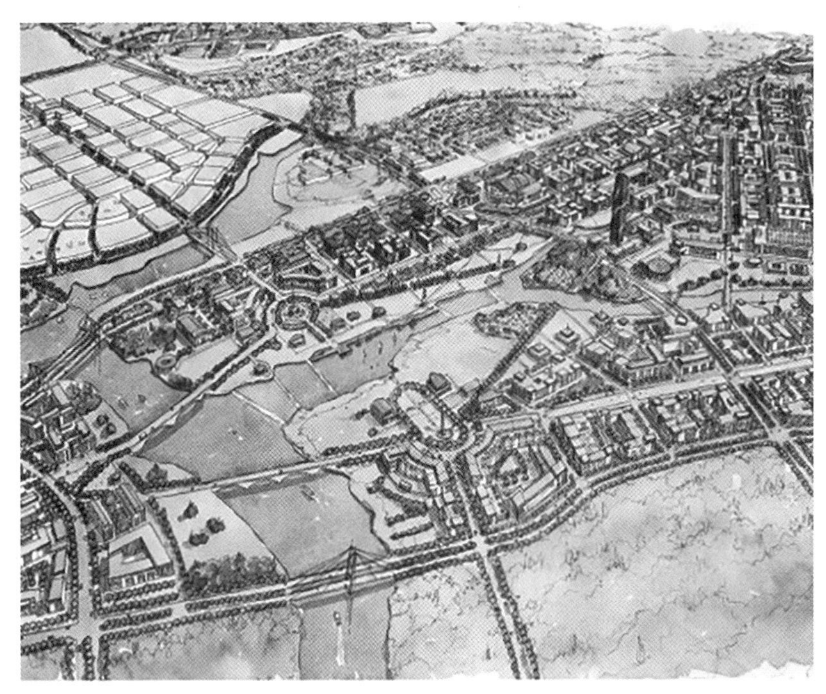

图 6-20 联邦城规划效果图
资料来源：https：//www.jtp.co.uk/

6.2.4.3 莫斯科扩容实施过程中的现实问题

莫斯科市的扩容和随之而来的新城建设当前仍然处于起步阶段，在其实施过程中浮现出一些引人关注的现实问题。

①部分规划内容难以实现，联邦行政机关搬迁计划搁置。联邦行政机关的搬迁面临资金缺口以及方案不统一的问题。按照“首都联邦区”的宏大搬迁计划，俄联邦行政机关的办公地点将全部迁移至新区，行政、立法、司法机构无一例外，涉及约 4 万名职员。根据媒体报道，估算新办公楼总共需要约 200 万 m^2 的面积，与此相关的基础设施、办公楼和住宅建设至少需要 1 万亿卢布（约 330 亿美元）的资金，资金缺口较大（朱冬传，2012）。

2012 年 5 月，普京重任俄罗斯总统。普京虽然曾表态支持“首都联邦区”建设计划，但相对于集中搬迁，提出了一些不同的方案。例如，2012 年 11 月，普京主持召开俄罗斯联邦司法机关搬迁会议，建议将联邦司法机构从莫斯科迁出并集中在圣彼得堡，打造一个“俄罗斯司法之都”。2014 年普京又表示，没有必要将首都迁离莫斯科，但并不意味着所有的中央资源都必须集中在莫斯科，将俄罗斯联邦部分中央机关迁至西伯利亚是可行的。由于梅德韦杰夫与普京的思路并不一致，“首都联邦区”的未来仍不清晰。

②新建项目如火如荼的同时，本地民生问题有待解决。莫斯科城市规划局表示，新区建设将由交通基础设施和住宅建设带动，其中住宅占每年建设项目的60%~80%。截至2015年底，40%的低层住宅建设已经完成。新增的地铁、铁路、公路也在有序建设中。但与此同时，新并入莫斯科的地区居民住宅楼破旧、基础设施不发达、学校医院数量不足等问题也受到关注。根据媒体报道，为保证重点项目建设，这些老旧设施问题迟迟未得到改善，招致当地居民不满：“民生问题未解决，还要忍受莫斯科级别的物价。”

③社会福利落差导致一段时期内“钻空子”现象频出。扩容后，并入首都区划范围的约23万居民自动成为“首都居民”，为莫斯科市政府本就拮据的财政预算增添了更重的包袱。新居民与原居民工资水平、养老金标准有较大差距，如果都向莫斯科市的最低标准看齐，将是一笔不小的开支。“扯平”新老居民之间的收入差距并非易事。可以看到三类人群的不同反应：原莫斯科市不少居民提出质疑，担心为了发展新区，莫斯科市政府的财政支出会被“分流”并影响“老莫斯科”的发展；而对于莫斯科其他周边地区的居民，在得到区划变化消息后，出现了一大批医生、教师等辞职并涌入新莫斯科地区寻找工作的现象；部分新莫斯科地区接近退休年龄的居民则直接辞职，等着拿高额养老金。归根结底，这是由于莫斯科市与莫斯科州的经济发展水平和人民生活水平差距过大。没有区域协同发展的整体水平提高，只有局部的改变，必然要面对利弊得失之间的艰难平衡。

6.2.5 郑东新区：质疑中证明自己

6.2.5.1 郑东新区建设概况

郑东新区距郑州市中心最短距离5km左右，新区管辖面积260km^2，截至2019年建成区面积超过140km^2，入住人口超140万人，入驻企业3万余家，其中世界500强企业65家（图6-21）。郑东新区在开发建设前期曾一度受到“鬼城”的质疑，但仅仅经过15年的发展就已成为河南省乃至更大区域范围内的金融中心、高端服务业中心，是全省最具经济活力的区域，也是广受居民欢迎的生活区。

6.2.5.2　郑东新区发展经验总结

（1）立足实际发展需求，前期选择适宜产业和临近区位

郑东新区的建设是立足于快速城镇化时期城市发展的迫切需求，找准了当时郑州面临的产业升级瓶颈、首位度不高、城市规模偏小、老城环境较差的问题作出的合理发展选择，而不像国内部分新城、新区建设那样存在论证不足、好大喜功的现象。河南作为我国的人口大省，在快速城镇化进程中有大量的居民生活改善需求；同时，整个中原经济区在当时都缺乏高端金融商务功能，积累了产业升级需求。

郑东新区规划采取组团发展，建设 CBD、龙湖区、商住物流区、龙子湖高校园区、科技物流园区等若干组团，但前期并未大举铺开建设框架，而是先行建设 $3.45km^2$ 的 CBD，填补了区域高端产业发展的空白，也符合金融商务功能发展的空间集聚规律，因而迅速成为金融和企业总部的聚集

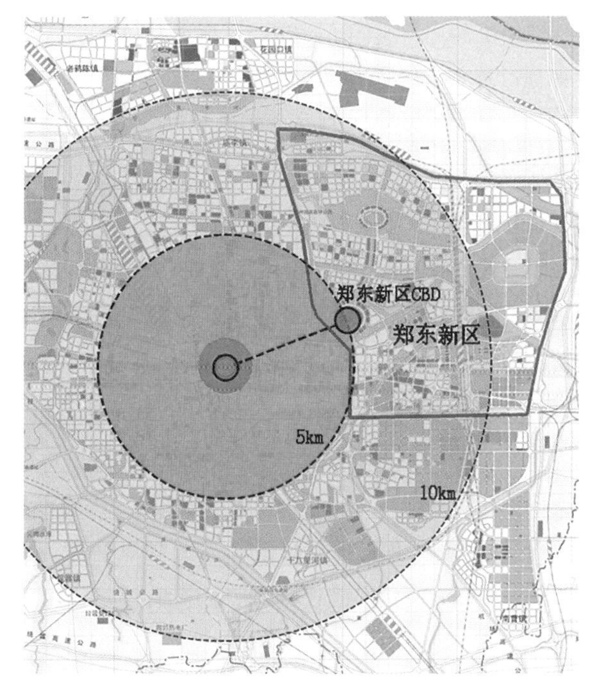

图 6-21　郑东新区位置示意图

区，既吸引了许多新入驻的企业，也使得原来在老城区分散零碎的商务办公功能实现了迁移和整合（图 6–22）。此外，郑东新区并未像许多城市那样建设“飞地”新区，与老城拉开距离，也未将承载核心功能的 CBD 置于整个新区的地理核心，而是将 CBD 建于新区边缘、离老城最近的位置。在规划中还专门将切割了老城区和新区的国道 107 线东移 4km，为新、老城的衔接创造条件。正是这些与大部分城市不同的选择，使得郑东新区在国内的众多城市新区建设中脱颖而出。

（2）以良好居住环境和配套设施吸引特定居住人群

一方面，郑东新区选址本身离老城区较近，极大地减少了产业发展前期“职在新区、住在老城”的不平衡状态对就业者生活的影响；另一方面，郑东新区也努力提升居住环境品质，形成职住发展齐头并进的态势。郑东新区在居住区规划上有鲜明的定位：与新区整体功能定位相匹配，吸引高端人才置业。

尽管郑东新区在规划及建筑设计上的独特形态收获的评价褒贬不一，但其营造的现代化、高品质的生活环境与老城区拉开了差距，精准满足了全市及全省富裕阶层人士的居住改善需求，从而在置业市场上受到欢迎，具体包括低密度的居住组团、一流的科教文卫和商业配套、“蓝绿交织”的生态环境、充裕的停车位等。整体上，郑东新区的居住人群定位与就业人群定位是高度重合的，且政府为吸引高端居住人群做了大量先期投入和硬件建设。

（3）政府充分发挥行政手段和调控作用

在开发建设启动 5~10 年之间，也就是 2008~2013 年，因居民入住率和企业入驻率低而质疑郑东新区的声音最盛。面对阶段性的困境，政府采取了一系列措施，包括：控制老城区的新建项目，凡是新开发高层建筑超过 100m 的，要求建在郑东新区；在企业的犹豫和观望期，加大力度动员老城区单位，特别是金融单位进驻新区，一方面从经济上给予优惠条件，另一方面省领导反复做工作；2011 年河南省政府搬迁到郑东新区，进一步增强了市场信心；在新区发展上保持耐心和定力，坚持“一张蓝图绘到底”，不因短期的负面评价而丧失信心或轻易调整发展方向。当前，郑东新区是国内规划执行最充分、规划符合度最高的新区之一，产城融合、生态城市、以人为本等规划理念得以较好实现，这些与政府的长期努力是分不开的。

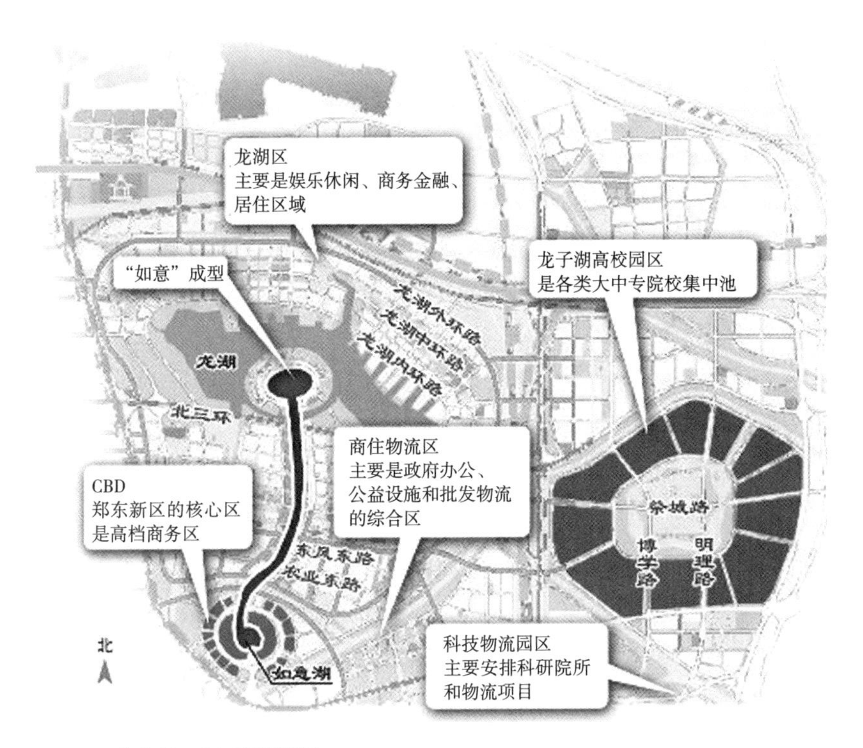

图6-22　郑东新区五大组团规划图

资料来源：http：//newpaper.dahe.cn/hnsb/html/2012-10/19/content_798045.htm

6.2.6　对北京的启示

6.2.6.1　职住组织是影响功能疏解成效的重要一环

"职"和"住"都属于《雅典宪章》提出的现代城市四项基本功能，科学配置职住要素是城市规划和建设的核心任务之一。非首都功能疏解是为了在区域内重新布局城市功能，以拓展城市发展空间，促进城市可持续发展。因此，被赋予重任的功能疏解，不仅要实现某些功能及相应的"职"的空间迁移，更重要的是引导和带动区域新增长极的培育，与此同时促进老城的高质量发展。这就意味着"职住协调发展"是其目标中不可或缺的一部分，"有职无住"或"有住无职"都反映了新城、新区发展的不完善。在东京、首尔、巴黎等城市的功能疏解历程中，均出现了新的职住问题，且成为衡量地区发展成效的关键和城市规划进一步工作的重点。科学认识功能疏解和职住组织的关系，提出疏解实施过程中职住问题的针对性解决策略，对于功能疏解意义重大。

6.2.6.2 加强实施过程中的时序匹配，每个阶段应对不同的问题

非首都功能疏解是一项长期、持续的工作，相应的职住变化也处在动态变化过程中，因此需要对政策实施效果进行长期追踪监测，通过情景模拟和分析研究对可能出现的趋势和问题进行预判，对出现的新情况实时响应，并通过政策调整及时纠偏。以东京为例，其经历了“城市中心功能和人口快速聚集—推动功能和人口向区域疏解—引导中心区再强化”的城市发展历程，每个阶段都需要应对不同的职住问题。莫斯科的案例也反映出职住问题的背后还对应着这一阶段的重大民生社会问题。郑东新区的成功，正是由于其“见招拆招”，对每个阶段出现的问题迅速反应，对症下药，既坚持长期方向，又积极应对短期问题。

为了促进非首都功能疏解过程中的职住协调发展，北京应注重合理引导开发建设时序，管控产业用地和居住用地的分阶段供给规模和时序，避免产生先职后住或先住后职的失衡局面。同时，坚持以人为本，从人的真实需求出发来制定职住支持政策，以保障新老城区在每个发展阶段都能够健康发展、平稳过渡。

6.2.6.3 搬迁距离过远、行政资源分散等因素不利于行政中心迁移的效应发挥

从几个采取了行政中心迁移的城市对比来看，河南省政府搬迁至近距离的郑东新区，既发挥了对新区发展的促进作用，也未产生明显的“迁移副作用”，而首尔—世宗的行政机构迁移，面临从业人员较大范围职住调整、配套建设相对缓慢、两地沟通成本过高等多重问题。莫斯科行政中心迁移未能实施，则与集中搬迁和分散搬迁的模式选择争议有关。从首尔的经验来看，因原有的中心过于强大，行政资源分散配置、部分搬迁可能使得促进均衡发展以及分散原中心人口的效果大打折扣。从北京城市副中心的建设条件来看，30km 的迁移距离不至于过远，但也不近，要发挥其承接非首都功能的效果还需要在缩短时空距离上作出努力，同时在“一核两翼”布局下，与河北雄安新区形成合理分工、交通便捷、流通高效的关系。

本章参考文献

[1] 张善余 . 世界大大都市区的人口发展及特征分析 [J]. 城市规划，2003（3）：37-42.

[2] 陆军，宋吉涛，汪文姝 . 世界城市的人口分布格局研究——以纽约、东京、伦敦为例 [J]. 世界地理研究，2010，19（1）：28-35，56.

[3] 王桂新，王丽 . 国外大城市人口发展特征及其对上海市的启示 [J]. 中国人口科学，2005（S1）：48-57.

[4] 孙铁山，王兰兰，李国平 . 北京都市区人口—就业分布与空间结构演化 [J]. 地理学报，2012，67（6）：829-840.

[5] 丁亮，钮心毅，宋小冬 . 上海中心城就业中心体系测度——基于手机信令数据的研究 [J]. 地理学报，2016，71（3）：484-499.

[6] 杨明，王吉力，伍毅敏，邱红，茅明睿 . 边缘城镇崛起下的特大城市职住梯度平衡研究——以北京为例 [J]. 城市发展研究，2019，26（10）：12-20，2，49.

[7] 诸大建 . 从国际大都市的空间形态看上海的人口与发展 [J]. 城市规划汇刊，2003（4）：30-33，95.

[8] 吴雪明 . 世界城市的空间形态和人口分布——伦敦、巴黎、纽约、东京的比较及对上海的模拟 [J]. 世界经济研究，2003（7）：22-27.

[9] 胡波，王姗，喻涛 . 协同发展视角下的首都特大城市地区分圈层空间布局策略 [J]. 城市规划学刊，2015（5）：68-74.

[10] Von THÜNEN J H，Hall P G. Isolated State：an English Edition of Der Isolierte Staat[M]. Pergamon，1966.

[11] 肖清宇 . 圈层式空间结构理论发展综述 [J]. 人文地理，1991（2）：66-70.

[12] 康盈，桑东升，李献忠 . 大都市区范围与空间圈层界定方法与技术路线探讨——以重庆市大都市区空间发展研究为例 [J]. 城市发展研究，2015，22（1）：22-27.

[13] 车春鹂，高汝熹，刘磊 . 基于国际比较的上海市圈层结构研究 [J]. 上海交通大学学报（哲学社会科学版），2009，17（3）：36-44.

[14] 郑德高，朱郁郁，陈阳，林辰辉 . 上海大大都市区的圈层结构与功能网络研究 [J]. 城市规划学刊，2017（5）：41-49.

[15] 王超深，吴潇 . 国外大都市区中心体系空间特征解析及规划启示 [J]. 规划师，2019，35（20）：83-89.

[16] 张京祥，邹军，吴启焰，陈小卉 . 论大都市区地域空间的组织 [J]. 城市规划，2001（5）：19-23.

[17] Focas C The Four World Cities Transport Study[M]. London：Stationery Office，1998.

[18] 武廷海，高元 . 第四次纽约大都市地区规划及其启示 [J]. 国际城市规划，2016，31（6）：96-103.

[19] 张磊 . 大都市区空间结构演变的制度逻辑与启示：以东京大都市区为例 [J]. 城市规划学刊，2019（1）：74-81.

[20] 郑德高，马璇，张振广，张洋 . 基于国际比较的上海大大都市区多尺度土地开发思路研究 [J]. 城乡规划，2019（4）：4-12.

[21] 袁海琴 . 全球化时代国际大都市城市中心的发展——国际经验与借鉴 [J]. 国际城市规划，2007（5）：70-74.

[22] 刘磊 . 上海城市圈层结构研究 [D]. 上海：

上海交通大学，2008.

[23] BERTAUD A，MALPEZZI S. The Spatial Distribution of Population in 48 World Cities：Implications for Economies in Transition[J]. Center for urban land economics research，University of Wisconsin，2003，32（1）：54–55.

[24] ANAS A，ARNOTT R，SMALL K A. Urban Spatial Structure[J]. Journal of Economic Literature，1998，36（3）：1426–1464.

[25] 李伟，伍毅敏 . 以世界城市为鉴，论北京大都市区空间发展战略 [J]. 北京规划建设，2018（1）：9–14.

[26] 胡以志，武军 . 全球化・世界城市・全球城市 [C]// 中国城市规划学会 . 中国城市规划学会国外城市规划学术委员会及《国际城市规划》杂志编委会 2010 年会论文集，2010：56–66.

[27] 田莉 . 纽约大都市区规划 [J]. 城市与区域规划研究，2012，5（1）：179–195.

[28] 卢多维克・阿尔贝，高璟 . 从未实现的多中心城市区域：巴黎聚集区、巴黎盆地和法国的空间规划战略 [J]. 国际城市规划，2008（1）：52–57.

[29] Greater London Authority. The London Plan[Z]. 2016.

[30] 陈建滨 . 后京都时代大巴黎地区多中心结构规划浅析 [C]. 中国城市规划学会，沈阳市人民政府 . 规划 60 年：成就与挑战——2016 中国城市规划年会论文集（09 城市总体规划），2016：234–247.

[31] 伍毅敏 .《东京 2040》系列解读之三：东京都市圈建设——为交流、合作、挑战而生的都市圈 [EB/OL].（2019–09–11）/[2020–09–15]. https：//www.sohu.com/a/340282534_651721.

[32] 孟晓晨，吴静，沈凡卜 . 职住平衡的研究回顾及观点综述 [J]. 城市发展研究，2009，16（6）：23–28，35.

[33] 沈忱，张纯，夏海山，程志华 . 大都市区职住空间关系与就业可达性：交通基础设施的影响 [J]. 国际城市规划，2019，34（2）：64–69.

[34] 富田和晓，藤井正 . 新版图说大都市圈 [M]. 中国建筑工业出版社，2015.

[35] 石晓冬，伍毅敏，杨明，王吉力 . 国际大都市区职住特征比较及对北京职住关系优化的建议 [J]. 人类居住，2018（4）：48–54.

[36] 渡辺良雄 . 東京大都市圏における都市システム [A]. 田辺健一 . 日本の都市の階層とちシスデムの研究 [C]，日本：古今書院，1981：184–203.

[37] 渡辺良雄 . 最近の東京の膨張と都市問題への 1·2 の視点 [J]. 総合都市研究，1978（3）：49–82.

[38] 日本労働研究雑誌編集委員会 . 東京圏一極集中による労働市場への影響 [Z]. 日本労働研究雑誌，2020（5）：1–3.

[39] 杜立群，杨明，沈教彦，史新宇 . 韩国行政中心迁移的经验和启示 [J]. 北京规划建设，2013（3）：148–151.

[40] Sim Gyoeon，Cho Gyeonghun，Min Beomsik，Chang Cheolsun，Eun Jongeul，Kang Useok. Inauguration of Sejong Metropolitan Autonomous City and Middle and Long Term Prospects[J]. Urban Information Service，

2012，365：3-17.

[41] Lee Hojun，Lee Sugie，Park Sunjoo. The Impact of Sejong City on the Population Migration in the Adjacent Municipalities and the Capital Region：Focused on the Shift-Share Analysis Using the 2006-2016 Population Migration Dat[J]. Journal of Korea Planning Association，2017，53（2）：85-105.

[42] Joon-young Hur，Min-young Kwon，Wonhyuk Cho. Administrative Inefficiency of Geographically Dispersed Central Government Bodies：Case study on Sejong-City in Korea Using Grounded Theory[J]. Korean Public Administration Review，2015，49（3）：127-159.

[43] 袁朱. 国内外大都市圈或首都圈产业布局经验教训及其对北京产业空间调整的启示[J]. 经济研究参考，2006（28）：34-41.

[44] 陈一新. 巴黎德方斯新区规划及43年发展历程[J]. 国外城市规划，2003（1）：38-46.

[45] 李明烨. 由《拉德芳斯更新规划》解读当前法国的规划理念和方法[J]. 国际城市规划，2012，27（5）：112-118.

[46] 韩林飞，韩媛媛. 俄罗斯专家眼中的莫斯科市2010—2025年城市总体规划[J]. 国际城市规划，2013，28（5）：78-85.

[47] Территориальные схемы Новомосковского и Троицкого административных округов города Москвы（ТиНАО）[EB/OL].（2020-09-04）/[2020-09-15]. https://genplanmos.ru/project/territorialnye-shemy-tinao.

[48] 朱冬传. 俄要对莫斯科"动外科手术"[EB/OL].（2012-08-21）/[2020-09-15]. http://news.ifeng.com/c/7fczGPP3kMW.

[49] 李昊. 郑东新区再观察[J]. 北京规划建设，2017（5）：154-156.

[50] 刘芃明. 浅谈河南郑东新区城市建设经验及启示[J]. 福建建筑，2014（3）：85-87.

[51] 张兰兰."鬼城"逆袭的成功样本——评说郑东新区规划[J]. 中华建设，2015（5）：28-31.

[52] 经济观察报. 中国最大鬼城逆袭：郑东新区房子均价超1.5万[EB/OL].（2015-03-01）/[2020-09-15]. http://finance.sina.com.cn/china/20150301/005121615546.shtml.

7

战略判断与响应策略

Strategic Judgment and Response Strategy

7.1 职住关系的五个战略判断

在前文研究分析的基础上，本章对城市空间重构过程中一些关键问题进行理论总结并作出战略判断，进一步认识就业—居住—交通协调发展的若干辩证关系。

7.1.1 职住空间效率：中心化比均质化更有优势

城市空间形态可表现为单中心、多中心和无中心，其中无中心或中心过多，城市空间将表现为均质化，如多中心城市洛杉矶就被视为均质化发展的一个极端例子。正如前文所描述，随着北京就业的“多中心化”，城市就业空间呈现一定程度的均质化发展趋势，北京市的通勤状况并未显著改善，反而过度通勤状况有所增加，职住分离现象加重。这反映了空间结构、交通组织和空间效率之间在一定条件下的客观规律，分析北京所处的条件和对这个问题的认识关乎北京职住关系优化方向的战略性选择。

7.1.1.1 空间结构与交通效率的理论关系

关于空间结构与交通效率的关系、多中心结构或者说多中心在什么条件下以及在多大程度上能够缩短通勤距离和通勤时间等问题，得到学术界越来越多的关注。前世界银行总规划师 Alain Bertaud（2013）对100万人、100万 km^2 城市在不同形态下仿真模拟的结果可知，总体来说，单中心城市的出行距离较多中心城市要小（图 7-1）。该研究是对100万规模的中小城市的模拟，过分分散的就业不利于城市的发展效益和运行效率，因此可以认为至少对中小城市来说没有必要追求“多中心”。

孙斌栋等（2008）针对多中心空间结构能否节省通勤距离和通勤时间的不同观点，通过文献研究认为两种截然相反的实证结论源于两种不同形成机制的多中心结构，改善交通出行的多中心结构是以就业与居住就地平衡为前提的。即当多中心城市的就业中心附近缺乏合适的配套住宅，就业—居住空间配置失衡（职住失衡），则通勤较单中心更长；反之则比单中心节省通勤。2013年，其团队又运用统计方法和问卷调查数据，对特大城市上海进行实证研究，来检验多中心与通勤效率的关系，分析显示就业次中

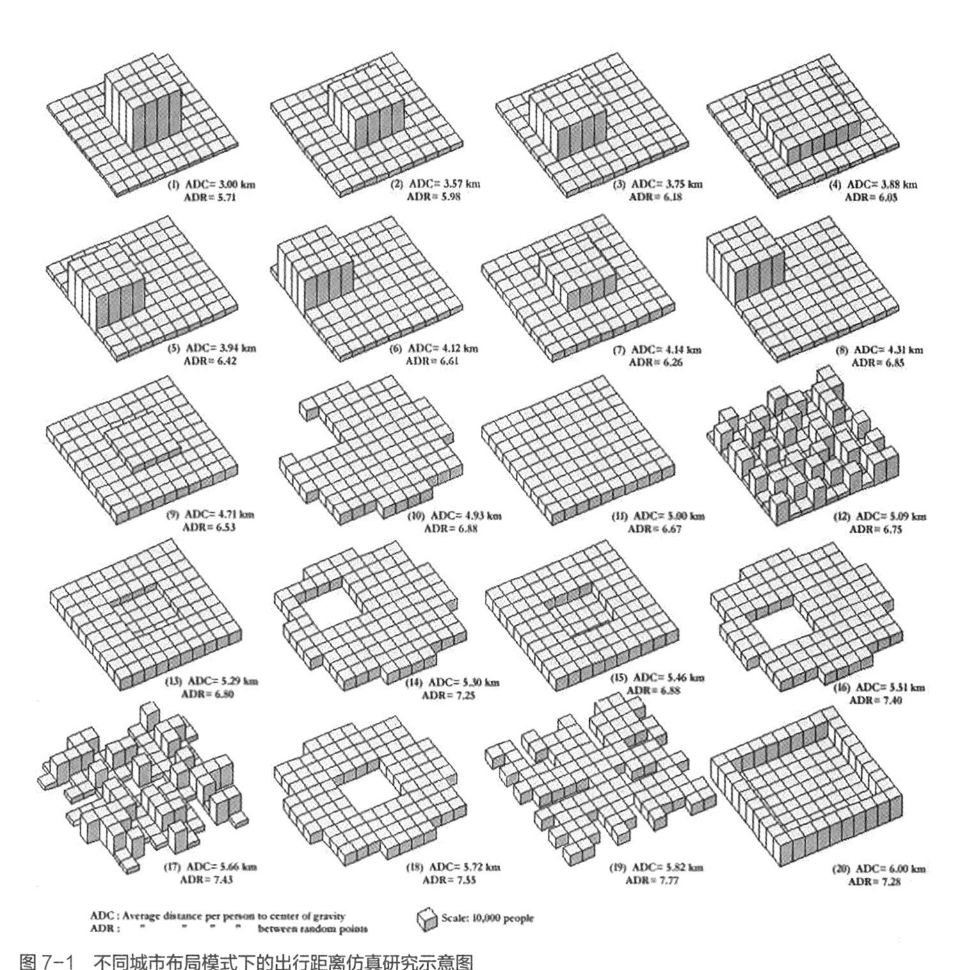

图 7-1　不同城市布局模式下的出行距离仿真研究示意图

资料来源：Bertaud，Alain. Metropolis：A Measure of the Spatial Organization of 7 Large Cities[R]. 2001.

心距离主中心越远，其就业者的平均通勤时耗越低，而这归功于相对宽松的路况、高比率的小汽车和较高的通勤速度。外围就业次中心交通的可达性和职住就地平衡是多中心结构降低通勤的主要机制，但在上海案例中并没有呈现出职住平衡随多中心强化而提高的态势。

针对城市“多中心”能否缓解拥堵，潘海啸（2011）以巴黎为例进行研究，认为通过 9 个新城的建设，城市中心的功能集聚有所降低，但城市副中心之间、郊区范围内和郊区至城市中心的交通出行量却大幅度增长，人们出行的距离反倒增加了，特别是郊区之间的交通出行量有所增加。据此得出多中心城市的建设能够缩短围绕城市次级中心内部交通出行的距离，但城市次中心与原有中心的交通联系依旧存在，各次级城市中心间又会产生新的联系，潜藏着引发更大范围内交通拥挤的因素。研究同时提出应从城市空间结构和交通耦合关系入手，沿区域公共交通走廊采取珠串式的多中心发展模式，形成较大流量的客运走廊。

综上所述，多中心是否能缩短通勤距离和通勤时间，关键看多中心结构的形成机制。改善交通出行的多中心结构是以就业与居住就地平衡为前提，如果各个中心不能形成就地平衡，则多中心将会带来更多的通勤。

现实中很难实现"多个就业中心(分散就业)+各中心内实现职住平衡"的理想状态。这是市场经济条件下劳动力市场和房地产市场发展的必然规律：多中心牺牲企业的集聚经济效率；具有负外部性的企业影响周边居民的居住质量；一个家庭多名就业者的工作地会很分散，一个居住地无法与多个就业地实现平衡；职住平衡要求每个企业都可以在周边找到合适的雇员，每个劳动者都能够在居住地周边找到合适的工作，这在劳动力市场上是难以实现的（丁成日，2007；郑思齐 等，2014）。

7.1.1.2 集聚发展若干就业中心并通过轨道交通串联

随着改革开放以来经济的快速发展，我国很多大城市建立了大量的各类产业功能区，形成了分散的就业分布。截至2012年底，北京市拥有各类产业功能区150多个（杨明 等，2014），其中商务金融区20多个、工业区和科技园区40多个、文化创意园区30多个、大学城3个，就业过分分散，不利于交通设施的集中供给和高效组织。优化的方向是集中建设若干个高密度、大规模的就业中心，并通过轨道交通枢纽来支撑，即按照"高密度、大规模的就业中心+轨道枢纽+居住人口围绕就业和交通节点来展开"的模式来推进城市空间发展（图7–2）。

虽然北京已然错过这种高效模式建设的最佳时期，但其所映射出的空间组织方式却可以为北京职住关系的合理优化提供思路，具体可实施策略如下。

（1）策略1：建设大分散、小集中的职能中心

在功能区大分散的现状基础上，强化若干城市"职能中心"的建设，促进资源优势集中，充分发挥产业集聚效应，并重点向城市南部引导，从而在市域范围内形成包含商务中心区（CBD）、金融街、中关村西区、城

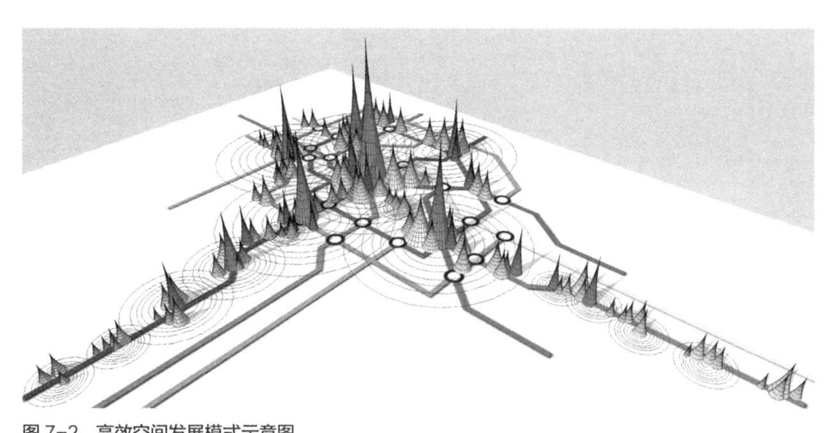

图 7-2 高效空间发展模式示意图

资料来源：杨明，杨春，王亮等 . 北京城市空间结构与形态的变化和发展趋势研究 [Z]. 2014.

市副中心、上地、望京、石景山综合服务中心、亦庄高新技术产业中心、顺义现代制造业基地及空港产业中心、南苑综合服务中心、丽泽商务区、大兴国际机场临空产业中心等在内的多个职能中心。

（2）策略 2：强化功能体系沿廊道的整合与培育

通过产业“廊道拓展、板块引导”，促使功能体系沿城市交通廊道“轴向、放射”布局和梯度联动发展。实现关联性高的功能形成聚集以减少交通出行，关联性弱的功能分散布局以减少交通冲突（图 7–3）。

（3）策略 3：就业中心锚固枢纽，快网串联枢纽

北京地铁和轻轨建设已基本成网，但城际铁路、区域铁路、地铁快线尚处在初始建设阶段，可充分把握快线建设对推动职住空间结构优化的最后机遇，树立就业中心锚固枢纽的理念，使规划的各类快线和地铁网的换乘枢纽与就业中心充分结合。

7.1.2 职住平衡维度：空间和时间的双维度平衡

职住平衡应该从空间和时间两个维度上全面认识，无论是空间平衡还是时间平衡对组织职住关系均具有重要的意义。

7.1.2.1 空间平衡：数量平衡和品质平衡都很重要

从空间维度上来看，如果一定空间地域范围内的就业岗位和居住单元

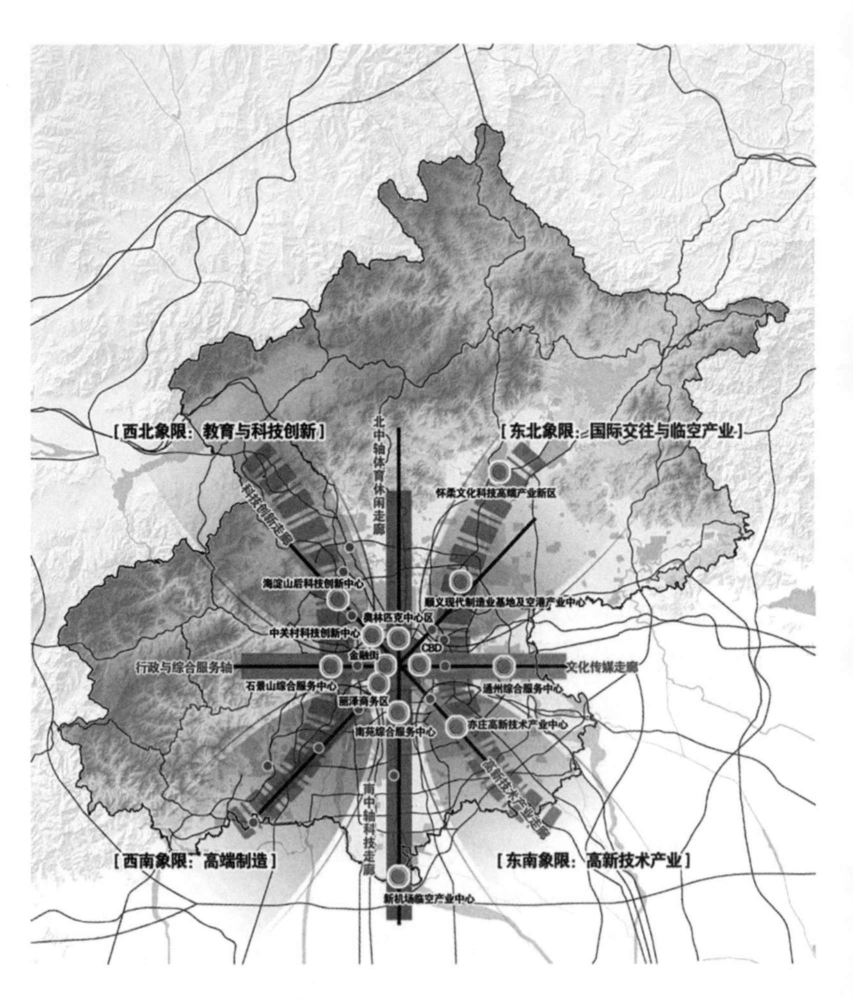

图 7-3 功能体系沿廊道的整合与培育示意图

资料来源：杨明，杨春，王亮等 . 北京城市空间结构与形态的变化和发展趋势研究 [Z]. 2014.

从数量上达到平衡[1]，即使职—住不可避免地空间错位[2]，就业和居住的数量平衡也将使区域内外形成相对均衡的双向客流，可降低潮汐交通，减少城市总体拥堵状况，提高交通设施使用效率。在数量平衡的基础上，如果一定空间地域范围内的住宅产品同就业岗位的层次也相匹配，在空间品质上

[1] 可分为多层次空间尺度，包括大都市区平衡、城市平衡、地区平衡、社区平衡。空间尺度不同，结果差异很大：一般来说，空间范围越大，平衡度越高；范围越小，平衡度越低。

[2] 即“部分居民在外就业，而同时部分就业人口在外居住”的现象。

达到平衡，则可为“近业择居”“近居择业”最大限度地创造条件。所以，职住在空间维度上的数量平衡本身具有重要意义，在此基础上的品质平衡更有意义。

但应充分认识到，集聚规律决定了空间尤其是中心区域职住失衡的必然性。如同尺度比较北京和伦敦、纽约、巴黎、东京这四个世界城市在四个圈层的就业岗位密度和职住比（图 7–4），其他四个城市在 5km 内的就业密度和职住比均远远大于北京，体现为就业更集聚。北京的特殊性主要体现在就业密度和职住比在 5km 以内较低，在 5~15km 圈层较高，整体变化较平缓，即就业、居住分布聚集度低，尤其是就业。与其他城市就业集聚在几个面积小、密度高的特定区域不同，北京的就业岗位在五环路内呈现较为均匀的“烙大饼”现象。从其他都市圈发展经验来看，就业虽然也出现了一些郊区化、分散化的现象，但大尺度下的集中化仍是大的趋势，北京中心城区的就业密度在市场推动、功能重组下可能会有所提升，而与此同时常住人口又不断向外疏解，职和住的“一升一降”将带来职住空间的进一步失衡。

7.1.2.2 时间平衡：在一定时耗下沿交通廊道实现更大空间范围内的平衡

从时间维度上来看，城市大容量快速公共交通的建设使得两个空间

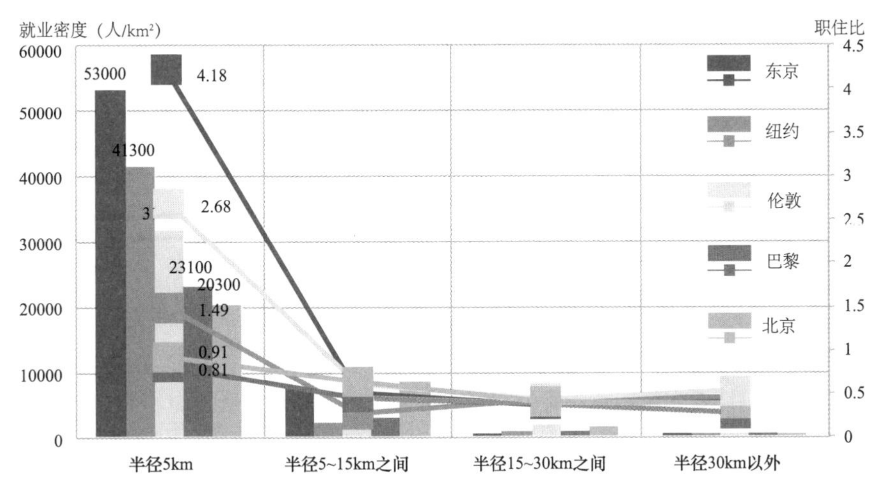

图 7–4 五大都市圈就业岗位密度和职住比对比示意图

相距较远的地点也可以快速、无延误地通达，实现职住沿交通廊道的平衡。尤其是轨道交通网络发达的情况下，区域间的“时空距离”被拉近了，使基于通勤时间的职住平衡得以在更大的空间内实现。所以，研究一定通勤时耗限制下的职住平衡比单纯地以物理或者行政分割为界限作为研究对象更有意义。

比较北京和东京各个圈层的居住人口、就业岗位和职住比（表 7–1），除了 5km 范围之内居住人口密度、5~15km 就业岗位密度外，东京各个圈层的人口密度和就业岗位数量均远远高于北京。按照职住比来看，东京的就业集聚更加突出，其职住空间关系十分不平衡，5km 半径范围内职住比高达 4.18，远高于北京同尺度的 0.91，为北京的 4.59 倍。然而，即便如此，东京的交通状况却大大好于北京，这是由于东京都市区内有超过 2500km 里程的大容量轨道交通网络支撑其实现高密度紧凑发展，东京轨道交通网络日承载客流量约 4400 万人次，是北京（饱和客运量）的 4 倍之多。可以看到，在职住空间严重失衡下，可通过组织就业—居住—交通实现沿廊道平衡的高效空间效率。

表 7–1　北京与东京各圈层人口、就业比较

	5km半径			5~15km半径环			15~30km半径环		
	北京二环路内	东京都心5区	两者比值	北京五环路内	东京区部	两者比值	北京近郊新城	东京近郊新城	两者比值
面积（km^2）	62.6	76	1.21	664	551	0.83	1455	2161	1.49
人口（万人）	140	96	0.69	898	818	0.91	552	1464	2.65
人口密度（万人/km^2）	2.22	1.27	0.57	1.35	1.48	1.10	0.38	0.68	1.79
就业岗位（万个）	128	401	3.13	563	406	0.72	220	531	2.41
就业岗位密度（万个/km^2）	2.03	5.3	2.61	0.85	0.74	0.87	0.15	0.25	1.67
职住比	0.91	4.18	4.59	0.63	0.50	0.79	0.40	0.36	0.90

居住人口数据来源：东京都、千叶县、埼玉县、神奈川县 2014 年统计年鉴，北京市统计局 2013 年街乡办常住人口统计；就业岗位数据来源：东京都、千叶县、埼玉县、神奈川县 2014 年统计年鉴，北京市 2013 年第三次全国经济普查二三产法人单位从业人员期末人数。

所以，一方面，在城市空间安排上，增强对就业岗位数量、分布和职住空间匹配度的关注，在城市空间上引导创造“职住平衡”的可能性；另一方面，在无法保证就近平衡的情况下，更重要的是沿轨道交通廊道建设不同的功能组团，平衡沿线的职住关系，形成“职住梯度分布”的格局，推动沿轨道交通的时间平衡。如在北京城市空间布局和轨道线网规划中，力求用快速轨道交通将城镇（中心地区—边缘集团—新城—跨界城市组团）的不同功能串联起来，让边缘集团为中心地区的就业岗位最大限度地提供居住空间，新城为边缘集团的就业岗位最大限度地提供居住空间，跨界城市组团为新城的就业岗位最大限度地提供居住空间。

7.1.3 职住调控效力：调控规模的同时更应关注结构优化

疏解政策的内涵是通过减少人口和就业在中心城区的过度聚集来治理“大城市病”。在疏解过程中会出现两种不利于职住组织的现象，一是居住出去了就业没出去，二是就业出去了居住没出去，这两种情况都会导致新的职住分离，造成“疏解让交通更拥堵”。《京津冀协同发展规划纲要》（2015）提出“北京城六区常住人口在2014年基础上每年降低2~3个百分点，争取到2020年下降15个百分点左右”的要求，城六区至2020年将净减少170多万人。北京的疏解力度和规模非常大，而在市场条件下要实现职住的同步疏解又面临一定的难度。假设其中有30%[1]的人口没有实现职住的同步疏解，则每天将会新增加几十万人次的跨区域通勤。

在前文国际城市经验分析部分可以看到，东京通过在区部提高居住供应，促进职住空间形成合理配比和精准对接，吸引就业者回归，缓解核心区职住分离现状，来优化职住关系；多个城市在建成区投入更多的保障性住房，以缓解中心区域的职住失衡。可以看出国际城市在推进多年疏解政策的实施后，更关注解决职住结构失衡的问题，通过结构优化减少通勤，缓解交通拥堵等“大城市病”。

---

[1] 手机信令数据显示，其实际比例比30%要大。2016~2019年，每年度内工作地由中心城区转移到外围的人口中，居住地也由中心城区转移到外围的有约50%，而居住地由中心城区转移到外围的人口中，工作地也相应转移的仅不到30%，反映出职住同步疏解的比例不到50%，功能疏解带动人口疏解的效果优于人口疏解带动功能疏解。

7.1.4 职住行为选择：更多取决于家庭整体而非个人的利益最大化

早在 20 世纪 50 年代,《Why Families Move》一书就提出居住迁移的概念，即居民为适应家庭生命周期不同阶段的需求，促使家庭居住地从一个位置到另一个位置的线性单向过渡（ROSSI，1955）。生命历程是研究迁居的主要视角，将生命视为由多重平行而又相互关联的“生涯”（Career）所组成的轨迹（Trajectory），不同生涯的发展通常伴随着住房需求和偏好的变化，从而触发迁居行为的发生，同时也为迁居提供资源或设置障碍（图 7–5）（李梦洁 等，2020）。

当前我国人口流动的态势从改革开放初期农村人口单向流入城市并周期性城乡循环流动，转变为定居城镇及城际多向流动（李志刚 等，2019），我国的迁居研究也随之逐渐重视城市更新改造、就业机会变迁及家庭生命历程变迁等诱因下的城市内部迁居（侯伟 等，2019）。本书即从强调人的主体地位出发，采用问卷调查、深度访谈、特征群体轨迹追踪等方法，深化了城市功能疏解这一宏观背景事件下个人和家庭职住决策与变迁的微观研究。

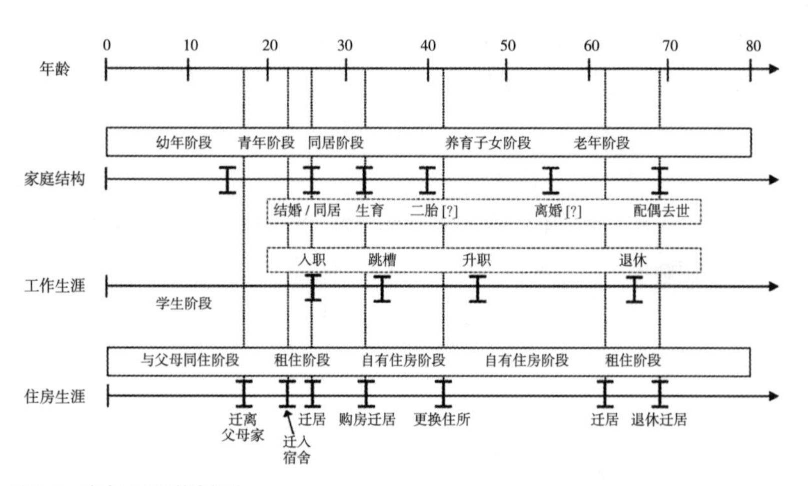

图 7–5 生命历程和住房轨迹

资料来源：李梦洁，林赛南，黄经南，李志刚，郭炎 .21 世纪国外居住迁移研究进展与评述 [J/OL]. [2020–09–21]. 国际城市规划：1–14. http：//kns.cnki.net/kcms/detail/11.5583.TU.20200520.0951.001.html.

本研究发现，虽然四类非首都功能疏解所涉及人群整体的职住决策结果各有偏向，如区域性专业市场从业人群有较高比例能够在市场调节下实现“住随职走”，而行政事业单位从业人群对定向职住支持政策的依赖性较强，但从决策机理上，各类人群都普遍考虑以家庭为单元的“职—住—学—医”平衡，而非个人平衡，以实现家庭综合利益最大化为目标。因此，同样的外部条件变化刺激之下，处于不同的家庭生命周期阶段（单身、夫妻双方、家长和孩子、孩子成年后等）的个人，职住选择差异较大。

不同的家庭生命周期阶段也对应了不同的家庭规模。家庭规模越大，就越难以在各个成员的就业可达性，以及不同成员所偏好的公共服务可达性之间进行权衡，因此，可能会牺牲某一个成员的职住匹配，导致通勤距离增长（郑思齐 等，2014）。在行政事业单位从业人群中就表现出这一群体性特征，即由于北京市属公务员工作任务繁重，鲜能照顾家庭，他们在家庭择居时较大比例优先考虑孩子上学和配偶上班，而导致自身职住分离加剧。正是这一个体牺牲维系了家庭整体运转的利益最大化。

此外，除了家庭生命周期阶段影响职住行为选择，家庭所处的阶层也是另一关键因素。大城市高昂的住房价格已成为迁居时的重要限制性因素，与之相似的还有住房限购政策，因此家庭经济实力和家庭已有住房状态对是否迁居可能起到决定性影响。与功能疏解相匹配的居住定向支持政策成为当前阶段相关人群的普遍诉求。

7.1.5 职住动态变迁：功能调整与职住优化始终处于长期动态演变中

功能疏解政策实施后，将打破原有的职住关系稳态，形成新的职住失衡，这一问题的改善需要较长时间周期。从郑东新区等国内较为成功的新区发展经验来看，即使拥有完善的规划和全省最优资源的持续投入，新区开发也要十年以上才开始初具人气和规模。可见，功能疏解是一个相对迅速的节点式、跳跃式事件，但相应的职住关系调整和交通组织优化却是线性、渐变性的，需要较长的自我调整和适应周期。而适应后的再平衡，最不利的情况是以一代人的职住分离为代价。提升公共服务配套、加速公共交通建设、促进功能混合、发挥行政调控作用等措施有助于缩短这一周期。

与此同时，从长远眼光来看，城市功能调整与相应的职住关系优化将处于长期动态变化过程中。从东京的发展经验来看，在功能疏解时期城市职住关系的走向是“政府推动、内外分离”的，一部分人在新城、新区实现职住平衡，但更多的是居住型新城“有城无业”和长距离向心通勤、产业型新城“有业无城”和长距离反向通勤的现象。在30年后城市功能重聚、产业和人才回流的时期，职住关系向着“市场选择、重新平衡”的方向发展。功能的疏解和重聚可能在城市发展过程中反复上演、此消彼长，职住关系和交通需求也将不断变化，既需要顺应不同时期的客观需求，也需要为不确定的长远未来留有余地。

7.2 优化职住关系的十个原则

本研究基于就业—居住—交通协调发展的目标，在五个战略判断的基础上，提出促进“近业择居”“近居择业”“职住联通”的十个具体原则，形成可操作、可扩充的政策框架与措施库，针对具体问题可抽取组合，通过组合拳进行精准施策。

7.2.1 加大住房供应

我国特大城市经历了40年的经济高速发展，普遍存在重生产、轻生活及由此产生的住房相对不足的现象。就北京的现状而言，不论是从住宅增量与人口增量之间的对比，还是从就业岗位规模增量与人口增量之间的对比看，全市住房的供应总量都存在着大约100万套的缺口（详见章节4.2.2）。因此，解决职住不平衡问题，促进就业—居住—交通协调发展，首先应从供给层面着手，加大住房供应，补足总量核算上出现的供给缺口，在职住空间数量上实现平衡。

可采取的策略包括：①增加居住用地供给。如北京2015年现状城乡产业用地与居住用地的比例为1∶1.3，与巴黎都市圈（1∶4.2）、东京都市圈（1∶3.1）等同空间尺度比差距显著，职住用地比例需要进行调整优化，提高居住用地占比，以增加住房供应，补齐住房总量缺口。未来一段时期的新增建设用地供应应向居住用地倾斜。②压缩产业用地及建筑规模。针对北京现状产业用地过多、集约利用不够的问题，应合理压缩规划新增产业用地和建筑规模，促进产业用地提质增效；同时研究将部分减量腾退的低效产业用地转为租赁住房等适宜居住功能的机制，促进职住用地比例优化。

7.2.2 优化保障性住房选址

加强保障性住房建设、提升基本居住需求保障水平，已经成为当前明确的住房政策方向。部分共有产权住房和公共租赁住房已经开始尝试放开收入、户籍限制，力图覆盖包括非户籍常住人口在内的更广泛人群。由于保障性住房往往可达性相对较差，职住分离将影响这些人群的劳动生产效率，进而影响城市对于青年人才的整体吸纳能力以及城市活力。对于中低收入人群而言，长期职住分离的时间成本和较差的人居质量也不利于他们走出经济困境。因此，未来在保障性住房选址中必须将职住平衡作为重要的考量标准。

可采取的策略包括：①保障性住房优先选址在就业密集的地区及公共交通可达性良好的地区。②新增产业用地配建一定数量保障性住房，并定向提供给周边工作人群。③不以户籍所在地而以就业地作为保障性住房配售、配租的优先考虑对象。④考虑到中心城区的职住不平衡最严重，中心城区剩余居住用地资源应优先发展以租赁为主的保障性住房。

7.2.3 增加住房流动性

除满足住宅供给总量和空间匹配的要求之外，还应考虑到市民正常的工作变动、子女求学、住宅改善等需求。城市的职住关系实际上仍处于不断演变的过程中，一度适宜的居住地有可能并不匹配新的就业地、就学地，并造成通勤时间变长。因此，使市民能方便地通过住房二级市场、租赁市场不断调整居住场所，也是在动态中维持城市职住均衡、避免个体通勤时间不断增加所必需的。

可采取的策略包括：①降低住房更换的门槛，在存量住房市场中制定合适的住房换购政策，在合理控制家庭拥有住房总量的前提下，通过增强住房流动性来促进资源的相互协调和配置的优化。②加强对金融信贷、房产中介等方面的市场监管，规范住房交易市场尤其是租赁市场，建立健全相关法规，保障交易双方的合法权益，使更多产权人愿意将空置房屋投入租赁市场，更多租户能得到安全便捷的租房体验。③在条件允许时，可以建立全市统一的房屋租赁管理平台，对租房市场进行集中规范管理。通过存量房集中回购或趸租的方式提供租赁房源，集中经营管理。鼓励专业租赁住房运营机构介入，整合闲散房屋资源，提供集中式服务公寓，政府可以购买服务的方式，将其纳入统一的租赁住房供应池。

7.2.4 推动产城融合

产城融合即就业与生活的深度对接与融合。推动产城融合，主要是采取配套居住建设、用地功能混合等措施实现降低通勤距离及时间。

可采取的策略包括：①在新城、产业园区的规划建设上保障合适的就业和居住用地比例。②发展功能混合的建设用地，鼓励优先开发与地块内就业人群需求和购买力相符合的住宅项目。③合理控制园区周边配套居住用地的投放时序，为产业持续发展预留好居住配套空间。④探索通过产业园区配建职工宿舍、试点利用集体建设用地或者企业自有用地建设租赁房等方式，加强针对产业功能区的住房保障。

需要注意的是，局部地区的产城融合是否适宜，还要在更大的尺度上看职住的配套关系。正如前文所述（详见章节 4.3），有些以居住为主要功能的地区，若在一定尺度上已与近邻就业区域相互对接，且形成了通勤距离和时间可接受的职住平衡状态，那么，该区域应慎重考虑转型“产城融合”的必要性，避免加重整体上的职住不均衡。因此，产城融合的空间尺度，应结合就业与居住规模、区域交通设施、区域内“流”的分布等因素来综合确定。

7.2.5 人口和功能同步疏解

空间重构的过程中防止“疏解让交通更拥堵”的现象，关键是实现人口和功能的同步疏解。一些城市在疏解政策落实过程中就出现过一些有违初衷的做法，将原本在城市中心区就业、居住并将继续在中心区就业的原居民整体疏解到很远的郊区。此种方式形成“疏解地”和“承接地”两个职住失衡：一是被疏解人口远离“疏解地”的就业岗位，形成新的职住分离，进一步增加了向心交通压力；二是被疏解人口占用“承接地”的居住空间，“承接地”的就业人口只能另择居住空间，形成“承接地”就业人口的职住分离。

可采取的策略包括：①中心城区的功能疏解应与人口疏解同步进行乃至先一步进行，制定疏解和承接企业的限制、鼓励清单，配套相关金融、税务、土地等政策，引导产业功能先行疏解，以功能疏解带动人口疏解。②高标准建设“承接地”的教育、医疗等公共服务设施，逐渐达到甚至超过“疏解地”的水平，结合较低的房价和生活成本，来促进中心城区常住人口的主动疏解、主动职住平衡。

专栏：国外城市制定政策法令促进功能疏解带动人口疏解

国外一些城市在人口与功能同步疏解方面的成功经验值得借鉴。二战后，伦敦市区十分拥挤，用地紧张。在政府的政策推动下，1945~1968年伦敦地区3270个工厂中有近一半进行了搬迁，随迁的工厂职工数约占伦敦全部工厂职工数的36%，极大地缓解了“大城市病”。伦敦政府制定了一系列法令以促进功能疏解带动下的人口疏解，如1945年的《工业重新安置法》和1947年的《城市农村计划法》，对市内工厂的规模、劳动力等进行限制而对外围地区予以放宽。对于愿意搬迁的企业不仅给予基建费用补助、机器折旧费补助，也直接向员工发放雇用奖励金、职业训练补助费等。法国在类似的工业迁移进程中也实施了许多配套政策，如对承接地的交通、配套食宿条件、绿化环境等提出要求，对搬迁人员和家庭的旅费和搬迁费全部支付等。东京则规定对于迁出市中心的事务所，要优先考虑为疏散的就业人员建设住宅。

7.2.6 功能锚固枢纽

通过优化城市功能与公共交通的耦合关系，可以促进职住更好地对接。在以往的轨道交通设施建设中，往往优先从成本、工程难度等角度考虑，即使规划中强调了与功能区的对接，在实际建设中也常常存在调整线位、调整站点位置的情况，最终未能实现功能与枢纽的有效结合。功能锚固枢纽的实现最重要的是理念上的转变，轨道交通建设不是以建成通车为终点的，其最终目的是更好地支撑城市发展，这一理念需要在规划建设的全过程中贯穿始终。

可采取的策略包括：①在既有的高密度就业中心和大型居住区周边，通过加密轨道交通线路和站点、大容量公交枢纽、通勤快线等方式，加强对区域功能的支撑能力。②在外围新建的功能区和就业中心，从规划阶段就开始强调功能区与城际铁路、区域铁路、地铁快线枢纽站点的近接性和可达性。③实行轨道交通站点与周边地区一体化综合开发的模式，植入适宜的产业、居住、公共服务等功能，为通勤及关联行为提供便利。

7.2.7　增加对角线和侧向轨道交通

"方格网为主体、环路为骨架"的形态适合道路交通系统，环路有利于截流过境交通，减少中心区域的拥堵，但对于轨道交通来说环形线网增加了远距离点和点之间的运行里程和换乘系数，也无形中拉大了职住之间的时间距离，并非最佳形态。

可采取的策略包括：①在现有轨道交通线网格局的基础上，可研究在城市大对角线方向增设轨道交通的可行性，提高"点对点"的方便性，降低轨道交通换乘系数。②在对职住流分布的精准分析和预判之上，研究新型次级就业中心之间侧向轨道交通建设的必要性。如北京除CBD、金融街等市级就业中心辐射范围覆盖全市大部分地区以外，一些次级就业中心如上地、望京等已经辐射覆盖周边居住区，形成了侧向通勤和跨中心城区通勤。加强这些侧向通勤通道和对角线通道的轨道交通建设，可以有效缩短次级就业中心就业人群的通勤时间，缓解中心城区交通拥堵，提升城市整体运行效率。③从引导外围新城发展的角度出发，增加新城之间，尤其是就业新城和居住新城之间的侧向联系。如北京亦庄新城除了在新城及周边乡镇最大限度地解决居住空间外，针对一部分就业人群呈现出居住地向通州、大兴拓展的趋势，新增亦庄与通州、大兴之间的侧向轨道交通线路，实现新城之间的互补和联动发展。

7.2.8 完善TOD开发政策

疏密有致的TOD开发模式有利于将居住和工作岗位集中在车站周边，极大提高城市运行效率。对大部分城市来说，当前TOD开发模式的优化，关键是需要扫清体制、机制方面的障碍，创新土地招标、投融资、规划管理等方面的政策机制。

可采取的策略包括：①调整土地招标政策。按照目前的国家土地开发政策[1]经营性的开发建设（枢纽综合体的开发部分，尤其是超出配套规模的部分）要进行“招、拍、挂”，而公益性城市基础设施（枢纽本体）则由市政府投资建设。这就使得开发利用上易产生衔接不畅和脱节的现象，这方面的矛盾需要进行政策调整才能理顺。②创新投融资体制。目前单一依靠财政支撑的投资模式使综合开发难以实现。应探索“轨道+物业”综合开发模式，利用物业开发回收增值，补贴基础设施建造成本，令项目可达合理回报。③完善规划管理措施。推动TOD模式落地，还需要开发权转移、容积率奖励等一系列规划管理措施的完善以及相应长效制度机制的建立。

专栏：港铁“轨道交通＋土地综合利用”模式

港铁“轨道交通＋土地综合利用”模式是TOD的成功典范。根据香港特区政府制定的《铁路发展策略2014》，预计2031年全港将建成300km以上的轨道线路。而轨道站点腹地更成为物业、商业和人口的聚集节点。根据预测，届时轨道站点1km半径范围内，将吸引全港约75%的居住人口和85%的就业岗位（图7-6）。

7.2.9 解决“最后一公里”

伴随着机动化发展，通勤距离增大，自行车出行环境恶化，自行车作为独立的通勤工具，其出行比例已经下降到很低的水平。然而，作为解决“最后一公里”的交通工具，自行车仍然有其不可替代的优势，相关的市场创

[1] 2010年国务院发布的《关于坚决遏制部分城市房价过快上涨的通知》指出：严禁非房地产的国有及国有控股企业参与商业性土地开发和房地产经营业务。

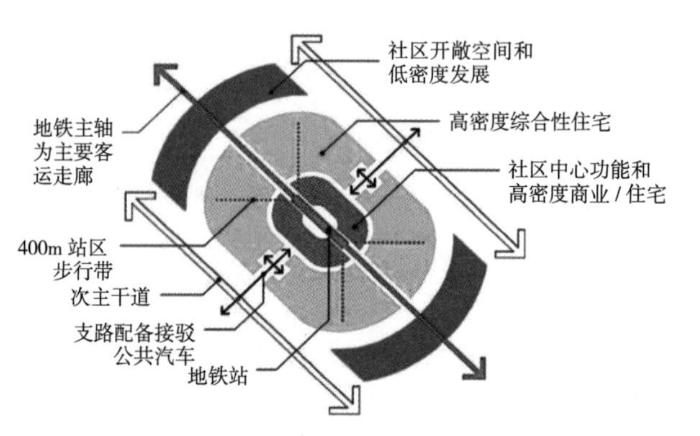

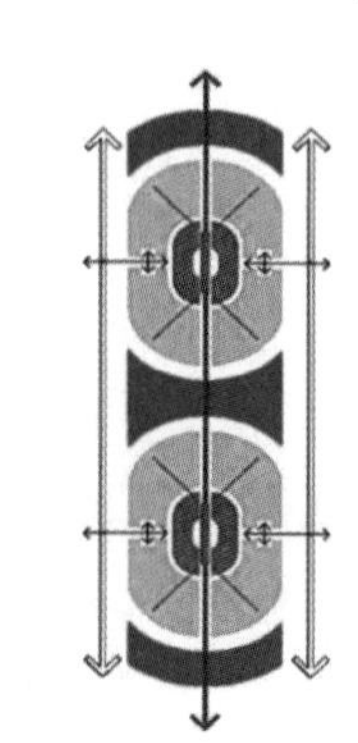

图 7-6 港铁“轨道交通 + 土地综合利用”模式示意图

新探索也在近些年成为热点。从城市规划管理角度，可从以下方面完善自行车交通系统，为解决通勤出行中的“最后一公里”提供更好的环境支撑。

可采取的策略包括：①完善自行车与轨道交通、地面公交的接驳。包括在轨道站点周边设置自行车停车场，方便乘客“B+R”；在公交站点周边设置自行车停车设施，方便公交乘客换乘接驳等。②设置机动车、非机动车物理隔离，保障自行车路权。通过设置机非物理隔离，避免机动车占用自行车道停车；在绿化隔离带种植高大乔木，为自行车骑行提供林阴道等措施，创造良好的自行车出行环境。③鼓励共享单车发展。在就业中心、大型居住区、轨道站点等交通枢纽周边设置共享自行车停车点。除了鼓励创新，政府也应积极发挥监管作用，及时出台相关法规，促进其健康有序发展。

7.2.10 社区功能混合

根据北京市出行调查统计[1]，2010~2014 年长距离出行的比例普遍增加，其中大部分是通勤出行。要改善越来越多的长距离出行，除了调整职住空间分布、促进职住近接，也需要考虑其他的手段和途径。在技术进步和新生活理念驱动下，新的用地功能设计和新的技术手段可以结合在一起，

[1] 据调查，2014 年北京全市平均出行距离 8.1km（如含步行则为 11.3km），较 2010 年增加 6.6%。与 2010 年相比，5km 以下比例下降 3.4 个百分点，5km 以上各个距离段的出行均有所增加。

增强办公模式的多样性和远程沟通的便利性，减少长距离出行。将适宜的生产活动如小型零售、专业服务、小型制造业等嵌入社区空间中，可以成为促进职住平衡和增添社区活力的双赢之举。

可采取的策略包括：①通过提倡社区内居住、商业、办公等多种功能的混合，提高“一刻钟社区服务圈”覆盖率。在有条件的社区中提供可办公的公共空间，鼓励SOHO居家办公、联合办公、BOYD自带设备办公、视频及虚拟现实远程会议等新型的、更为灵活多样的办公和沟通方式，化解一部分长距离出行需求。②鼓励企业通过改造现有闲置、低效空间的方式，建设和经营功能混合的共享社区。当前北京已有的联合办公空间案例包括优客工场、SOHO3Q、WE+ 等，共享社区案例包括 YOU+ 青年社区、利用社区闲置地下室改造成工作休闲空间的地瓜社区等。这些精心设计的功能混合空间不仅促进了职住均衡，也提升了工作生活的整体舒适性，体现了城市的人文关怀。

专栏：就近供给适宜就业机会，促进职住平衡发展

2020 年 3 月，巴黎市长安妮·伊达尔戈将“15 分钟城市”纳入连任竞选宣言，其愿景是让居民可以在家门口 15min 范围内满足所有需求——在以往的购物、健康、文化活动等需求基础上，将工作需求的满足也纳入核心目标。伦敦的“每人每日”项目位于伦敦最贫困的自治市，旨在确保大量的社会活动、培训和商业发展机会不需要跨越大半个城市才能获得，而是由社区组织，能在家附近就近获得（图 7-7）。美国马萨诸塞州洛厄尔的西大街复合式工作室通过在社区就地发展珠宝制作、纺织品、手工皂、啤酒作坊等小型制造业和生产企业，成功在社区容纳了 300 个小型工厂和众多艺术家，提高了社区的就业岗位“造血”能力。

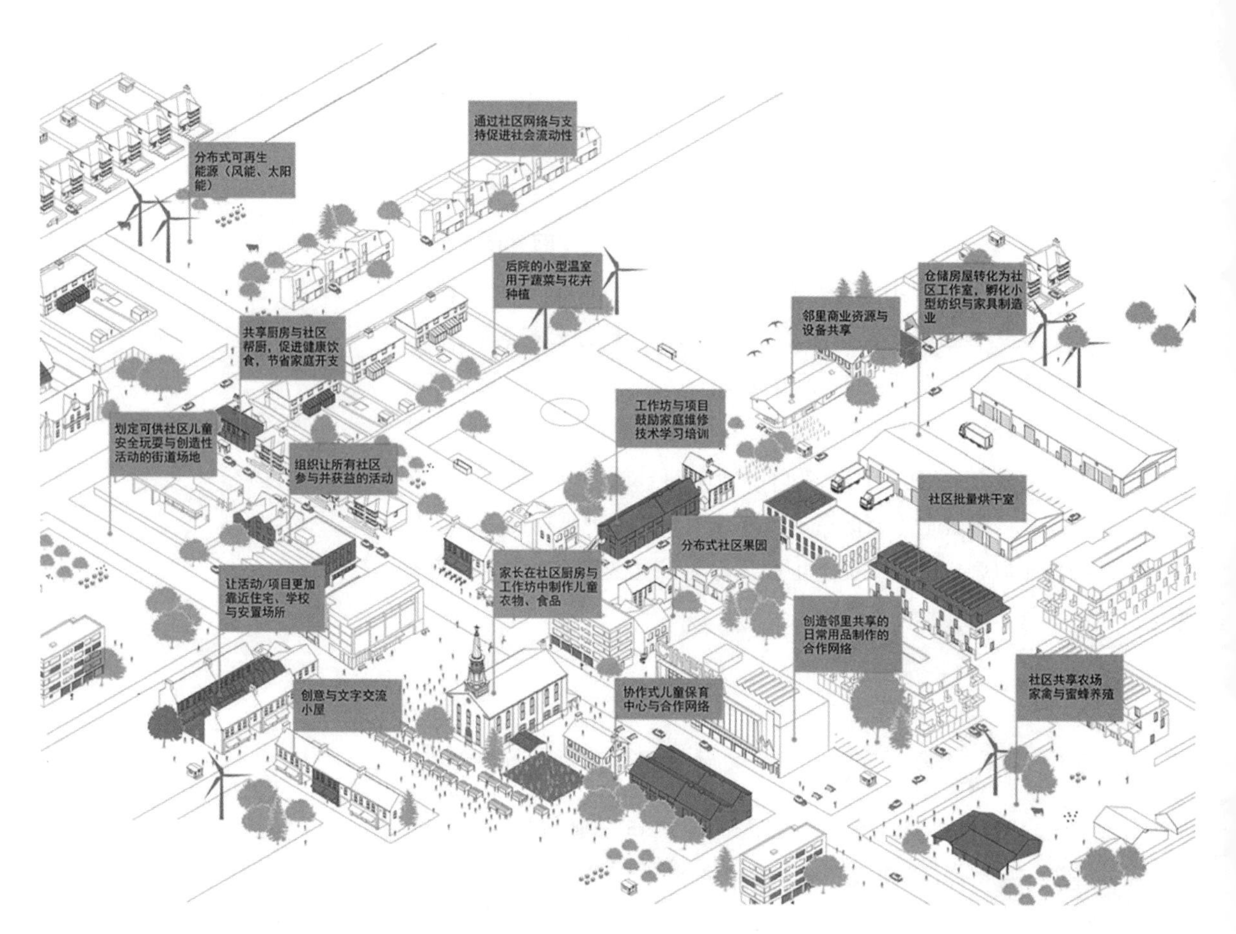

图 7-7　英国伦敦“每人每日”社区更新模式图

资料来源：https：//www.weareeveryone.org

本章参考文献

[1] Bertaud, Alain. Metropolis: A Measure of the Spatial Organization of 7 Large Cities[R]. 2001.

[2] 王树盛. 再谈城市交通与空间的一体化组织——来自"单中心 VS 多中心"的思考 [J]. 江苏城市规划，2013（2）：45-46.

[3] 孙斌栋，潘鑫. 城市空间结构对交通出行影响研究的进展——单中心与多中心的论争 [J]. 城市问题，2008（1）：21-24，30.

[4] 孙斌栋，涂婷，石巍，等. 特大城市多中心空间结构的交通绩效检验——上海案例研究 [J]. 城市规划学刊，2013（2）：63-69.

[5] 潘海啸. 城市"多中心"能否缓解拥堵？[EB/OL]. [2011-1-31]. http：//www.chinanews.com/estate/2011/01-31/2823278.shtml.

[6] 郑思齐，徐杨菲，谷一桢. 如何应对"职住分离"："疏"还是"堵"?[J]. 学术月刊，2014（5）：29-39.

[7] 丁成日. 城市空间规划：理论、方法与实践 [M]. 北京：高等教育出版社，2007.

[8] 杨明，和朝东，朱洁. 论北京市产业功能区建设中的若干辩证关系——对转型期产业功能区建设热潮的"冷思考" [J]. 城市规划，2014（7）：23-30.

[9] ROSSI P H. Why Families Move：a Study in the Social Psychology of Urban Residential Mobility[M].Glencoe，IL：Free Press，1955.

[10] 李梦洁，林赛南，黄经南，李志刚，郭炎 .21 世纪国外居住迁移研究进展与评述 [J/OL]. 国际城市规划 .[2020-09-21]. http：//kns.cnki.net/kcms/detail/11.5583.TU.20200520.0951.001.html.

[11] 李志刚，陈宏胜. 城镇化的社会效应及城镇化中后期的规划应对 [J]. 城市规划，2019，43（9）：31-36.

[12] 侯伟，黄怡. 国内外城市内部迁居研究综述 [J]. 住宅科技，2019，39（6）：12-16.

[13] Participatory City Foundation.Everyday Projects[EB/OL].（2017-11-01）/[2020-09-15]. http：//www.participatorycity.org/every-one-every-day.

[14] 一览众山小——可持续城市与交通. 职住平衡的场所营造——小型制造业在社区的复兴 [EB/OL].（2018-01-05）/[2020-09-15]. https：//m.sohu.com/a/214738095_260595.

图书在版编目（CIP）数据

城市空间重构与职住变迁：北京观察与国际比较 = Urban Spatial Restructuring and Transition of Jobs-housing Relationship : Beijing's Observation and International Comparison / 杨明等著．—北京：中国建筑工业出版社，2020.12
ISBN 978-7-112-25742-3

Ⅰ.①城… Ⅱ.①杨… Ⅲ.①城市空间—研究—北京 Ⅳ.① TU984.21

中国版本图书馆 CIP 数据核字（2020）第 252390 号

责任编辑：黄 翊 陆新之
书籍设计：康 羽
责任校对：李美娜

城市空间重构与职住变迁——北京观察与国际比较
Urban Spatial Restructuring and Transition of Jobs-housing Relationship: Beijing's Observation and International Comparison

杨明 伍毅敏 邱红 王吉力 孟斌 著
*
中国建筑工业出版社出版、发行（北京海淀三里河路 9 号）
各地新华书店、建筑书店经销
北京雅盈中佳图文设计公司制版
北京中科印刷有限公司印刷
*
开本：787 毫米 ×1092 毫米 1/16 印张：$17^1/_4$ 字数：283 千字
2020 年 12 月第一版 2020 年 12 月第一次印刷
定价：98.00 元
ISBN 978-7-112-25742-3
（36980）